中等职业教育教学改革创新教材

数控车削加工技术

主　编　田恩胜　江长爱
副主编　王　忠　廖明锦　吕　波
参　编　吕金梁　陈学林　张　强
　　　　信玉芬　林　杰　李　辉
　　　　钟　波　丁锦江

机械工业出版社

本书主要面向中等职业教育数控车削加工技术的课程，从易到难、由浅入深，在项目的引领下，以图解的方式介绍各任务所需的理论知识和实施技能。

本书共分七个项目，内容包括：数控车床加工基础知识，FANUC 系统数控车床常用 G 指令，轴类零件的加工编程，螺纹零件的加工编程，套类零件的加工编程，复杂零件（综合零件）的加工编程，数控车床常见故障诊断。其中，项目一和项目二为基础知识，讲述数控车床的组成与工作原理、加工工艺基础知识、编程基本知识和常用 G 指令；项目三～项目六讲述了由简单到复杂零件的编程与加工的基础知识、实训内容、工艺分析、程序编制等。

本书以案例讲解作为出发点，突出“教学合一，动手加工”的学习方式，并利用现代网络平台，将制作的教学视频上传至网络，实现线上、线下双重教学，让更多对数控车削技术感兴趣的读者可以进行在线学习。

本书可作为中等职业学校、技工学校、技师学院机械类以及相关专业的教材，也可供有关工程技术人员参考。

图书在版编目（CIP）数据

数控车削加工技术/田恩胜，江长爱主编 .—北京：机械工业出版社，2019. 8（2025. 6 重印）
中等职业教育教学改革创新系列教材
ISBN 978-7-111-63497-3

Ⅰ. ①数…　Ⅱ. ①田…　②江…　Ⅲ. ①数控机床—车床—车削—加工工艺—中等专业学校—教材　Ⅳ. ①TG519. 1

中国版本图书馆 CIP 数据核字（2019）第 179988 号

机械工业出版社（北京市百万庄大街 22 号　邮政编码 100037）
策划编辑：齐志刚　责任编辑：齐志刚　章承林
责任校对：刘雅娜　封面设计：陈　沛
责任印制：单爱军
北京盛通数码印刷有限公司印刷
2025 年 6 月第 1 版第 4 次印刷
184mm×260mm · 12. 25 印张 · 300 千字
标准书号：ISBN 978-7-111-63497-3
定价：39. 80 元

电话服务	网络服务
客服电话：010-88361066	机　工　官　网：www.cmpbook.com
010-88379833	机　工　官　博：weibo.com/cmp1952
010-68326294	金　　书　　网：www.golden-book.com
封底无防伪标均为盗版	机工教育服务网：www.cmpedu.com

前　言

随着数控技术的广泛应用，我国的数控技术也取得了长足发展，给传统制造业的生产方式、产品结构、产业结构带来了深刻的变化，也给传统机电类专业人才的培养带来了新的挑战。

本书以国内主流、典型的 FANUC 0i-TF 系统为写作背景，紧紧围绕数控车削加工中的工艺、编程与操作等核心内容进行全面、系统的阐述。本书结合我国数控技术和机电领域对职业人员的需求，深入贯彻党的二十大精神，增强职业教育适应性，从培养技能应用型人才出发，着重提高编程人员和操作人员的理论知识水平及实践能力。书中引入大量典型零件的数控加工实例，并配以零件图形讲解，由简单到复杂，使读者对每一个零件的加工都有直观的认识，对其内容也能有更深入的了解。

本书主要面向中等职业教育数控车削加工技术的课程，针对中职学生年龄较小的情况，从易到难、由浅入深，在项目的引领下，以图解的方式介绍各任务所需的理论知识和实施技能。在基础知识和指令讲解的编写过程中，注重每个细节的详尽解析，并结合数控车削的编程特点，配以相应的图形进行充分说明，图文并茂，通俗易懂，可学习性和可操作性强，适合任何一个无技巧、无经验、零起点的读者。在加深对指令的认识中，以加工实例为引导，采用逐步深入的方法来增强读者在实际训练中的编程技能和加工技能。

本书共分七个项目，内容包括：数控车床加工基础知识，FANUC 系统数控车床常用 G 指令，轴类零件的加工编程，螺纹零件的加工编程，套类零件的加工编程，复杂零件（综合零件）的加工编程，数控车床常见故障诊断。

本书的特点主要体现在以下几个方面：

1）以就业与升学并重为导向、以职业技能培养为目标，强调理论与实践的融合和知识之间的内在联系，突出内容的应用性和实践性。

2）遵循“能力本位、就业与升学并重”的职业教育理念，培养职业能力和职业素养，践行工匠精神原则，对理论知识和专业知识内容进行编写。

3）大部分内容采用“项目化、案例化”形式编写，将数控编程与操作紧密结合，突出实践环节的机床基本操作步骤、操作规程及方法，逐步引导读者学习，提高读者操作机床的能力。

4）本书配备视频教学内容，利用现代化网络平台，实现线上、线下双重教学模式，读者可以观看教学视频，根据视频内容及时解决课堂上的疑惑，在巩固课堂所学知识的同时提高自学能力。

本书由田恩胜、江长爱担任主编并统稿，王忠、廖明锦、吕波担任副主编，参加编写工作的还有吕金梁、陈学林、张强、信玉芬、林杰、李辉、钟波、丁锦江。

由于编者水平和经验有限，书中错误和不妥之处在所难免，恳请读者批评指正，以尽早修订完善。

编　者

目　录

项目一　数控车床加工基础知识

【背景导入】

随着科学技术的不断进步和社会生产的不断发展，人们对机械产品的质量和生产率提出了越来越高的要求，而机械加工过程的自动化是实现上述要求的有效途径。然而，随着市场竞争的日趋激烈，产品更新换代周期缩短，小批量产品的生产所占的比例越来越大，占总加工量的80%以上。在航空、航天、重型机床以及国防工业部门尤为突出。因此，迫切需要一种精度高、柔性好的加工设备来满足上述需求，这是机床数控技术产生和发展的内在动力。另外，电子技术和计算机技术的飞速发展也为数控机床的发展提供了坚实的技术基础。数控技术正是在这种背景下诞生和发展起来的，它极其有效地满足了上述要求，为小批量、精密复杂的零件生产提供了自动化加工手段。

【课程重点】

1）了解数控车床出现的原因。

2）了解国内、外数控车床的发展现状。

3）了解数控车床的分类和分类方式。

4）了解数控车床的组成及工作特点。

5）认识数控系统的分类。

6）认识 FANUC 0i 系统的面板及使用方式。

【建议学时】

课堂学时：4 学时。

任务一　认识数控车床

一、数控机床的发展与分类

数控技术的问世已有 60 多年的历史，它是由机械学、控制学、电子学、计算机科学四大基础学科发展起来的一门综合性新型学科。技术发展的需要对 21 世纪的数控技术提出了更高的要求，高速化、高精度化、高可靠性、复合化、智能化、柔性化、集成化和开放性是当今数控机床行业的主要发展方向。

1. 数控机床的发展史

我国从 1958 年起，由一批科研院所、高等学校和少数机床厂起步进行数控系统的研制和开发，由于受到当时国产电子元器件水平低、部门经济差等的制约，未能取得较大的发展。

在改革开放后，我国数控技术才逐步取得实质性的发展。经过“六五”（1981—1985 年）对国外技术的引进，“七五”（1986—1990 年）的消化吸收和“八五”（1991—1995 年）由国家组织的科技攻关，才使得我国的数控技术有了质的飞跃，当时通过国家攻关验收和鉴定的产品包括北京珠峰公司的中华 I 型、华中数控公司的华中 I 型和沈阳高档数控国家工程研究中心的蓝天Ⅰ型，以及其他通过“国家机床质量监督测试中心”测试合格的国产数控系统（如南京四开公司的产品）。

我国数控机床制造业在20世纪80年代曾有过高速发展的阶段，许多机床厂实现了从传统产品向数控化产品的转型。但总的来说，技术水平不高，质量不佳，所以在20世纪90年代初期面临国家经济由计划性经济向市场经济转移调整，经历了几年困难的萧条时期，那时生产能力降低到50%，库存超过4个月。从1995年以后国家从扩大内需出发启动机床市场，加强限制进口数控设备的审批，投资重点支持关键数控系统、设备、技术攻关，对数控设备生产起到了很大的促进作用，尤其是在1999年以后，国家向国防工业及关键民用工业部门投入大量技改资金，使数控设备制造市场一派繁荣。

目前我国的国产数控系统主要为经济型（多采用单片机开发），销量较大的为广州数控、南京华兴数控、成都广泰数控、北京帝特马数控、南京新方达数控、江苏仁和数控等；我国的数控机床产业取得了长足发展，目前已经有世界加工直径最大的齿轮数控加工设备和加工规格最大的立式数控铣床。

2. 数控机床的分类

数控机床品种繁多且规格不一。数控车床可按如下方法进行分类。

（1）按车床主轴位置分类

1）立式数控车床。如图1-1所示，立式数控车床简称数控立车，其主轴垂直于水平面，并有一个直径很大的圆形工作台，用来装夹工件。这类车床主要用于加工径向尺寸大、轴向尺寸相对较小的大型复杂零件。

2）卧式数控车床。如图1-2所示，卧式数控车床又分为数控水平导轨卧式车床和数控倾斜导轨卧式车床。倾斜导轨结构可以使车床具有更大的刚性，并易于排除切屑。

图1-1　立式数控车床

图1-2　卧式数控车床

（2）按加工零件的基本类型分类

1）卡盘式数控车床。这类车床没有尾座，适合车削盘类（含短轴类）零件，夹紧方式多为电动或液动控制，卡盘结构多具有可调卡爪或不淬火卡爪（即软卡爪）。

2）顶尖式数控车床。这类车床配有普通尾座或数控尾座，适合车削较长的零件及直径不太大的盘类零件。

（3）按刀架数量分类

1）单刀架数控车床。这类车床一般都配置有各种形式的单刀架，如四工位卧式自动转位刀架或多工位转塔式自动转位刀架。

2）双刀架数控车床。这类车床的双刀架配置平行分布，也可以相互垂直分布。

（4）按功能分类

1）经济型数控车床。这类车床是采用步进电动机和单片机对普通车床的进给系统进行改造后形成的简易型数控车床，成本较低，但自动化程度和功能都比较差，车削加工精度也不高，适用于要求不高的回转类零件的车削加工。

2）普通数控车床。这类车床是根据车削加工要求在结构上进行专门设计并配备通用数控系统而形成的数控车床，数控系统功能强，自动化程度和加工精度也比较高，适用于一般回转类零件的车削加工。这种数控车床可同时控制两个坐标轴，即 X 轴和 Z 轴。

3）车削中心。车削中心在普通数控车床的基础上，增加了 C 轴和动力头，更高级的还带有刀库，可控制 X 轴、Z 轴和 C 轴，联动控制轴可以是 X、Z 轴，X、C 轴或 Z、C 轴。由于增加了 C 轴和动力头，车削中心的加工功能大大增强，除可以进行一般车削外，还可以进行径向和轴向铣削、曲面铣削、中心线不在零件回转中心的孔和径向孔的钻削等加工。

（5）其他分类方法　按数控系统的控制方式等指标，数控车床可以分为很多种类，如直线控制数控车床、两轴控制数控车床等；按特殊或专门工艺性能，数控车床可分为螺纹数控车床、活塞数控车床、曲轴数控车床等。

二、数控车床的组成、工作原理、工作特点、维护与保养及安全文明生产

1. 数控车床的组成

数控车床一般由输入装置、输出装置、计算机数控装置、伺服单元、测量装置和机床本体（组成机床本体的各机械部件）等组成，如图 1-3 所示。

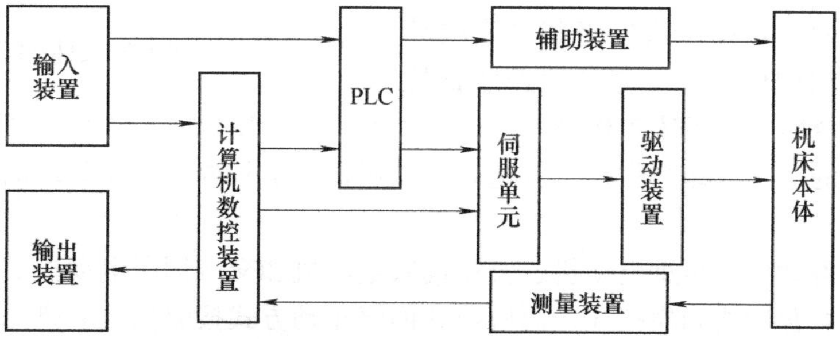

图 1-3　数控车床的组成

（1）输入/输出装置及其操作面板　它是操作人员与数控装置进行信息交流的工具，主要由按钮站、状态灯、按键阵列、显示器等组成。图 1-4 所示为 FANUC 系统的一款数控系统操作面板。

（2）计算机数控（CNC）装置　计算机数控装置是数控机床的中枢，简称数控装置，也称 CNC 单元。数控装置由计算机系统、位置控制板、PLC 接口板、通信接口板、特殊功能模块以及相应的控制软件组成，如图 1-5 所示。

数控装置的作用：根据输入的零件加工程序进行相应的处理（如运动轨迹处理、机床

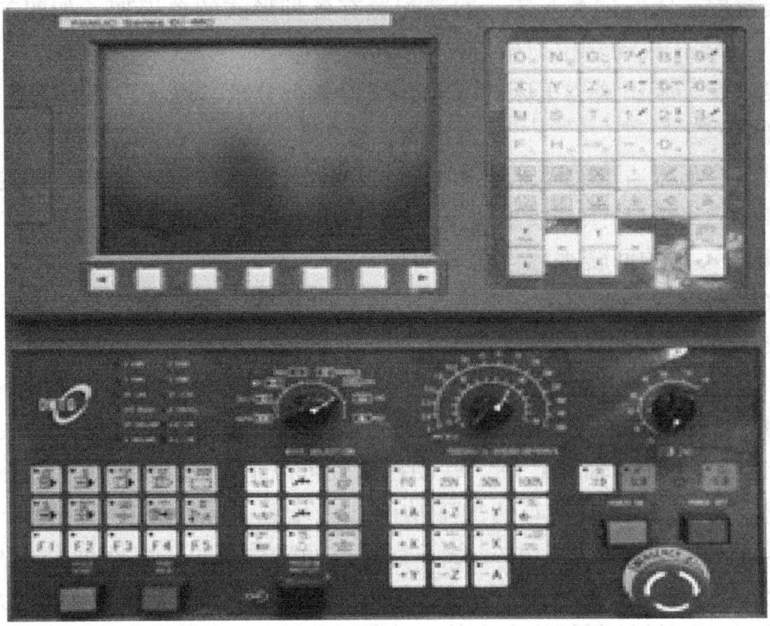

图 1-4　数控系统操作面板

输入/输出处理等），然后输出控制命令到相应的执行部件（伺服单元、驱动装置和 PLC 等），所有这些工作是由 CNC 装置内硬件和软件协调配合，合理组织，使系统有条不紊地进行工作的。CNC 装置是 CNC 系统的核心。

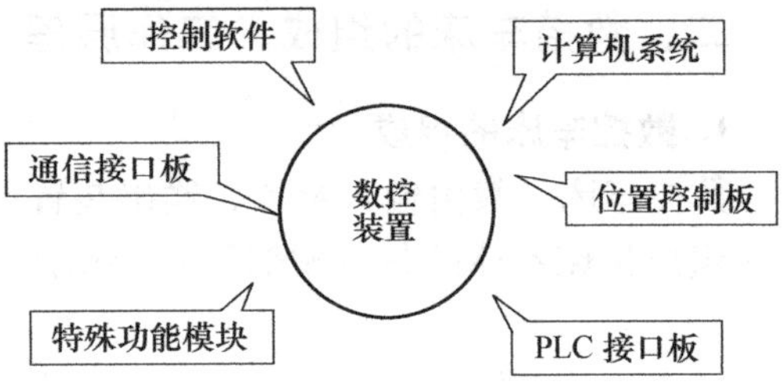

图 1-5　数控装置

（3）进给伺服驱动系统　进给伺服驱动系统由伺服控制电路、功率放大电路和伺服电动机组成。伺服驱动的作用是把来自数控装置的位置控制移动指令转变成机床工作部件的运动，使工作台按规定轨迹移动或精确定位，加工出符合图样要求的工件，即把数控装置送来的微弱指令信号放大成能驱动伺动电动机的大功率信号。

常用的伺服电动机有步进电动机、直流伺服电动机和交流伺服电动机。根据接收指令的不同，伺服驱动有脉冲式和模拟式，而模拟式伺服驱动方式按驱动电动机的电源种类可分为直流伺服驱动和交流伺服驱动。步进电动机采用脉冲驱动方式，交、直流伺服电动机采用模拟式驱动方式。

（4）机床电气控制　机床电气控制包括两个方面、PLC（可编程序逻辑控制器）用于完成与逻辑运算有关顺序动作的 I/O 控制；而机床 I/O 电路和装置则是用来实现 I/O 控制的执行部件，由继电器、电磁阀、行程开关、接触器等组成逻辑电路。

（5）测量装置　图 1-6 显示了数控机床中反馈系统的工作，反馈系统的作用是通过测量装置将机床移动的实际位置、速度参数检测出来，转换成电信号，并反馈到数控装置中，使数控系统能随时判断机床的实际位置、速度是否与指令一致，并发出相应指令，纠正所产生的误差。

（6）机床本体　数控机床的机械部件包括：主运动部件，进给运动执行部件（如工作台、滑板及其传动部件），床身、立柱等支承部件；此外，还有冷却、润滑、转位和夹紧等辅助装置。对于加工中心，还有存放刀具的刀库，交换刀具的机械手等部件。数控机床是高精度和高生产率的自动化加工机床，与普通机床相比，应具有更好的抗振性和刚度，要求相对运动面的摩擦因数要小，进给传动部分之间的间隙要小。所以其设计要求比通用机床更严格，加工制造要求更精密，并采用加强刚性、减小热变形、提高精度的设计措施。辅助控制装置包括刀库的转位换刀、液压泵、冷却泵等控制接口电路。

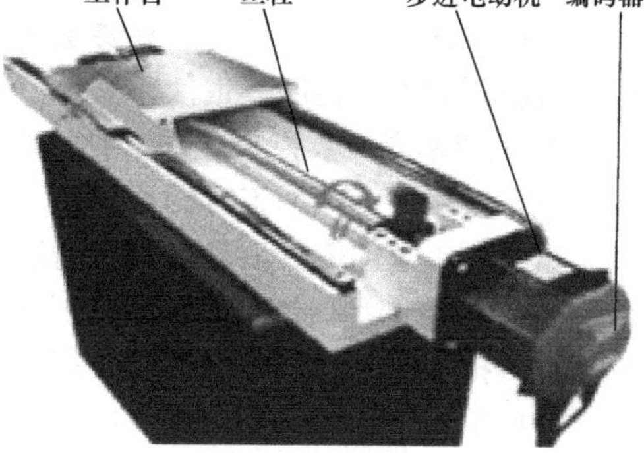

图 1-6　测量装置

2. 数控车床的工作原理

数控车床加工零件时，一般先根据被加工零件的图样，用规定的数字代码和程序格式编制程序单，再将编制好的程序单记录在信息介质上，通过阅读机把信息介质上的代码转换为电信号，并输送到数控装置，数控装置将接收到的信号进行处理后，以脉冲信号形式向伺服系统发出执行指令，伺服系统接到指令后，驱动车床各进给机构按规定的加工顺序、速度和位移量，完成对零件的车削。数控车床的工作原理如图 1-7 所示。

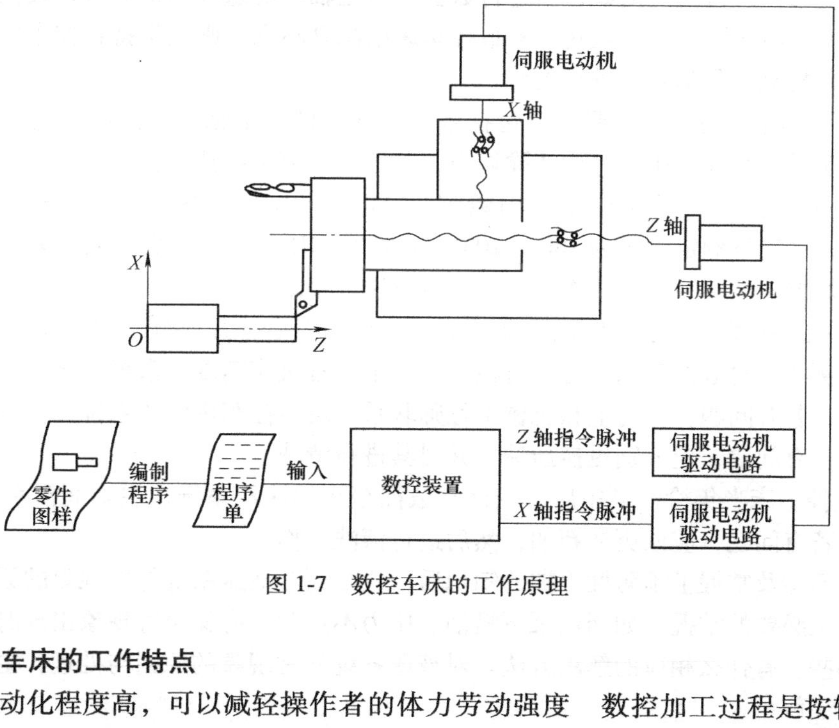

图 1-7　数控车床的工作原理

3. 数控车床的工作特点

（1）自动化程度高，可以减轻操作者的体力劳动强度　数控加工过程是按输入的程序自动完成的，操作者只需起始对刀、装卸工件、更换刀具，在加工过程中主要是观察和监督车床运行。但是，由于数控车床的技术含量高，操作者的脑力劳动强度相应提高。

（2）加工零件精度高、质量稳定　数控车床的定位精度和重复定位精度都很高，较容易保证一批零件尺寸的一致性，只要工艺设计和程序正确合理，加之精心操作，就可以保证零件获得较高的加工精度，也便于对加工过程实行质量控制。

（3）生产率高　数控车床加工时能在一次装夹中加工多个加工表面，一般只检测首件，所以可以省去普通车床加工时的不少中间工序，如划线、尺寸检测等，减少了辅助时间，而且由于数控加工出的零件质量稳定，为后续工序带来了方便，其综合效率明显提高。

（4）便于新产品研制和改型　数控加工一般不需要很多复杂的工艺装备，通过编制加工程序就可把形状复杂和精度要求较高的零件加工出来，当产品改型、更改设计时，只要改变程序，而不需要重新设计工装。所以，数控加工能大大缩短产品研制周期，为新产品的研制开发、产品的改进、改型提供了捷径。

（5）可向更高级的制造系统发展　数控车床及其加工技术是计算机辅助制造的基础。

（6）初始投资较大　这是由于数控车床设备费用高、首次加工准备周期较长、维修成本高等因素造成的。

（7）维修要求高　数控车床是技术密集型的机电一体化的典型产品，需要维修人员既要懂机械又要懂微电子维修方面的知识，同时还要配备较好的维修装备。

4. 数控车床的维护与保养

预防性数控车床维护的关键是加强日常保养，主要的保养工作有下列内容：

（1）数控车床日检　其主要项目包括数控车床液压系统、数控车床主轴润滑系统、数控车床导轨润滑系统、数控车床冷却系统、数控车床气压系统。日检就是根据数控车床各系统的正常情况来加以检测。例如，当进行数控车床主轴润滑系统的检测时，数控车床电源灯应亮，数控车床液压泵应正常运转，若数控车床电源灯不亮，则应保持数控车床主轴处于停止状态，并与机械工程师联系进行维修。

（2）数控车床周检　其主要项目包括数控车床零件、主轴润滑系统，应该每周对其进行检查，特别是对数控车床零件要清除切屑，并进行外部杂物清扫。

（3）数控车床月检　月检主要是对数控车床电源和空气干燥器进行检查。数控车床电源电压在正常情况下额定电压为180~220V，频率为50Hz，若有异常，要对其进行测量、调整。空气干燥器应该每月拆检一次，然后进行清洗、装配。

（4）数控车床季检　季检应该主要从数控车床床身、液压系统、主轴润滑系统三方面进行检查。例如，对数控车床床身进行检查时，主要看机床精度、数控车床水平是否符合手册中的要求，若有问题，应马上和机械工程师联系。对数控车床液压系统和主轴润滑系统进行检查时，若有问题，应分别更换新油，并对其进行清洗。

（5）数控车床半年检　半年后，应该对数控车床的液压系统、主轴润滑系统以及 X 轴进行检查，若有问题，应该更换新油，然后进行清洗工作。

全面地熟悉及掌握了预防性维护的知识后，还必须对液压系统异常现象的原因与处理有更深的了解及必要的掌握。如当油泵不喷油、压力不正常、有噪声等现象出现时，应知道主要原因有哪些，有什么相应的解决方法。对液压系统异常现象的原因与处理，主要应从以下三方面加以了解。

1）数控车床油泵不喷油。其主要原因可能有油箱内液面低、油泵反转、转速过低、油黏度过高、油温低、过滤器堵塞、吸油管配管容积过大、进油口处吸入空气、轴和转子有破损处等，对主要原因应有相应的解决方法，如注满油、确认标牌，当油泵反转时变更过来等。

2）数控车床压力不正常，即压力过高或过低。其主要原因也是多方面的，如压力设定不适当、压力调节阀线圈动作不良、压力表不正常、油压系统有泄漏等。相应的解决方法有按规定压力设置、拆开清洗、换一个正常压力表、按各系统依次检查等。

3）数控车床有噪声、噪声主要是由油泵和阀产生的。当阀有噪声时，其原因是流量超过了额定标准，应该适当调整流量；当油泵有噪声时，其原因及相应的解决办法也是多方面的，如油的黏度高、油温低，解决方法为升油温，油中有气泡时，应放出系统中的空气等。

总而言之，要想做好数控车床的预防性维护工作，必须长期进行维护和检查，发现问题要及时处理，要合理进行保养和使用。

（6）数控车床日常维护和保养　数控机床进行日常维护和保养可有效防止机床非正常磨损，避免突发故障，可使机床保持良好的技术状态，保持长时间的稳定工作。

机床说明书中一般对日常维护保养的范围有每天、不定期、每半年和每年的内容。在数控加工实践中，必须落实每天的维护保养内容和要求。数控车床日常维护与保养见表1-1。

表1-1　数控车床日常维护与保养

序号	检查周期	检查部位	检查要求
1	每天	导轨润滑油箱	检查游标、油量，及时添加润滑油，润滑泵能及时起动和停止
2	每天	X、Z 轴及导轨面	清除切屑及杂物，检查润滑油是否充分，导轨面有无划伤、损坏
3	每天	压缩空气源	检查气动控制系统压力应在正常范围内
4	每天	气源自动分水滤气器	及时清理分水器中滤除的水分，保证自动工作正常
5	每天	气液转换器和增压器油面	发现油面不够时及时补足油
6	每天	主轴润滑恒温油箱	工作正常，油量充足并能调节温度范围，油箱、液压泵无异常噪声，压力指示正常，管路及各接头无泄漏现象
7	每天	机床液压系统	工作油面高度正常
8	每天	液压平衡系统	平衡压力指示正常，快速移动时平衡阀工作正常
9	每天	输入/输出装置	检查输入/输出装置的接口是否松开
10	每天	各种电气柜散热通风装置	各电气柜冷却风扇工作正常，风道过滤网无堵塞
11	每天	各种防护装置	导轨、机床防护罩等无松动、漏水现象
12	不定期	检查各轴导轨上镶条、压滚轮松紧情况	按机床说明书调整
13	不定期	切削液箱	检查液面高度，切削液太脏时需要更换并清洗箱体，清洗过滤器
14	不定期	调整主轴松紧	按机床说明书调整
15	不定期	滚珠丝杠	清洗丝杠上的旧润滑脂，涂上新润滑脂
16	不定期	检查发动机等其他接口	无松动现象

5. 安全文明生产

（1）文明操作规程

1）严格遵守上课纪律，不迟到，不早退，上课过程中不打闹，坚守岗位。

2）进入岗位必须按规定穿戴好劳动保护用品。

3）认真执行岗位责任制，严格遵守操作规程，不做与本职工作无关的事。

4）非本岗位操作者、维护使用人员，未经批准不得进入或触动机床及辅助设备。

5）严格听从实训指导教师的上课安排，不得擅自调换岗位。

6）下课前必须清理现场，做好机床卫生，对设备进行必要的维护保养，切断电源，关闭门窗等。

7）实行定期维护保养制度，保证机床安全运行。

8）一旦发生事故，应立即采取措施，防止事故扩大，并保护好现场。

（2）安全操作技术　操作时，应牢固树立安全第一的思想，必须提高执行纪律的自觉性，严格遵守安全操作规程。

1）穿紧身防护服，扎紧袖口，长发操作工应戴工作帽，头发或辫子应塞入帽内。

2）戴好防护镜，以免切屑飞入眼中。

3）不准穿高跟鞋或凉鞋进入实训场地。

4）工作时不准戴手套。车床运转时，不准用棉纱擦拭工件，不准用卡尺测量工件，不准用手直接去清理切屑，应用专用钩子。

5）夹持工件的卡盘、拨盘、鸡心夹的凸出部分最好使用防护罩，以免绞住衣服及身体的其他部位。若无防护罩，操作时应注意距离，不要靠近。

6）工件要装夹牢靠，以防车削时工件飞出伤人。

7）用砂布打磨工件外表面时，应把刀具移动到安全位置，不要让衣服和手钩住工件外表面。加工内孔时，不可用手指支撑砂布，应用木棍取代，同时转速不宜太快。

8）不准使用无柄锉刀，使用锉刀时右手在前，左手在后；不准隔机床传递工具、工件和其他物品。

9）车床地面上放置的脚踏板，必须坚实、平稳，并随时清理其上的切屑，以防滑倒发生事故；车床开动时不准坐凳子，防止打瞌睡发生事故。

10）不准用手制动转动着的卡盘，工作时不允许擅自离开机床或做与车削无关的工作。

任务二　数控系统的分类及 FANUC 系统介绍

一、数控系统的分类

目前我国应用的数控系统种类很多，市场占有率较大的有日本的 FANUC 系统、德国的西门子系统，其次有法国的 NUM 系统、日本的三菱系统，以及我国的广州数控系统、华中数控系统等。在此介绍几种常用的数控系统，见表 1-2。

表 1-2　常用的数控系统

名称	来源	简　介	面板展示
FANUC 系统	日本	日本 FANUC 公司是专门从事生产数控装置及工业机器人的著名厂家。该公司自 20 世纪 50 年代末期生产数控系统以来，已开发出 40 多种系列的数控系统，特别是在 20 世纪 70 年代中期开发出 FS5、FS7 系统以后，所生产的系统都是 CNC 系统。20 世纪 80 年代，FANUC 公司较有代表的系统是 F6 和 F11。目前，主要产品有 F0 和 F15 系列 FANUC 系统是最成功的 CNC 系统之一，具有高可靠性及完整的质量控制体系，故障率低，操作简便，易于故障的诊断和维修	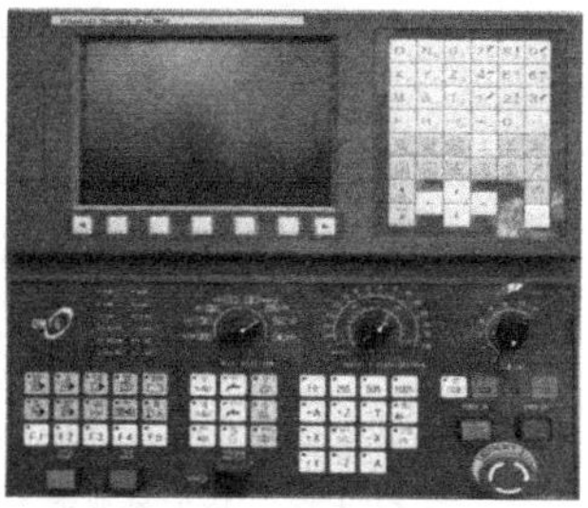
西门子系统	德国	德国西门子公司目前推出的控制系统主要有 840D、810D、840C、802S、802C、802D，以及相配套的伺服驱动系统 611、611D 等。其中，840D 是目前应用较多的控制系统，市场覆盖率也非常大，其特点是能在复杂的系统平面上，通过系统设定而适用于各类数控机床。840D 与 SIMODRIVE611 数字驱动系统和 SIMATICS7 可编程控制器一起，构成全数字控制系统，它适用于复杂加工任务的控制，具有较强的动态品质和控制精度，适用于钻削、铣削、车削和磨削机床加工的控制	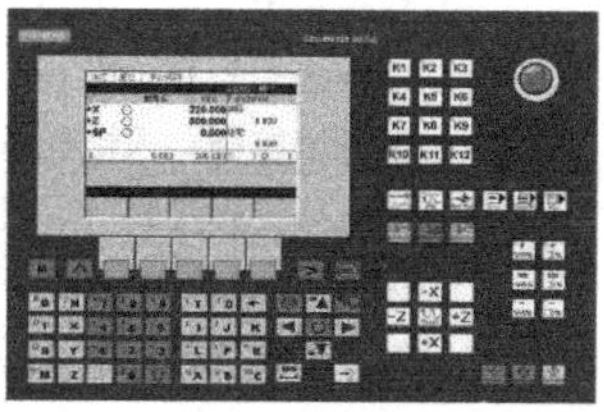
NUM 系统	法国	NUM 公司是法国施耐德集团下的一家专门从事数控领域产品开发生产的公司，该公司在近年推出的 1020、1040、1060 系列数控系统是其主流产品，它们在系统结构上具有一致性。除了硬件方面由于能力强弱而在 CPU 数量的配备及硬件的装配上有所区别外，它们在软件的结构、功能上大致相同，它们与该公司的其他系列数控系统 720、750、760 在 PLC、报警信息、机床数据方面也能兼容	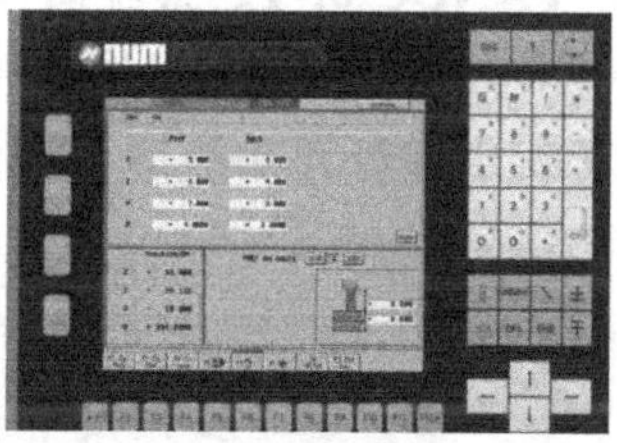
三菱电机公司数控装置	日本	日本三菱电机株式会社是一个综合性电器电机制造公司。三菱电机公司的 CNC 商标为“MELDAS”（Mitsubishi Electric Digital Automation System），该公司不但自己制造数控装置，而且允许机床制造商采用 MELDAS 的硬件和基本软件，与制造商一起共同开发适合于制造商机种要求的数控装置，并可采用各机械制造商的商标。如日本山崎铁工所（MRZUK）的 MAZA-TROL 系列数控装置、日本大阪机工（OKK）的 OKK 系列数控装置、德国特劳伯公司（TRAUB）的 TX-S 系列数控装置等都是在三菱 MELDAS 产品的软硬件平台上针对各自机床的特点开发出来的，适合各自机床的先进功能，从而使其机床的整机性能大为提高，各具特色	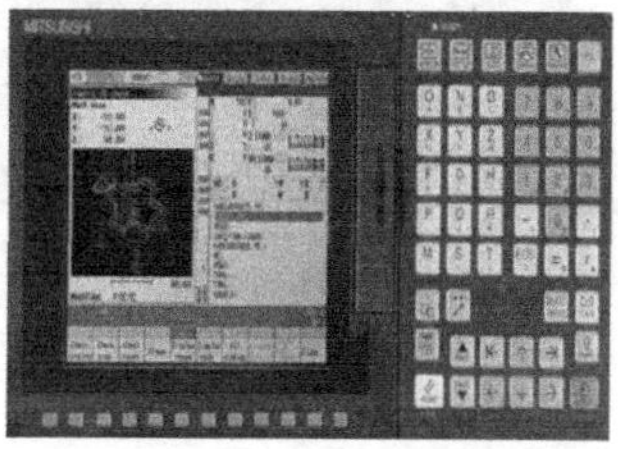

（续）

名称	来源	简　　介	面板展示
华中数控	中国	华中数控具有自主知识产权的数控装置形成了高、中、低三个档次的系列产品，研制了华中 8 型系列高档数控系统新产品，已有数十台套与列入国家重大专项的高档数控机床配套应用；具有自主知识产权的伺服驱动和主轴驱动装置性能指标达到国际先进水平	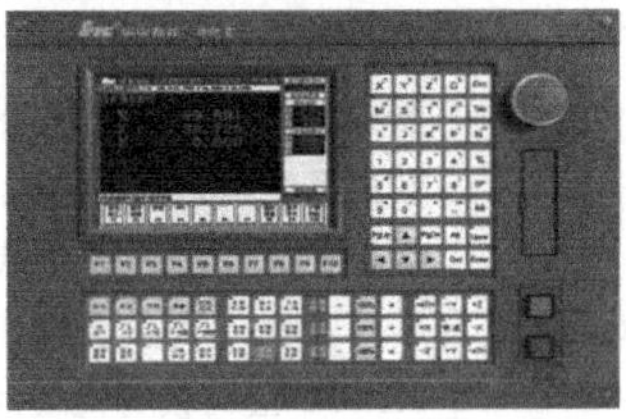
广州数控	中国	广州数控是广东省 20 家重点装备制造企业之一，国家 863 重点项目《中档数控系统产业化支撑技术》承担企业。其主营业务有数控系统、伺服驱动、伺服电动机研发生产、数控机床连锁营销、机床数控化工程、工业机器人、精密数控注塑机研制等 广州数控拥有车床数控系统、钻床数控系统、铣床数控系统、加工中心数控系统、磨床数控系统等多领域的数控系统。其中，GSK27 系统采用多处理器实现纳米级控制；人性化人机交互界面，菜单可配置，根据人体工程学设计，更符合操作人员的加工习惯；采用开放式软件平台，可以轻松与第三方软件连接；高性能硬件支持最大 8 通道和 64 轴控制	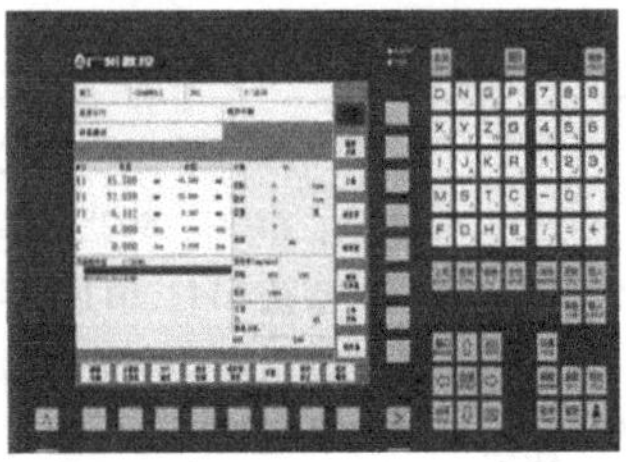

二、FANUC 0i-TF 系统介绍

1. FANUC 0i-TF 系统操作面板介绍

FANUC 0i-TF 系统操作面板分为两大区域：液晶显示屏区域和编辑面板部分，编辑面板又分为 MDI 键盘和功能键，如图 1-8 所示。

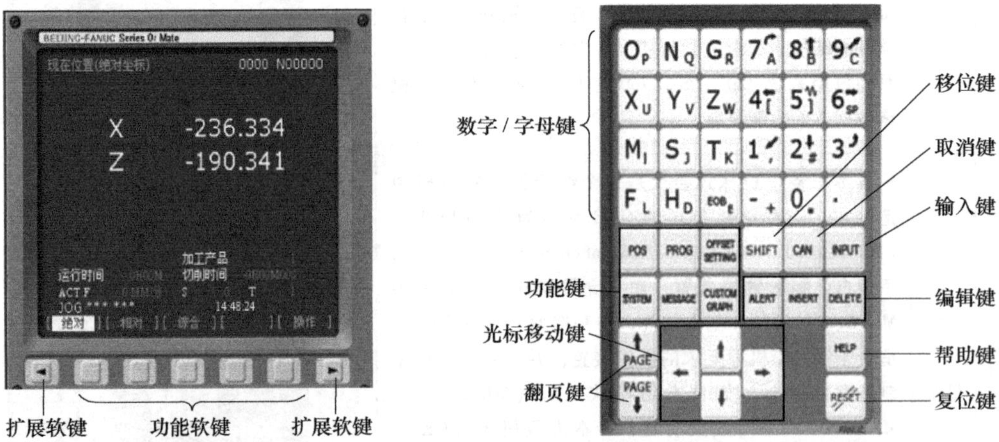

a) 液晶显示屏区域　　b) 编辑面板上各键的名称和位置分布

图 1-8　FANUC 0i-TF 系统操作面板

2. 编辑面板功能键说明

编辑面板上各功能键的说明见表 1-3。

表 1-3 编辑面板上各功能键的说明

名称	功能键图标	功能说明
数字/字母键	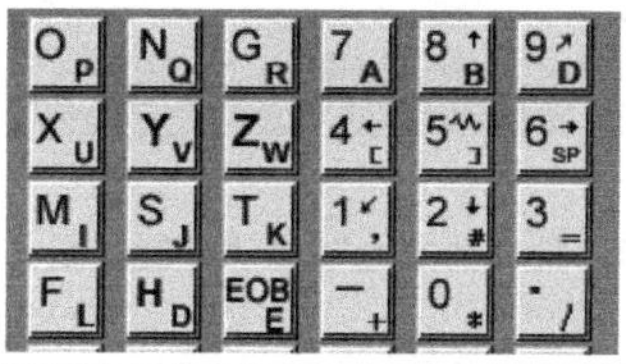	用于输入数字或者字母，输入时自动识别所输入的是字母还是数字。EOB 键为回车换行键，编辑程序时输入“;”换行
功能键	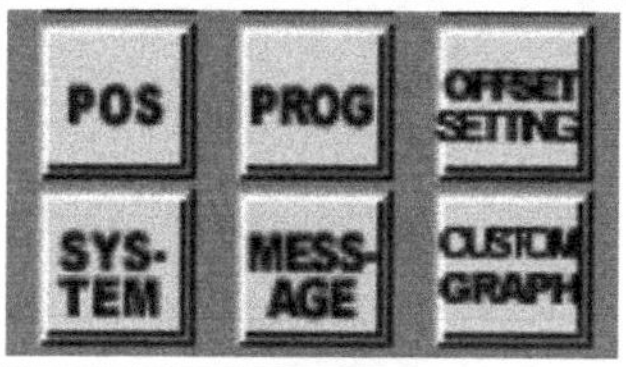	POS：切换显示屏到机床位置界面 PROG：切换显示屏到程序管理界面 OFFSET SETTING：进行刀具补偿数据显示与设定 SYSTEM：用来显示系统界面 MESSAGE：用来显示提示信息 CUSTOM GRAPH：用来显示图形界面
翻页键		使屏幕向前或向后翻一页，在检查程序和诊断时使用
光标移动键	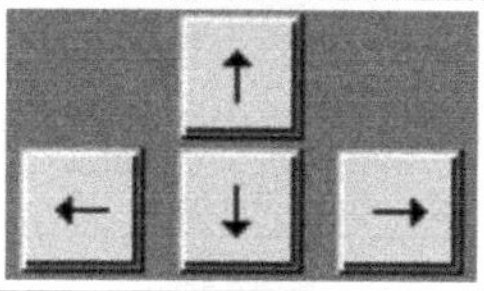	控制光标在操作区上下左右移动，在修改程序或参数时使用
帮助键		显示如何操作机床，可在数控系统发生报警时提供报警信息
复位键		用来对数控系统进行复位，或者清除报警信息

三、FANUC 0i-TF 系统操作

FANUC 0i Mate-TF 系统数控车床的控制面板如图 1-9 所示。

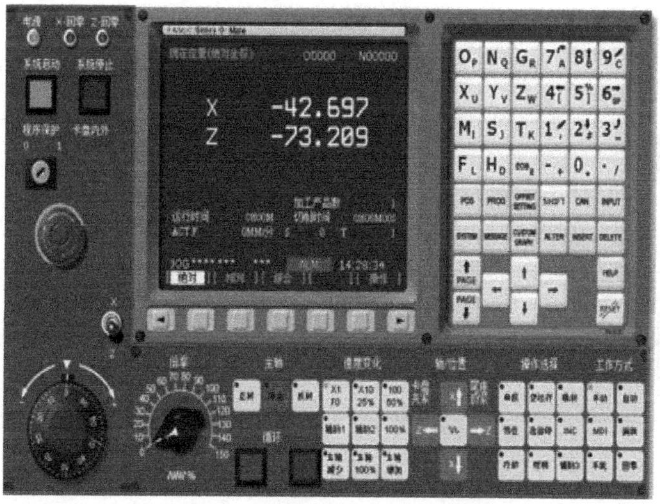

图 1-9 数控车床的控制面板

数控车床的控制面板功能介绍见表 1-4。

表 1-4　数控车床的控制面板功能介绍

按　　键	名称	功　　能
	电源开关	系统电源开关，包括“控制器通电”和“控制器断电”两个按钮
	机床准备	打开驱动开关
	程序保护	程序保护锁
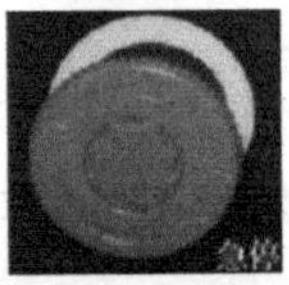	急停	紧急停止按钮
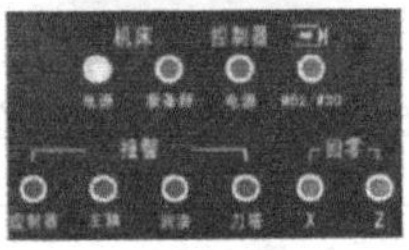	指示灯	状态指示灯
	跳步	此按键按下时，程序中的“/”有效
	单步	此按键按下时，运行程序时每次执行一条数控指令
	空运行	此按键按下时，程序中的插补运动均以快速运动方式执行
	刀库	利用该按键手动控制刀架正转、反转
	顶尖	利用该按键控制顶尖前后移动
	冷却	此按键按下时，冷却泵打开

（续）

<table>
<tr><th>按　　键</th><th>名称</th><th colspan="2">功　　能</th></tr>
<tr><td></td><td>手动
润滑</td><td colspan="2">此按键按下时，开启润滑加油装置</td></tr>
<tr><td>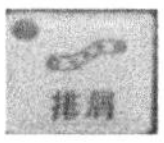</td><td>排屑</td><td colspan="2">此按键按下时，开启排屑器</td></tr>
<tr><td></td><td>工作灯</td><td colspan="2">此按键按下时，打开工作灯</td></tr>
<tr><td rowspan="9">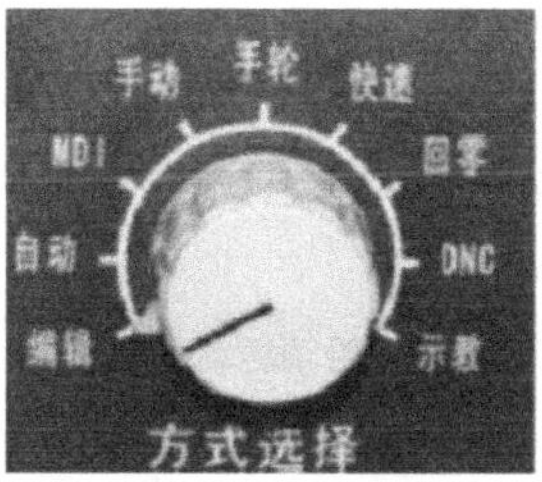</td><td rowspan="9">方式
选择</td><td>示教</td><td>进入示教模式</td></tr>
<tr><td>DNC</td><td>进入 DNC 模式，输入/输出资料</td></tr>
<tr><td>回零</td><td>进入回零模式，机床首先必须执行回零操作</td></tr>
<tr><td>快速</td><td>进入手动快速模式</td></tr>
<tr><td>手轮</td><td>进入手轮模式</td></tr>
<tr><td>手动</td><td>进入手动模式，连续移动机床</td></tr>
<tr><td>MDI</td><td>进入 MDI 模式，手动输入并执行指令</td></tr>
<tr><td>自动</td><td>进入自动加工模式</td></tr>
<tr><td>编辑</td><td>进入编辑模式，用于直接通过操作面板输入数控程序和编辑程序</td></tr>
<tr><td></td><td>程序
启动</td><td colspan="2">程序运行开始，“方式选择”旋钮在“自动”或“MDI”位置时按下有效，其余模式下使用无效</td></tr>
<tr><td></td><td>进给
保持</td><td colspan="2">程序运行暂停，在程序运行过程中按下此按键程序运行暂停，再按“程序启动”按钮从暂停的位置开始执行</td></tr>
<tr><td>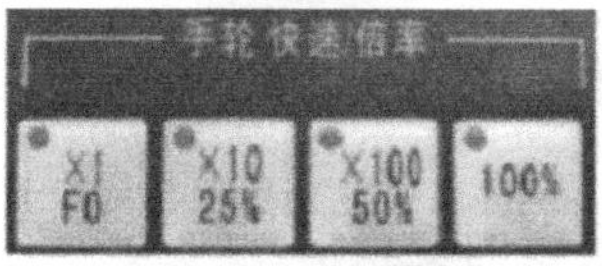</td><td>手轮快
速倍率</td><td colspan="2">×1、×10、×100 分别代表移动量为 0.001mm、0.01mm、0.1mm；F0、25%、50%、100%分别设定快速手动进给速度</td></tr>
<tr><td>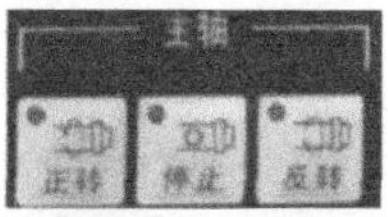</td><td>主轴
控制</td><td colspan="2">控制主轴正转、停止、反转</td></tr>
<tr><td></td><td>进给
倍率</td><td colspan="2">此旋钮用于调整手动进给或自动加工过程中的插补进给速度</td></tr>
</table>

（续）

按　　键	名称	功　　能
	主轴倍率	此旋钮用于调整主轴转速
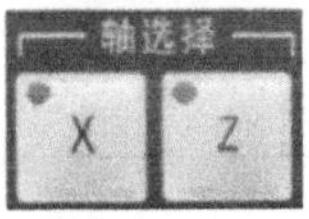	进给轴选择	通过该按键选择 *X* 或 *Z* 进给轴
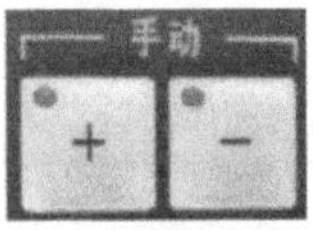	手动进给	机床进给轴正向或负向移动
	手轮	当“方式选择”开关旋至“手轮”方式时的进给轴运动

四、预热与驱动

1. 车床安全操作规范

车床安全操作基本注意事项如下：

1）工作时请穿好工作服、安全鞋。注意：不允许戴手套操作机床。

2）注意不要移动或损坏安装在机床上的警告标牌。

3）注意不要在机床周围放置障碍物，工作空间应足够大。

4）某一项工作若需要两人或多人共同完成时，应注意相互间的协调一致。

5）必须在操作步骤完全清楚后操作机床，遇到问题立即向教师询问，禁止在不知道规程的情况下进行尝试性操作，操作中若机床出现异常，必须立即向指导教师报告。

2. 操作前的准备工作

1）机床开始工作前要有 20min 的预热，认真检查润滑系统工作是否正常，若机床长时间未开动，可先采用手动方式向各部分供油润滑。

2）使用的刀具应与机床允许的规格相符，有严重破损的刀具要及时更换。

3）调整刀具所用工具不要遗忘在机床内。

4）刀具安装好后应进行一次或两次试切削。

3. 操作过程中的安全注意事项

1）机床开机顺序：接通气源→接通机床电气柜电源→接通操作面板电源。

2）手动原点回归时，注意机床各轴位置要距离原点在 150mm 以上（*B* 轴必须在 0°），机床原点回归顺序：首先+*Z* 轴，其次+*X* 轴、+*Y* 轴（五轴时为+*Z*、+*B*、+*C*、+*Y*、+*X*）。

3）禁止用手接触刀尖和切屑，切屑必须要用铁钩子或毛刷来清理。

4）禁止用手或其他任何方式接触正在旋转的主轴、工件或其他运动部位。

5）加工过程中，禁止测量工件、变速，更不能用棉丝擦拭工件，也不能清扫机床。

6）机床运转中，操作者不得离开岗位，机床发现异常现象应立即停止。

7）在加工过程中，不允许打开机床防护门。

8）严格遵守岗位责任制，机床由专人负责，非该岗位人员禁止使用。

9）深孔加工时应先预钻孔或抬刀吹气加工，否则加工时容易断刀。

10）使用手轮或快速移动方式移动各轴位置时，一定要看清机床 X、Y、Z 轴各方向“+、-”号标牌后再移动。移动时先慢转手轮观察机床移动方向无误后方可加快移动速度。

11）编完程序或将程序输入机床后，须先进行图形模拟，准确无误后再进行机床试运行，并且刀具应离开工件端面 200mm 以上。

12）程序运行注意事项：

① 对刀应准确无误，刀具补偿号应与程序调用刀具号符合。

② 检查机床各功能按键的位置是否正确。

③ 刀具需要吹气或用切削液冷却。

④ 操作人员站立位置应合适，启动程序时，右手做好按停止按钮准备，程序在运行当中手不能离开停止按钮，如有紧急情况立即按下停止按钮。

13）加工过程中认真观察切削及冷却状况，确保机床、刀具的正常运行及工件的质量，并关闭防护门以免切屑、润滑油飞出。

14）关机前机床各坐标轴应停在中间位置（B、C 轴应当回到零点）。

15）未经许可，禁止打开电气箱。

16）各手动润滑点必须按说明书要求润滑。

17）无论机床是否使用，每日必须使用润滑油循环 0.5h，冬天时间可稍长一些；一般在 1~2 个月更换一次切削液。

18）机床若数天不使用，则每隔一天应对数控及显示部分通电 2~3h。

4. 操作完成后的注意事项

1）清除切屑、擦拭机床，使机床与环境保持清洁状态。

2）注意检查或更换磨损或损坏的机床导轨上的油擦板。

3）检查润滑油、切削液的状态，及时添加或更换。

4）不允许采用压缩空气清洗机床电气柜及数控单元。

5）依次关掉机床操作面板上的电源、总电源、气源。

6）机床应做到定期或不定期的维护和保养以及每日的点检工作。机床试运行，并且刀具应离开工件端面 200mm 以上。

五、回参考点

回参考点又叫回零。机床开机后，首先必须进行回零操作，其目的是建立机床坐标系，操作方法有以下两种：

1. 手动方式

X 轴回零：将“方式选择”开关旋转至“回零”状态→按轴选择中的“X”键→按手动进给中的“+”键。Z 轴回零：按轴选择中的“Z”键→按手动进给中的“+”键。

2. MDI 操作

将“方式选择”开关旋转至“MDI”状态，进入 MDI 操作界面，输入“G28 U0 W0”，再按“程序启动”按钮即可。

注意：在回零操作之前，应确保当前位置为参考点的负方向且有一段距离。回零操作时，应先回 X 轴，再回 Z 轴。

六、简单程序上机操作

1. 手动操作

（1）手动/连续方式　进入手动操作模式：将机床控制面板上的“方式选择”开关旋转至“手动”状态。手动操作轴的移动：通过“轴选择”按钮，选择需要移动的 X 轴或 Z 轴，通过手动进给中的“+、-”按键，控制轴的正、负方向的移动。

（2）手轮操作　刀架的运动可以通过手轮来实现，适用于微动、对刀、精确移动刀架等操作。

1）按下“轴选择”按钮中的“X”或“Z”，选择需要移动的坐标轴方向。

2）移动速度由“手轮快速倍率”按钮进行调节，选择合适的倍率。倍率挡含义：

“×1”——手轮每转动一格相应的坐标轴移动 0.001mm；

“×10”——手轮每转动一格相应的坐标轴移动 0.01mm；

“×100”——手轮每转动一格相应的坐标轴移动 0.1mm。

3）旋转“手轮”，可精确控制机床进给轴的移动。顺时针转动手轮，坐标轴向正方向移动，逆时针转动手轮，坐标轴向负方向移动。

2. MDI 操作

MDI 方式也叫手动数据输入方式，它具有从操作面板输入一个程序段或指令并执行该程序段或指令的功能。MDI 方式常用于起动主轴、换刀、对刀等操作中。

MDI 操作步骤如下：

1）将机床面板上的“方式选择”开关旋转至“MDI”状态，进入 MDI 方式。在 MDI 键盘上按“PROG”键，进入程序编辑页面。

2）按“程序启动”按钮运行程序。按“RESET”键可以清除输入的数据。

3. 编辑方式

在“编辑”方式下，可以对程序进行编辑和修改。

（1）显示程序存储器的内容

1）将“方式选择”开关旋转至“编辑”状态。

2）按“PROG”键显示程式（PROGRAM）界面。

3）按“LIB”软键后屏幕显示程序存储器的内容，如图 1-10 所示。

（2）输入新的加工程序

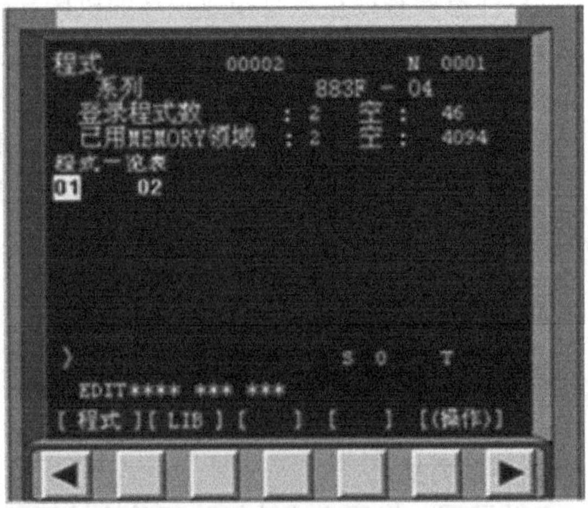

图 1-10　显示程序存储器的内容

1）将“方式选择”开关旋转至“编辑”状态。

2）按“PROG”键显示程式（PROGRAM）界面。

3）输入程序名 O0001，按“INSERT”键确认，建立一个新的程序号。然后即可输入程序的内容，如图 1-11 所示。

（3）编辑程序

1）检索程序。

① 将“方式选择”开关旋转至“编辑”状态。

② 按“PROG”键显示程式界面。

③ 输入要检索的程序号（如 O0001）。

④ 按“O 检索”软键，即可调出所要检索的程序，如图 1-12 所示。

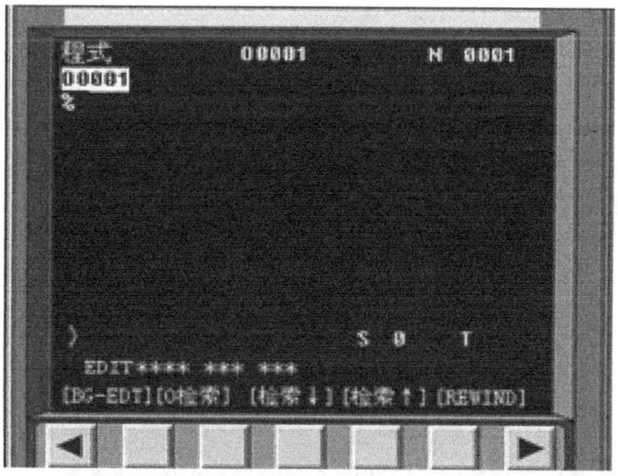

图 1-11　建立新程序号

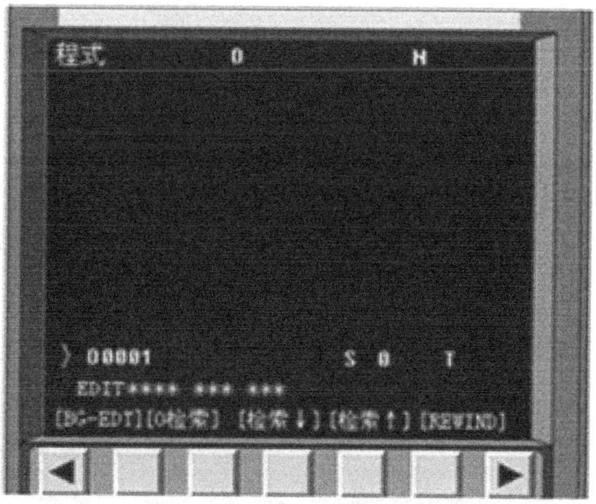

图 1-12　检索程序

2）检索程序段（语句）。检索程序段需在已检索出程序的情况下进行。

① 输入要检索的程序段号（如 N6）。

② 按“检索↓”软键，光标即移至所检索的程序段 N6 所在的位置，如图 1-13 所示。

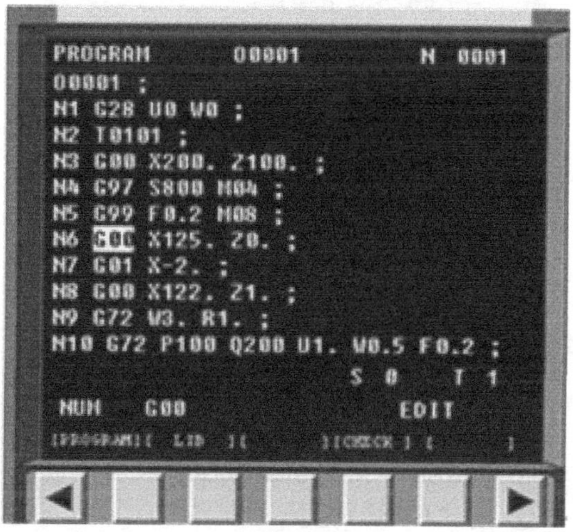

图 1-13　检索程序段

3）检索程序中的字。

① 输入所需检索的字（如 Z-10）。

② 以光标当前的位置为准，向前面程序检索，按“检索↑”软键；向后面程序检索，按“检索↓”软键。光标移至所检索的字第一次出现的位置，如图 1-14 所示。

4）字的修改。例如，将 Z-10.0 改为 Z1.0。

① 将光标移至 Z-10.0 位置（可用检索方法）。

② 输入要改变的字 Z1.0。

③ 按“ALERT”键，Z1.0 将替换 Z-10.0，如图 1-15 所示。

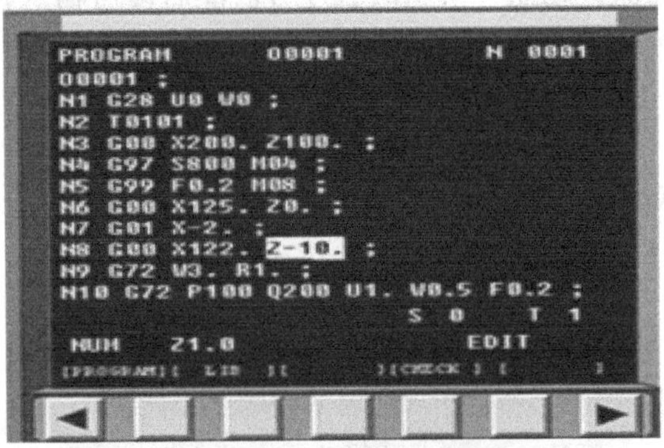

图 1-14 检索程序中的字

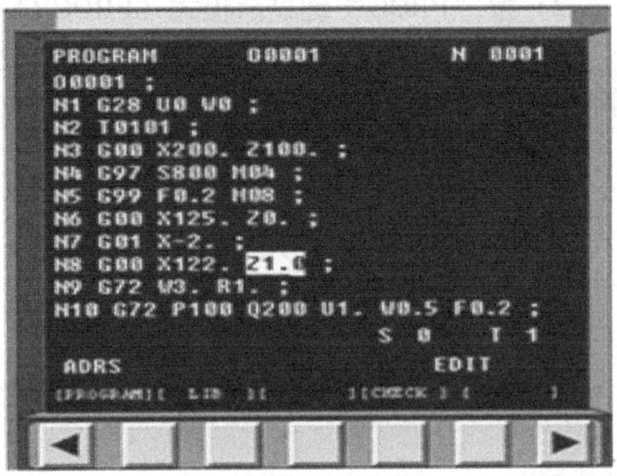

图 1-15 字的修改

5）删除字。例如，“N1 G00 X122.0 Z1.0;”删除其中的 Z1.0。

① 将光标移至 Z1.0 位置，如图 1-16 所示。

② 按“DELETE”键，Z1.0 被删除，光标自动向后移，如图 1-17 所示。

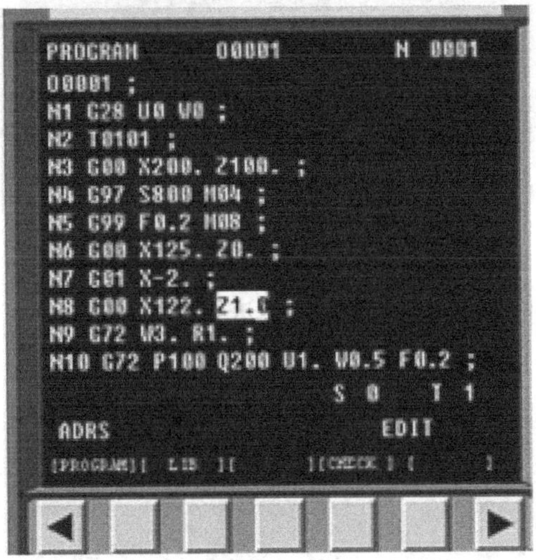

图 1-16 删除字

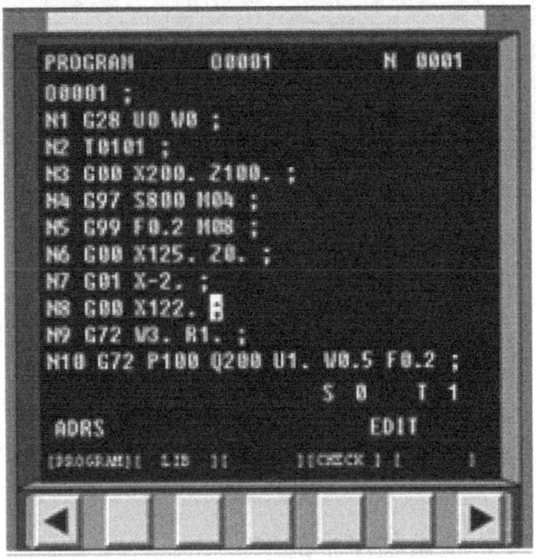

图 1-17 将字删除后

6）删除程序段。例如，删除如下程序段：

O0100;

N1 G50 S3000;

……;

① 将光标移至要删除的程序段第一个字 N1 处。

② 按“EOB”键。

③ 按“DELETE”键，即删除整个程序段。

7）插入字。例如，在程序段“G01 Z20.0;”中插入 X 10.0 改为“G01 X10.0 Z20.0;”。

① 将光标移至要插入的字前一个字的位置（G01）处。

② 键入 X10. 0。

③ 按“INSERT”键，插入完成，程序段变为“G00 X10. 0 Z20. 0;”。

8）删除程序。例如，删除程序号为 O0100 的程序。

①“方式选择”开关旋转至“编辑”状态。

② 按“PROG”键显示程式界面。

③ 输入要删除的程序号 O0100。

④ 按“DELETE”键，程序 O0100 被删除。

七、对刀和起刀

1. 刀具参数设置

刀具参数设置界面如图 1-18 所示，假设为 1 号刀。

对 *X* 轴：先车工件端面，按“OFFSET SETTING”键，按“形状”软键，显示刀补参数界面，在刀补号 G001 中输入“Z0”，按“测量”软键，则 *Z* 坐标方向设置完成。

对 *Z* 轴：试切外圆一刀，沿 *Z* 轴方向退刀，停主轴，测量工件直径（假设测量值为 ϕ42. 36mm），然后按“OFFSET SETTING”键，按“形状”软键，显示刀补参数界面，在刀补号 G001 中输入“X42. 36”，按“测量”软键，则 *X* 坐标方向设置完成。

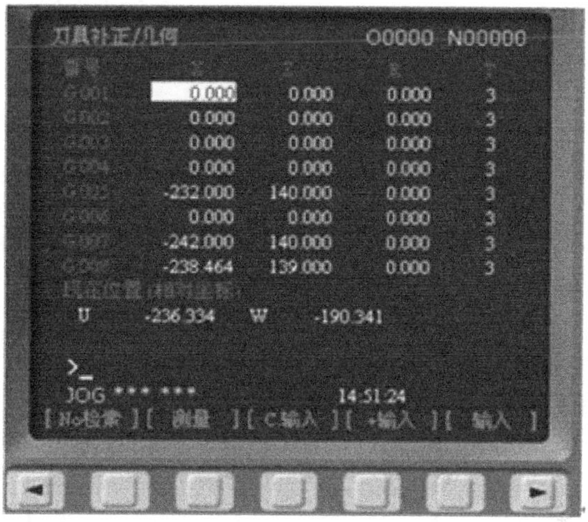

图 1-18　刀具参数设置界面

如果有多把刀具需要对刀，则其余刀具以同样的方法，分别碰外圆和端面，设置同样的数据并测量即可。

2. 对刀与换刀

（1）数控车床对刀原理与操作　基准点与坐标系如图 1-19 所示。

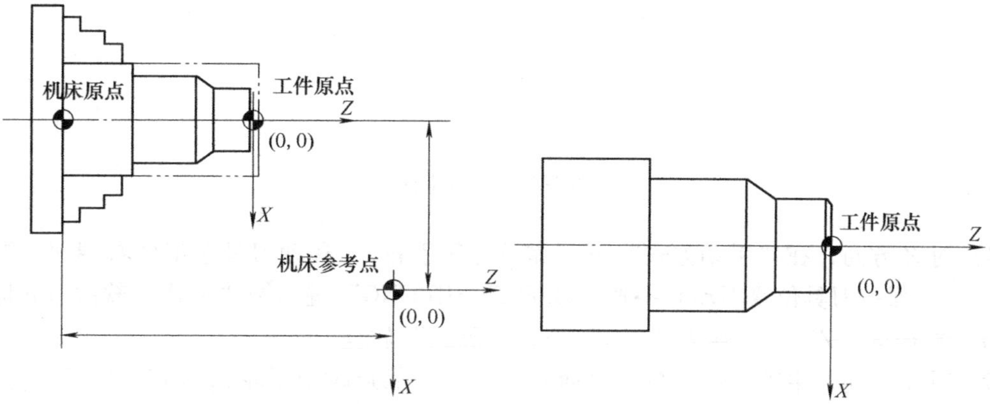

图 1-19　基准点与坐标系

机床原点：数控机床上的一个基准点，是机床制造时设置在机床上的一个物理位置。

机床参考点：在机床上用行程开关设置的一个物理位置，与机床原点有固定的位置关系。

工件原点：工件坐标系的原点。

对刀：确定工件原点在机床坐标系中的位置（坐标）。

（2）准备工作

1）刀具安装要求：

① 车刀装夹时，刀尖必须严格对准工件旋转中心，过高或过低都会造成刀尖碎裂，工件端面中心凸起。

② 安装时刀头伸出长度为刀杆厚度的1~1.5倍。

2）工件安装要求：

① 工件必须装夹牢靠。

② 工件装夹时的伸出长度 a=工件加工长度+(5~10)mm，如图1-20所示。

3）对刀步骤，如图1-21所示。

① 回参考点。

② 选择1号刀。

③ 主轴正转。

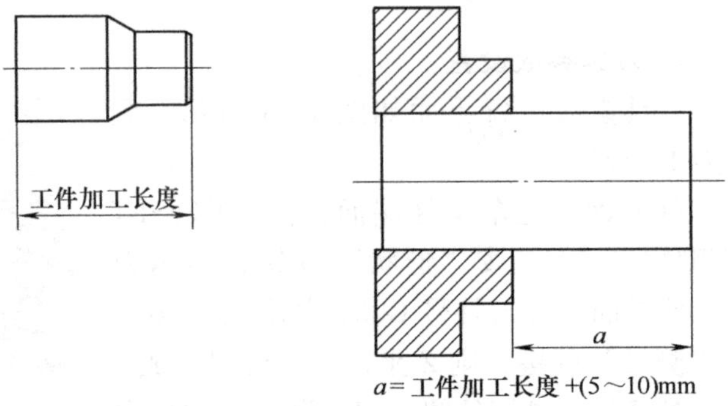

图 1-20　工件的夹装

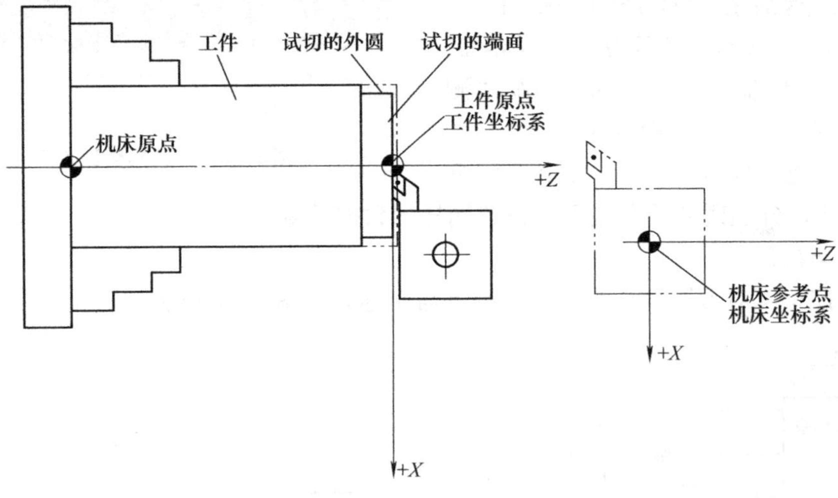

图 1-21　对刀步骤

4）对 Z 方向，在“手动方式”下（靠近时用手轮），移动刀具至工件右端面，沿端面试切一刀（保持刀具位置不动）→按“OFFSET SETTING”键→按“形状”软键→光标移至“G001”栏内的“Z”上→输入“Z0.”→按“测量”软键。

5）对 X 方向，主轴正转，在“手动方式”下（靠近时用手轮），移动刀具至工件右端面，沿外圆面试切一刀→沿+Z 方向退刀（即原路退刀，X 方向保持不动）→主轴停止→使用游标卡尺测量加工表面→按“OFFSET SETTING”键→按“形状”软键→光标移至

“G001”栏内的“X”上→输入“X 测量值”→按“测量”软键。

3. T 指令试切对刀操作

（1）指令格式　T × × × ×

刀具偏置号（后两位）

刀具号（前两位）

（2）换刀　换刀的操作步骤如下：

1）将“方式选择”开关旋至“MDI”状态，此时数控系统处于 MDI 运行方式。

2）按“PROG”键，在界面中输入“T0202”，按“EOBE”→“INSERT”键，系统显示界面如图 1-22 所示。

3）按“程序启动”按钮，刀具换为第 2 号刀。

4）按照上述方法和步骤可行进第 3、第 4 把刀的换刀。

（3）自动加工　在自动运行状态下按“功能选择键”中不同的方式按钮，可以选择进入不同的控制状态。

1）跳步。自动加工时，系统可跳过某些指定的程序段，称为跳步。

在自动运行过程中，按下“跳步”按键，使跳步功能有效，机床将在运行中跳过带有“/”跳步符号的程序段向下执行程序。

例如，在某程序段首加上“ / ”（如 /N4　G97 ……），且在面板上按下“跳步”按键，则在自动加工时，N4、N5 两句程序段被跳过不执行；而当释放此按键 ，“ / ”不起作用，该段程序被正常执行，如图 1-23 所示。

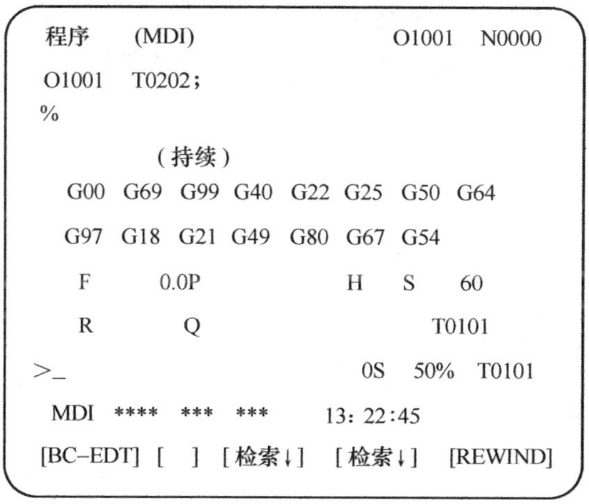

图 1-22　MDI 方式下换刀指令的输入

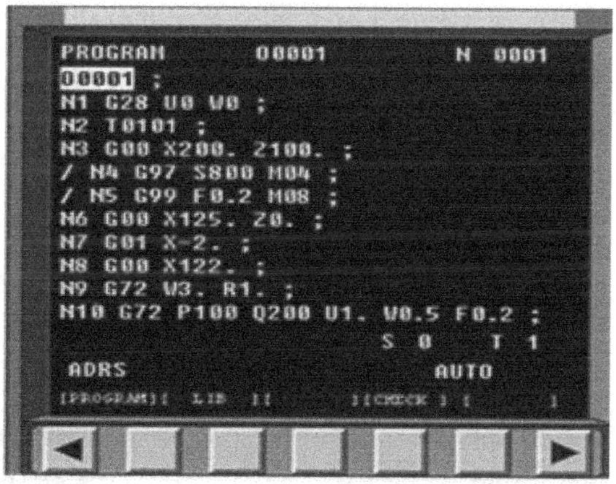

图 1-23　跳步状态

2）单步。在自动加工试切时，出于安全考虑，可选择单段执行加工程序的功能。在自动运行状态下，按下“单步”按键，使单步运行有效，机床在执行完一个程序段后停止，每按一次数控启动键，仅执行一个程序段的动作，可使加工程序逐段执行。

3）空运行。自动加工启动前，不将工件或刀具装上机床，进行机床空运转，以检查程序的正确性。

按下“空运行”按键，使空运行有效，此时按“程序启动”按键，机床忽略程序指定的进给速度，空运转时的进给速度与程序无关，以系统设定的快进速度运行程序。

此操作常与机床锁定功能一起用于程序的校验，不能用于零件加工。

4）MST 锁定。在自动执行程序时，若按下“MST 锁定”按键，则可以锁定程序中的 M、S、T 功能，即程序中的 M、S、T 指令将不能执行任何动作。

5）机床锁定。在自动执行程序时，若按下“机床锁定”按键，可以锁定所有进给轴，只能运行程序，但机床不会有任何进给动作。

通常，可以在空运行状态，将“MST 锁定”和“机床锁定”功能设置为有效，在图形轨迹显示面板上检查运行轨迹，以校验程序的正确性。

6）图形轨迹显示，如图 1-24 所示。有图形模拟加工功能的数控车床，在自动加工前，为避免程序错误、刀具碰撞工件或卡盘，可对整个加工过程进行图形模拟加工，以检查刀具轨迹是否正确。

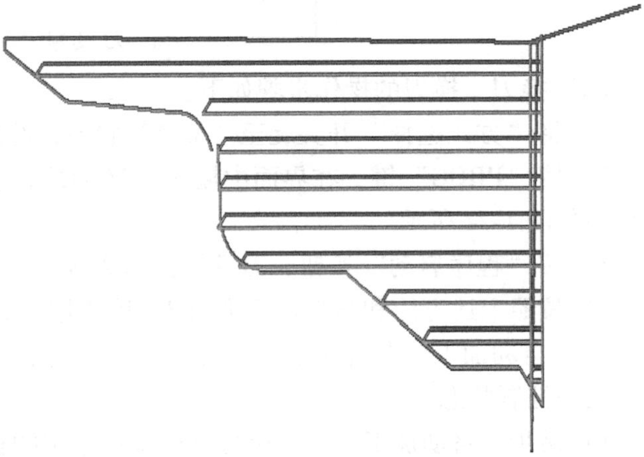

图 1-24　图形轨迹

在自动运行过程中，按下“CUSTOM GRAPH”键可以进入程序轨迹图形模拟状态，在显示器上显示程序运行轨迹，以便对所使用的程序进行检验。

4. 自动运行的停止

在自动运行过程中，除程序指令中的暂停（M00）、程序结束（M02、M30）等指令可以使自动运行停止外，操作者还可以使用操作面板上的“进给保持”按键、“急停”按钮、复位键等功能来中断或停止机床的自动加工。

八、FANUC 系统基本指令介绍

1. G 指令（表 1-5）

表 1-5　G 指令

G 代码	组别	解　释
G00	01	定位（快速移动）
G01		直线插补
G02		顺时针圆弧插补
G03		逆时针圆弧插补
G04	00	暂停
G09		停于精确的位置
G20	06	英制输入
G21		米制输入
G22	04	内部行程限位有效
G23		内部行程限位无效

（续）

G代码	组别	解　　释
G27	00	检查参考点返回
G28		参考点返回
G29		从参考点返回
G30		回到第二参考点
G32	01	切螺纹
G40	07	取消刀尖圆弧半径偏置
G41		刀尖圆弧半径偏置（左侧）
G42		刀尖圆弧半径偏置（右侧）
G50	00	修改工件坐标；设置主轴最大的转速
G52		设置局部坐标系
G53		选择机床坐标系
G70		精加工循环
G71		内外径粗切循环
G72		台阶粗切循环
G73		成形重复循环
G74		*Z* 向步进钻削
G75		*X* 向切槽
G76		切螺纹循环
G90	01	（内外直径）切削循环
G92		切螺纹循环
G94		（台阶）切削循环
G96	12	恒线速度控制
G97		恒线速度控制取消
G98	10	固定循环返回起始点

2. M 指令（表 1-6）

表 1-6　M 指令

M代码	说　　明
M00	程序停
M01	选择停止
M02	程序结束（复位）
M03	主轴正转（CW）
M04	主轴反转（CCW）
M05	主轴停
M08	切削液开
M09	切削液关
M40	主轴齿轮在中间位置

（续）

M代码	说　明
M41	主轴齿轮在低速位置
M42	主轴齿轮在高速位置
M68	液压卡盘夹紧
M69	液压卡盘松开
M78	尾座前进
M79	尾座后退

3. F指令、S指令和T指令

（1）进给功能（F功能，F指令） F：表示进给速度，用字母F和其后面的数字来表示，与G98、G99联用。如G98 F200表示每分钟进给200mm，G99 F0.2表示主轴每转一转进给0.2mm。

（2）主轴转速功能（S功能，S指令） S：表示主轴转速。如S600表示主轴转速为600r/min。

（3）刀具功能（T功能，T指令） T：换刀指令，其后跟4位数字，前2位表示刀具号，后2位表示该刀具的刀具补偿号。若后2位为“00”，则表示取消该刀具的刀补。

项目二　FANUC 系统数控车床常用 G 指令

【背景导入】

在数控加工中，加工形式、加工方法、加工速度、加工刀具的使用等都需要不同的加工代码来命令机器进行不同内容的加工，这时就出现了 G 代码。G 代码也称为 G 指令。使用 G 代码可以实现快速定位、逆时针圆弧插补、顺时针圆弧插补、中间点圆弧插补、半径编程、跳转加工等。

【课程重点】

1）掌握各个常用指令的含义及用法。

2）熟悉指令与指令之间的转换使用。

3）了解简单指令和复杂指令的区别。

【建议学时】

课堂学时：10 学时。

任务三　数控车床编程简单指令

一、快速定位指令 G00 和直线插补指令 G01

1. 指令详解

快速定位指令 G00 使刀具以预先设定好的最快进给速度，从刀具所在起始点快速运动到下一个目标点。该指令只是快速定位，无运动轨迹要求（也可以写作 G0）。但是目标点不能直接选择在工件上，一般选择距离工件 3～5mm 处。G00 指令图解如图 2-1 所示。

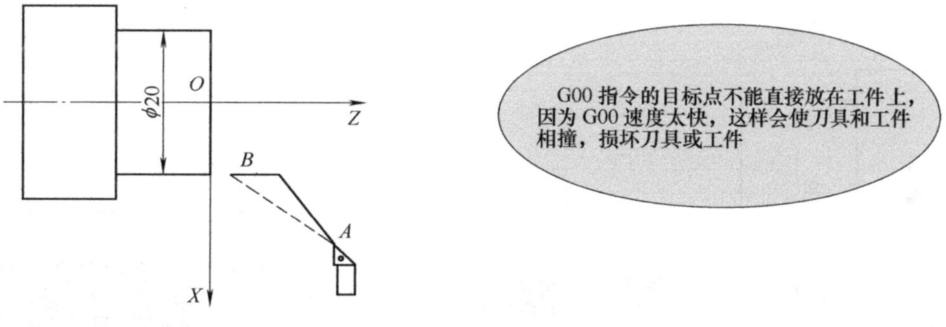

图 2-1　G00 指令图解

G00 指令格式：G00 X(U)__ Z(W)__;

其中，X、Z 为目标点的绝对坐标值；U、W 为目标点的相对坐标值。

如果目标点与起始点的 X(U) 或 Z(W) 相同时，X(U) 或 Z(W) 可以省略。G00 指令坐标用法图解如图 2-2 所示。

假设 A_1、A_2 分别为刀具起始点，B 为目标点。

当刀具从 A_1 点快速定位到 B 点时，A_1 与 B 在 Z 轴方向上的坐标值相同，Z(W)可以省略。

当刀具从 A_2 点快速定位到 B 点时，A_2 与 B 在 X 轴方向上的坐标值相同，X(U)可以省略。

已知 B 点坐标（20，3），A_1 点坐标（100，3），那么，当刀具从 A_1 点快速定位到 B 点时的程序为：

```
N01 G00 X100 Z3;
N02 G00 X20 Z3;
```

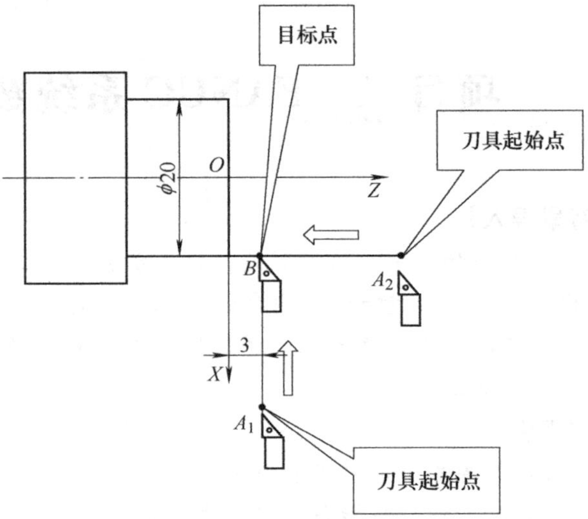

图 2-2　G00 指令坐标用法图解

这时，两个程序段中 Z3 相同，所以 N02 程序段中 Z3 可以省略，程序修改为：

```
N01 G00 X100 Z3;
N02 G00 X20;
```

X 与 U、Z 与 W 在同一程序段时，X、Z 有效，U、W 无效。

说明：

1）G00 指令使刀具相对于工件从当前位置以机床各轴（对于车床而言，就是 Z 轴和 X 轴）预先设定的快进速度移动到程序段所指定的下一个定位点。

2）G00 指令中的预先快进速度由机床系统参数“快移进给速度”对各轴分别设定，不用程序规定。由于机床各轴以各自速度移动，不能保证各轴同时到达目标点，因而联动直线轴的合成轨迹并不是直线。因此，在使用 G00 指令时，一定要避免刀具和工件与夹具发生碰撞，如图 2-3 所示。

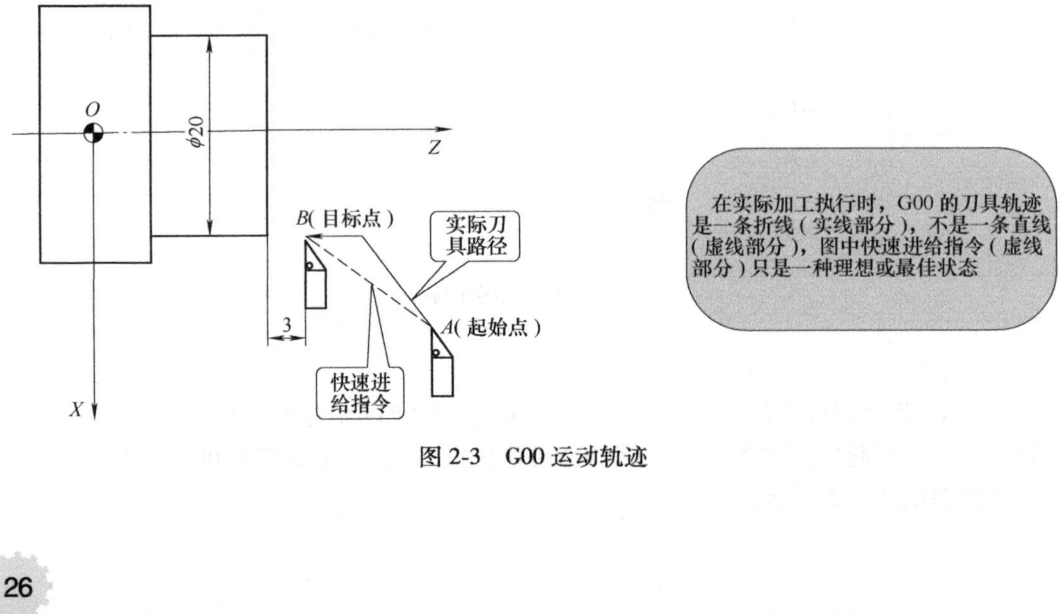

图 2-3　G00 运动轨迹

3）快进速度可由面板上的快速/进给修调按钮修正，如图 2-4 所示。当倍率旋钮已选定，在执行程序中的 G00 指令时，机床按照其 G00 固有速度的百分比进行快速移动。

注意：有些数控车床没有快速倍率修调功能，在坐标轴回参考点（G00 执行）时，进给倍率修调有效。

4）G00 指令一般用于加工前快速定位或加工后快速退刀。

5）G00 为模态功能指令，可由同组的 G01、G02、G03、G32 功能注销。所谓模态功能是指同一组可以互相注销的功能，这些功能一旦被执行，则一直有效，直到被同一组功能注销为止。例如，下面为这段程序：

图 2-4　快速倍率修调

```
N01 G00 X100 Z3;
N02 G00 X20;
N03 G01 X20 Z-10;
N04 G00 X40;
```

G00 是模态，从 N01 程序段一直有效，所以 N02 程序段中 G00 可以省略，但是 N04 程序段中，因为之前有 G01（与 G00 同组）出现，G00 已被注销，所以不能省略。因此，上述程序可修改为：

```
N01 G00 X100 Z3;
N02 X20;
N03 G01 X20 Z-10;
N04 G00 X40;
```

【例 2-1】　如图 2-5 所示，要求编写程序时使刀具从 *A* 点快速移动到 *B* 点。

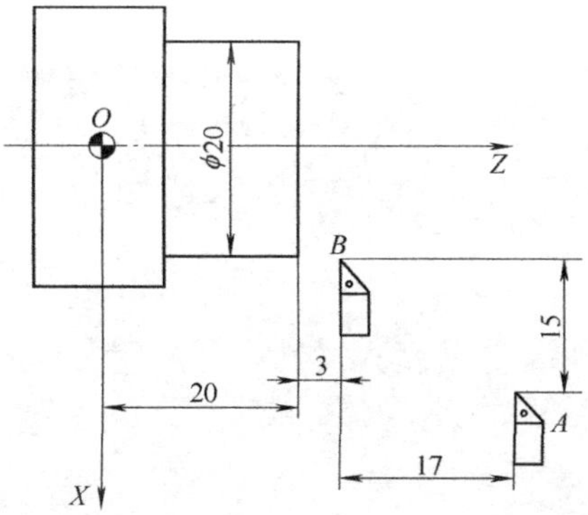

建立工件坐标系原点为 *O*，*B* 点绝对坐标为 (20，23)，*B* 点相对于 *A* 点坐标为 (−30，−17)，注意 *B* 点的 *X* 坐标值为 −30，不是 −15！这是因为在 *X* 方向上选择的是直径编程方式

图 2-5　G00 编程示例

（1）绝对坐标编程　程序如下：

G00 X20 Z23；（目标点 *B* 在 *X*、*Z* 轴相对于坐标原点 *O* 的坐标值，*X* 方向上为直径编程）

（2）增量坐标编程　程序如下：

G00 U-30 W-17；（目标点 *B* 在 *X*、*Z* 轴相对于起始点 *A* 的坐标增量值，*X* 方向上为直径编程）

（3）混合坐标编程　程序如下：

G0 X20 W-17；或 G00 U-30 Z23；（G00 可简写成 G0）

2. 知识拓展

（1）直径编程与半径编程　数控车床加工的是回转体类零件，其横截面为圆形，所以尺寸有直径和半径两种标记方法。当用直径值编程时，称为直径编程法；当用半径编程时，称为半径编程法。如图 2-5 所示，要求编写程序使刀具从 *A* 点快速移动到 *B* 点，使用绝对坐标编程，分别用半径、直径编程法编写程序，结果如下：

G00 X20 Z23；（直径编程法）
G00 X10 Z23；（半径编程法）

数控车床出厂时一般设定为直径编程。如果需要用半径编程，要改变系统中相关参数，使系统处于半径编程状态。本书中若非特殊说明，各例均为直径编程。

（2）直线进给指令 G01　G01 指令使刀具沿各坐标轴以插补联动方式，按指定的进给速度 F，从所在点出发，直线移动到目标点。

G01 指令格式：G01 X(U)__ Z(W)__ F__；

其中，X、Z 为目标点的绝对坐标值；U、W 为目标点的相对坐标值；F 为进给速度。如果目标点与起始点的 X(U) 或 Z（W）相同时，X(U) 或 Z(W) 可以省略（同 G00）。X 与 U、Z 与 W 在同一程序段时，X、Z 有效，U、W 无效（同 G00）。

说明：

1）G01 指令刀具从所在点以联动的方式，按程序段中 F 指令规定的合成进给速度，按合成的直线轨迹移动到目标点。

2）实际进给速度等于指令进给速度 F（编程时给定的速度）与进给速度修调倍率的乘积。

例如，进给速度 F 为 300mm/min，进给速度修调倍率指在 50 挡位，那么实际进给速度是 300mm/min×50%＝150mm/min，如图 2-6 所示。

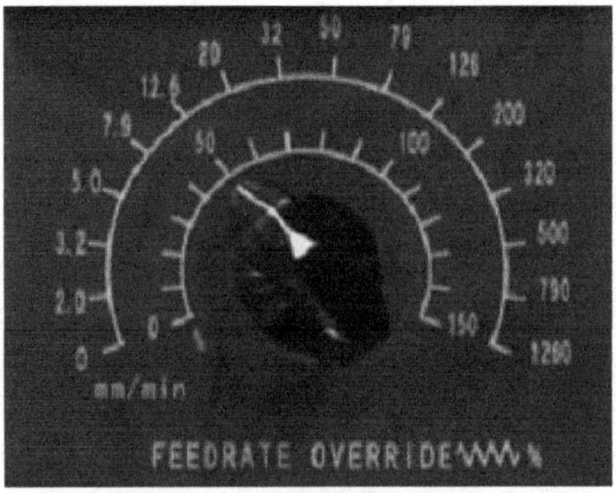

图 2-6　进给速度修调倍率

G01 和 F 都是模态指令，如果后续的程序段不改变加工的线型和进给速度，可以不再书写这些指令。例如：

G01 X10.0 Z20.0 F200；［直线进给到点（10，20），进给速度为 200mm/min］

X30.0 Z50.0；［直线进给到点（30，50），进给速度为 200mm/min，G01，F 省略］

G01 可由 G00、G02、G03 或 G32 功能注销。

G01 指令主要应用于端面、圆柱面、圆锥面的加工。

【例 2-2】　编写程序，完成圆锥面的加工，如图 2-7 所示。

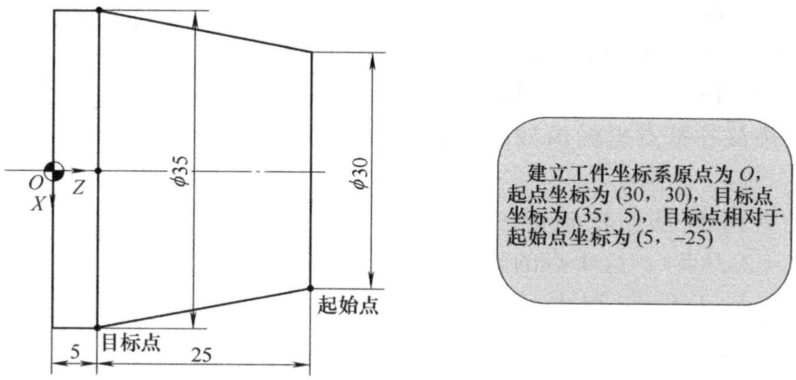

图 2-7　G01 编程示例

（1）绝对坐标编程　程序如下：

G01 X35 Z5 F200；（目标点在 X、Z 轴相对于坐标原点 O 的坐标值，进给速度为 200mm/min）

（2）增量坐标编程　程序如下：

G01 U5 W−25 F200；（目标点在 X、Z 轴相对于起始点的坐标增量值）

（3）混合坐标编程　程序如下：

G1 X35 W−25 F200；或 G01 U5 Z5 F200；（G01 可简写成 G1）

注意：编程时没有在 G01 指令后面加 F 指令是初学者常犯的错误。

3. 指令应用示范

【例 2-3】　精加工图 2-8a 所示工件的外圆表面。

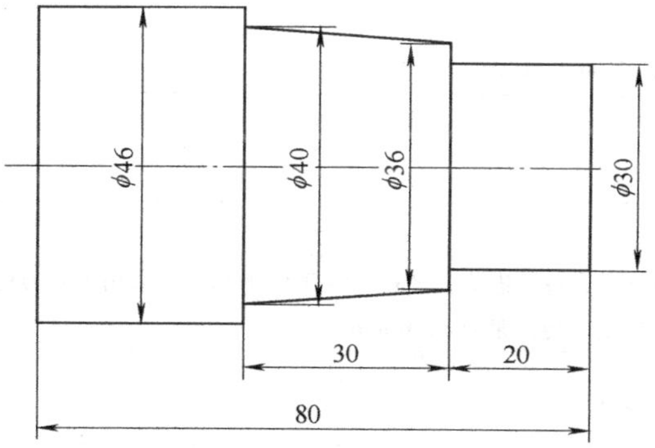

a) 零件图

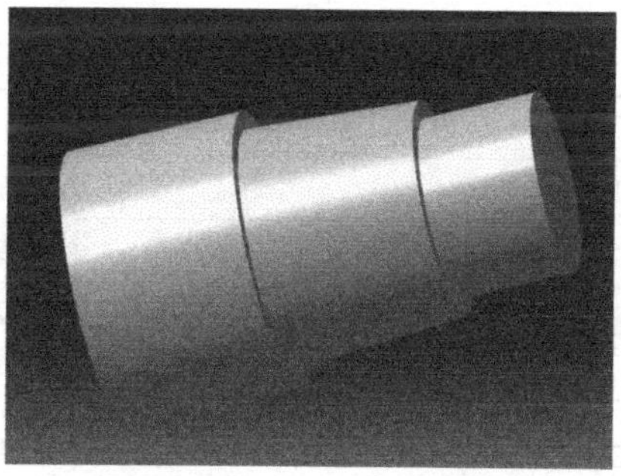

b) 实体造型

图 2-8　G00/G01 加工实例

（1）建立工件坐标系　由图 2-8a 可以看出，将工件坐标系建立在工件的右端面可以简化坐标值的计算，如图 2-9 所示。

（2）坐标计算　工件的外圆表面分别是 ϕ30mm 的圆柱面、ϕ46mm 的圆柱面、圆锥面和端面，各面轮廓线的连线基点是 *A*、*B*、*C*、*D*、*E*、*F*，各点的坐标依次是 *A*(30，3)、*B*(30，-20)、*C*(36，-20)、*D*(40，-50)、*E*(46，-50)、*F*(46，-80)。走刀轨迹及各基点坐标值如图 2-10 所示。

注意：刀具由起刀点快速定位（G00）到点 *A*（入刀点），且 *A* 点的坐标一般设定在与工件右端面 3 ~ 5mm 处。

（3）程序编制　参考加工程序见表 2-1。

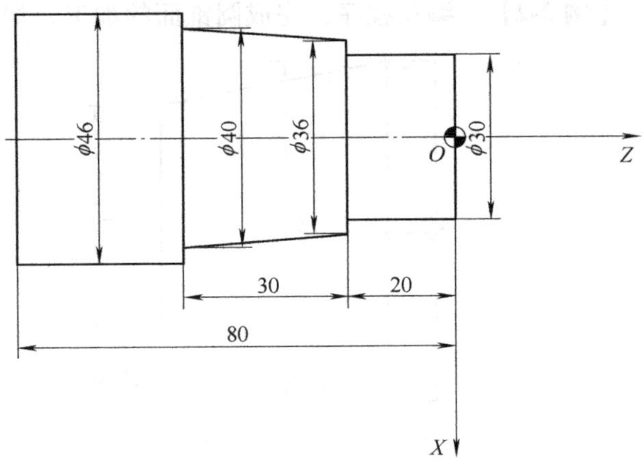

图 2-9　建立工件坐标系（G00/G01 加工实例）

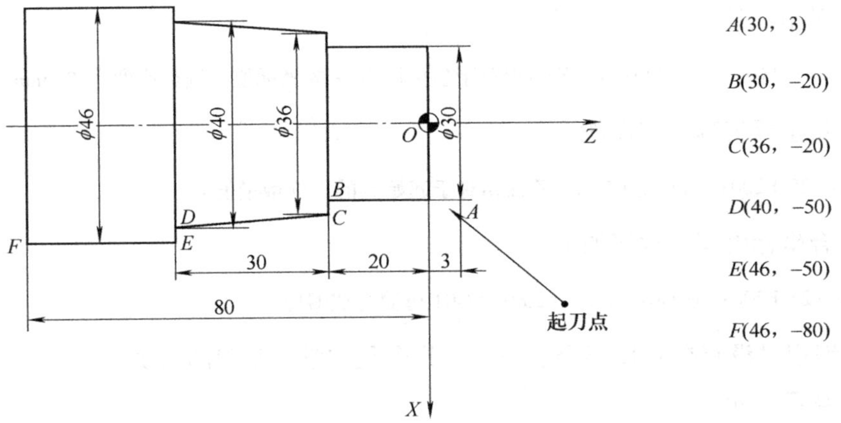

图 2-10　走刀轨迹及各基点坐标值（G00/G01 加工实例）

表 2-1　参考加工程序

程　序	注　释
O0021;	程序名
N10 G40 G97 G99;	程序头
N20 G54 T0101 M03 S800 F0.2;	设定进给方式为每转进给，设置 G54 工件坐标系，选用 1 号刀位 1 号刀具补偿，主轴正转转速为 800r/min
N30 G00 X60 Z50;	快进至起刀点
N40 G00 X30 Z3;	快进至预加工点 *A*，因为 G00 是模态指令，所以此程序段也可以把 G00 省略，即改为“N30 X30 Z3;”
N50 G01 X30 Z-20 F0.2;	工进至点 *B*，因为 *B* 点坐标和 *A* 点坐标的 *X* 值相同，所以 *B* 点的 *X* 坐标值可以省略不写，即改为“N40 G01 Z-20;”进给速度为 0.2mm/r
N60 X36;	工进至点 *C*，*C* 点的 *Z* 坐标值与 *B* 点相同，可省略；G01 为模态指令，可省略；F 值相同，也可以省略
N70 X40 Z-50;	（工进至点 *D*）

（续）

程　　序	注　　释
N80 X46；	工进至点 *E*，*E* 点的 *Z* 坐标值与 *D* 点相同，可省略
N90 Z-80；	工进至点 *F*，*F* 点的 *X* 坐标值与 *E* 点相同，可省略
N100 G00 X60；	快进至退刀点
N110 Z50；	回到起刀点
N120 M05；	主轴停转
N130 M30；	程序结束

下面是简化后的参考程序：

```
O0022;
N10 G40 G97 G99;
N20 G54 T0101 M03 S800 F0.2;
N30 G00 X60 Z50;
N40 X30 Z3;
N50 G01 Z-20 F0.2;
N60 X36;
N70 X40 Z-50;
N80 X46;
N90 Z-80;
N100 G00 X60;
N110 Z50;
N120 M05;
N130 M30;
```

二、圆弧插补指令 G02/G03

1. 指令详解

G02/G03 指令命令刀具在指定平面内按给定的进给速度 F 从起点到终点做圆弧运动，切削出圆弧轮廓，圆弧加工轨迹如图 2-11 所示。

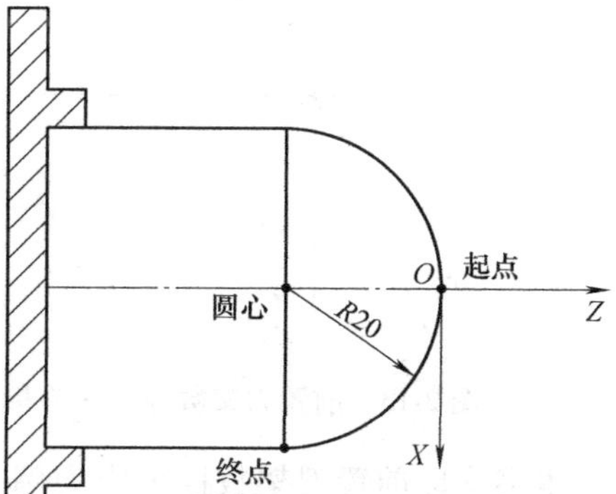

图 2-11　圆弧加工轨迹

G02/G03 指令格式：

$$\left.\begin{matrix}G02\\G03\end{matrix}\right\}X(U)\_\ Z(W)\_\left\{\begin{matrix}I\_\ K\_\\R\_\end{matrix}\right\}F\_;$$

说明：

1）G02——顺时针圆弧插补指令。

2）G03——逆时针圆弧插补指令。

3）X、Z——绝对编程时，圆弧终点在坐标系中的坐标。

4）U、W——增量编程时，圆弧终点在坐标系中的坐标。

5）I、K——圆心相对于圆弧起点在 X、Z 方向上的位移量（等于圆心的坐标减去圆弧起点的坐标，是带有符号的，如图 2-12 所示），即 I=圆心的 X 坐标-圆弧起点的 X 坐标；K=圆心的 Z 坐标-圆弧起点的 Z 坐标；在绝对、增量编程时都是以增量方式指定，I 为半径值。

6）R——圆弧半径；当圆心角 $\alpha \leq 180°$ 时取正，否则取负。

7）F——被编程的两个轴的合成进给速度。

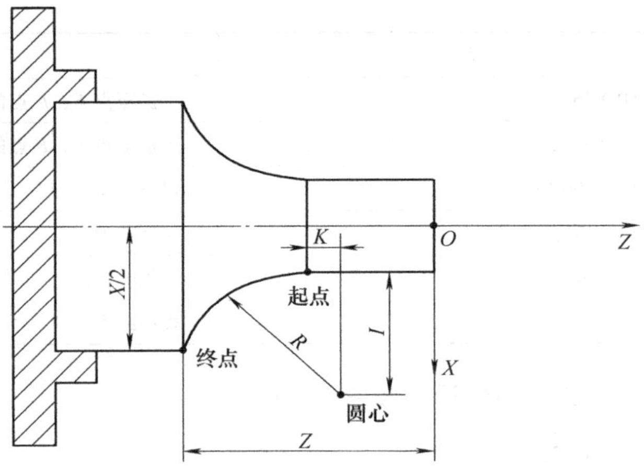

图 2-12　I、K 的含义

8）G02/G03 为模态指令。

9）同时编入 R 与 I、K 时，R 有效。

10）加工整圆时，用 I、K 指令；若用 R 指令时，加工的是圆心角为 0°的圆，即加工不出圆。

2. 顺时针圆弧、逆时针圆弧方向的判别

圆弧插补指令 G02/G03 的判断是在加工平面内，根据其插补时的旋转方向为顺时针/逆时针来区分的，加工平面为观察者面向 Y 轴的指向所面对的平面。也就是说从假想第三轴（Y 轴）的正方向往负方向看，刀尖走过的圆弧是顺时针方向的就是 G02 指令，逆时针方向的圆弧就是 G03 指令了。

但是，前置刀架数控车床坐标系如图 2-13 所示。因此，实际上是从 Y 轴的负方向往正方向看，那么在这样的坐标系下，顺时针方向则为 G03，逆时针方向则为 G02，如图 2-14 所示。

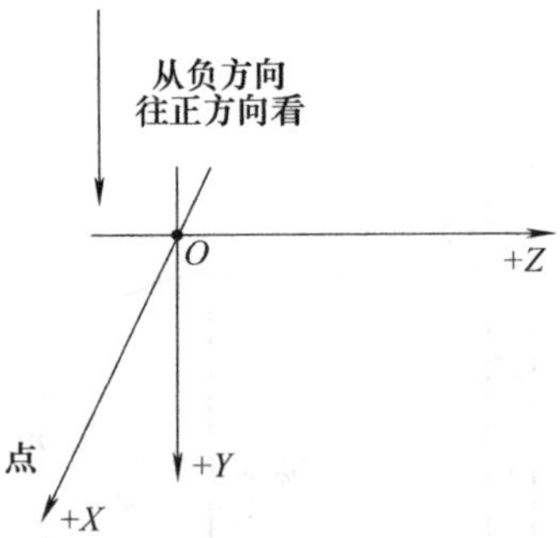

图 2-13　前置刀架数控车床坐标系

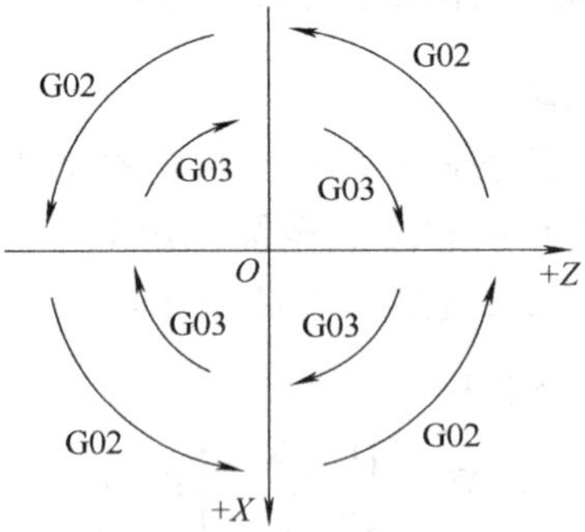

图 2-14　前置刀架数控车床 G02/G03 刀具轨迹

本书均以前置刀架数控车床为例来进行介绍。具体的 G02/G03 指令的刀具轨迹如图 2-15 所示。

【例 2-4】　如图 2-16 所示，要求编写使刀具从圆弧起点 A 切削到圆弧终点 B 的精加工程序。

（1）绝对坐标编程　程序如下：

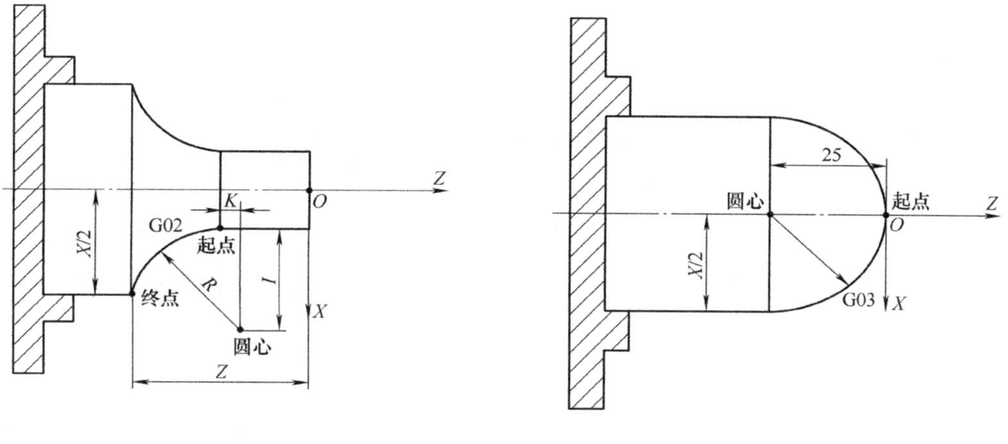

a) G02 刀具轨迹　　b) G03 刀具轨迹

图 2-15　前置刀架数控车床 G02/G03 刀具轨迹

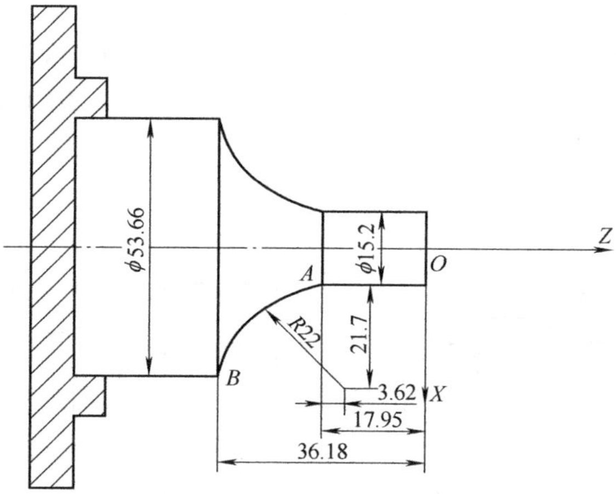

图 2-16　G02 编程示例

G02 X53. 66 Z−36. 18 R22 F80；

或 G02 X53. 66 Z−36. 18 I21. 7 K3. 63 F80；（圆弧终点在 X、Z 轴相对于坐标原点 O 的坐标值，进给速度为 80mm/min）

（2）相对坐标编程　程序如下：

G02 U38. 46 W−18. 23 R22 F80；

或 G02 U38. 46 W−18. 23 I21. 7 K3. 36 F80；（圆弧终点 B 在 X、Z 轴相对于圆弧起点 A 的坐标增量值，进给速度为 80mm/min）

当然也可以用混合编程的方式，请读者自行编写。

3. 指令应用示范

【例 2-5】 精加工图 2-17a 所示工件的外圆表面。

（1）建立工件坐标系　由图 2-17a 可以看出，将工件坐标系建立在工件的右端面可以简化坐标值的计算，如图 2-18 所示。

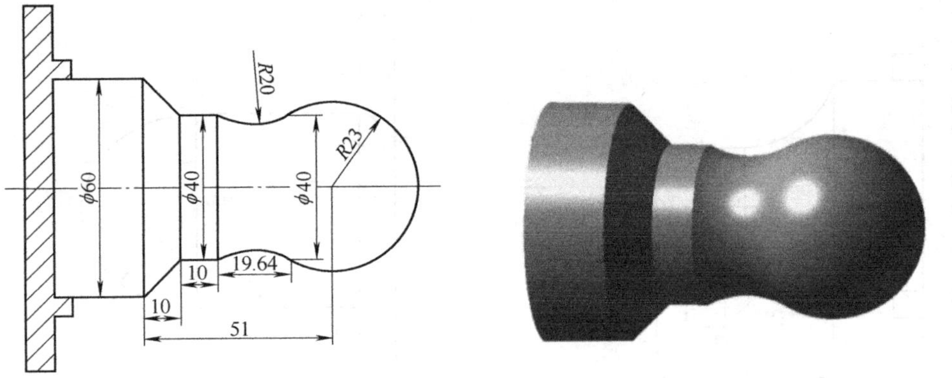

a) 零件图　　b) 实体造型

图 2-17　G02/G03 加工实例

（2）基点坐标计算　工件的外圆表面分别是 R23mm 逆时针圆弧面、R20mm 顺时针圆弧面、ϕ40mm 圆柱面、ϕ60mm 圆柱面和圆锥面，各面轮廓线的连线基点是 O、B、C、D、E，各点的坐标依次是 O(0，0)、B(40，-34.36)、C(40，-50)、D(40，-64)、E(60，-74)。走刀轨迹及各点基点坐标如图 2-19 所示。

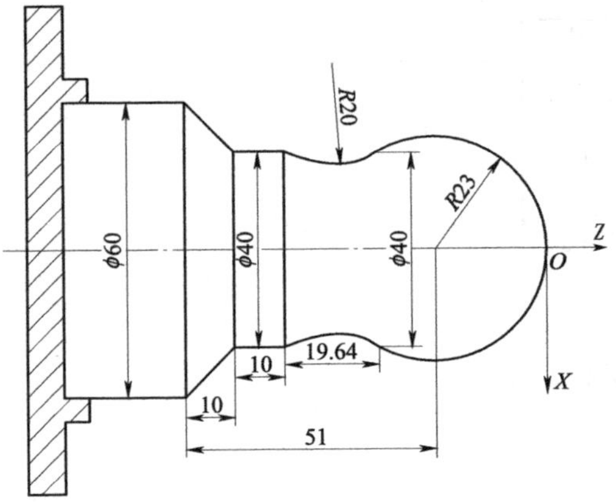

图 2-18　建立工件坐标系（G02/G03 加工实例）

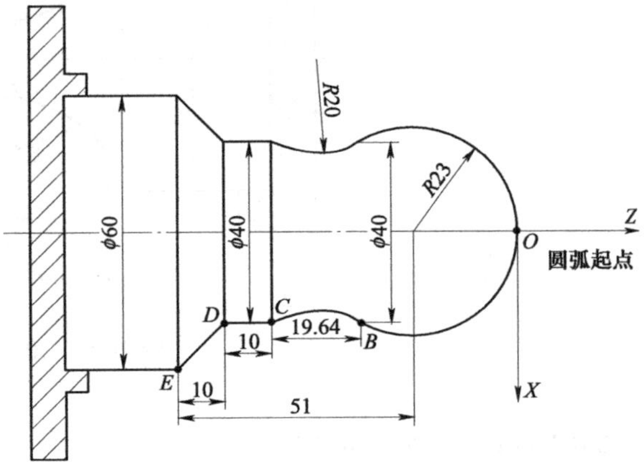

图 2-19　走刀轨迹及各基点坐标（G02/G03 加工实例）

（3）编写程序

1）用 R 编程。参考加工程序见表 2-2。

表 2-2　参考加工程序

程　序	注　释
O0023;	程序名
N10 G40 G97 G99;	程序头
N20 G98 G54 T0101 M03 S800 F0.2;	设定进给方式为每分钟进给，设置 G54 工件坐标系，选用 1 号刀位 1 号刀具补偿，主轴正转转速为 800r/min
N30 G00 X60.0 Z5.0;	快进至起刀点

（续）

程　　序	注　　释
N40 G01 X0 Z0 F100;	以 100mm/min 的速度到达加工轮廓点及圆弧起点
N50 G03 X40.0 Z-34.36 R23 F80;	逆时针圆弧工进至点 *B*，即逆时针圆弧的终点，进给速度为 80mm/min
N60 G02 X40.0 Z-54.0 R20 F80;	顺时针圆弧工进至点 *C*，*C* 点的 *X* 坐标值与 *B* 点相同，可省略；F 值相同，也可以省略，即改为"N50 G02 Z-54.0 R20;"
N70 G01 X40.0 Z-64.0 F200;	直线插补工进至点 *D*，完成圆柱面的加工，*D* 点的 *X* 坐标值与 *C* 点相同，可省略，即改为"N60 G01 Z-64.0 F200;"
N80 G01 X60.0 Z-74.0 F200;	直线插补工进至点 *E*，完成圆锥面的加工，G01 为模态指令，可省略，F 值相同，也可省略，即改为"N70 X60.0 Z-74.0;"
N90 G01 X65.0 F200;	退刀，G01 为模态指令，可省略，F 值相同，也可省略，即改为"N80 X65.0;"
N100 G00 Z50.0;	回到起刀点
N110 M05;	主轴停转
N120 M30;	程序结束

下面是简化后的参考程序：

```
O0024;
N10 G40 G97 G99;
N20 G98 G54 T0101 M03 S800 F0.2;
N30 G00 X60.0 Z5.0;
N40 G01 X0 Z0 F100;
N50 G03 X40.0 Z-34.36 R23 F80;
N60 G02 Z-54.0 R20;
N70 G01 Z-64.0 F200;
N80 X60 Z-74.0;
N90 X65.0;
N100 G00 Z50.0;
N110 M05;
N120 M30;
```

2）用 I、K 编程。需要计算圆心相对于圆弧起点的坐标增量值。坐标计算过程如下：

OB 段圆弧起点 *O* 坐标（0.0），圆心坐标（0，-23），圆弧终点 *B* 坐标（40，-34.36），得出 $I=0-0=0$，$K=-23-0=-23$。*BC* 段圆弧因为圆心坐标不确定，所以只能用 R 编程。

简化后的程序如下：

```
O0025;
N10 G40 G97 G99;
N20 G98 G54 T0101 M03 S800 F0.2;
N30 G00 X60.0 Z5.0;
N40 G01 X0 Z0 F100;
N50 G03 X40.0 Z-34.36 I0 K-23.0 F80;
```

```
N60 G02 Z-54.0 R20;
N70 G01 Z-64.0 F200;
N80 X60.0 Z-74.0;
N90 X65.0;
N100 G00 Z50.0;
N110 M05;
N120 M30;
```

也可以尝试其他的编程方法，如增量编程等。

三、暂停指令 G04

1. 指令详解

暂停指令 G04 常用于切槽、锪孔等加工，刀具相对零件做短时间的无进给光整加工，以减小表面粗糙度值及工件圆柱度。此时可用 G04 指令实现进给暂停，主轴不停，暂停结束后，继续执行下一段程序。

指令格式：G04 P __;或 G04 X(U)__;

说明：

1）暂停时间的长短由指令字 P 或 X(U) 来指定。其中，P 后面的数字为整数，单位为 ms；X(U) 后面的数字为带小数点的数值，单位为 s。有些机床 X(U) 后面的数字表示刀具或工件空转的圈数。

2）G04 不能和进给功能指令（F 指令）在同一程序段中指定。

3）P、X、U 在同一程序段时，P 有效；X、U 在同一程序段时，X 有效。

4）G04 为非模态指令，只有在本程序中才有效。

注意：G04 指令执行中，进行进给保持的操作，当前延时的时间只有执行完毕后方可暂停。

【例 2-6】 在车削环形槽时，若进给结束立即退刀，其环形槽外形为螺旋面，用暂停指令 G04 可以使工件空转几秒，即能将环形槽外形光整。例如欲空转 2.5s 时，其程序段为：

G04 X2.5；或 G04 U2.5；或 G04 P2500；

如图 2-20 所示，加工槽用 G01 指令直线切削。精度要求较高时，切削至尺寸后，用 G04 指令使刀具在槽底停留几秒钟，以光整槽底。

2. 指令应用示范

【例 2-7】 编写图 2-20 所示的工件的外圆槽加工程序。

（1）建立工件坐标系　由图 2-20a 可以看出，将工件坐标系建立在工件的右端面可以简化坐标值的计算，如图 2-21 所示。

（2）基点坐标计算　切槽时，需要将切槽刀接近工件，并根据切槽刀宽度 B 的选取值，考虑切槽刀 Z 向的坐标值。在本例中，因为切槽的宽度是 4mm，为了方便加工，直接选取 B=4mm 的切槽刀。所以取 A 点的坐标值为（42，-24），B 点的坐标值为（34，-24），切槽所用指令为 G01 直线切削，再用 G04 指令使刀具在槽底停留几秒钟，以光整槽底。其走刀轨迹及各基点坐标值如图 2-22 所示。

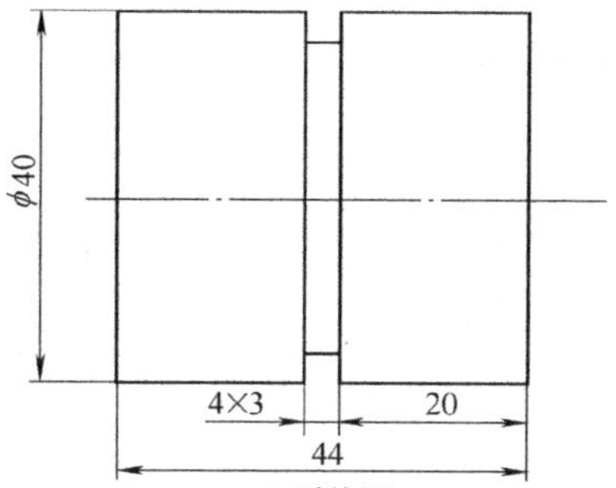

a) 零件图

b) 实体造型

图 2-20　G04 加工实例

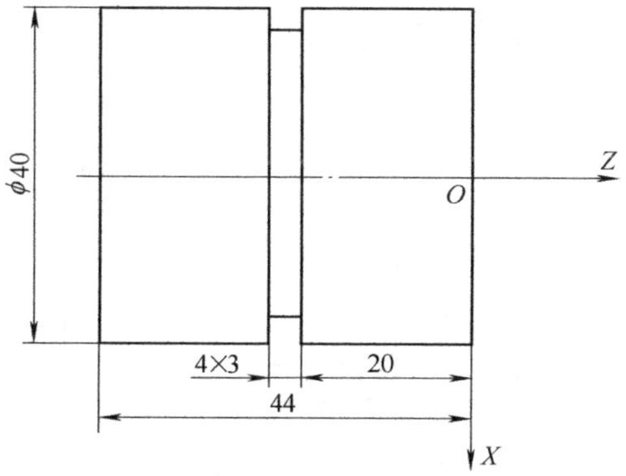

图 2-21　建立工件坐标系（G04 加工实例）

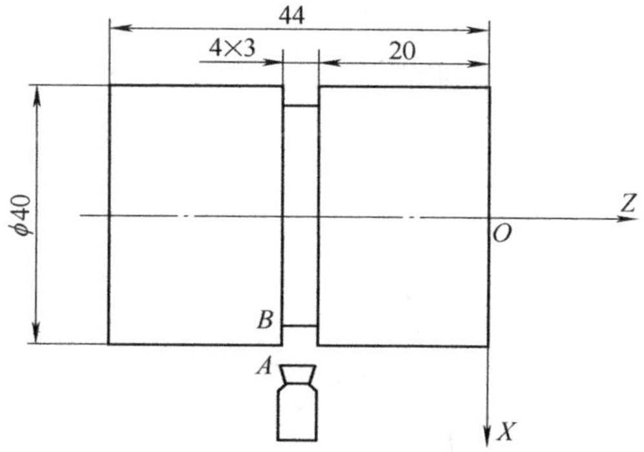

图 2-22　走刀轨迹及各基点坐标值（G04 加工实例）

加工槽时，应注意以下事项：

1）在选择切槽刀刀宽时，要使切槽刀的刀宽等于或小于切槽的宽度。

2）针对本例中零件的槽加工，切槽刀终点即切槽刀左边刀位点，即图 2-22 中 *B* 点，其坐标值为（34，-24）。此时所选择的切槽刀刀宽等于切槽的宽度，即 *B*=4mm。当然，如果选择切槽刀宽度为 3mm，那么走刀路线就需要分两次进刀完成切槽加工。

（3）程序编制　参考加工程序见表 2-3。

表 2-3　参考加工程序

程　　序	注　　释
O0026;	程序名
N10 G40 G97 G99;	程序头
N20 G98 G54 T0101 M03 S500 F0.2;	设定进给方式为每分钟进给，设置 G54 工件坐标系，选用 1 号刀位 1 号刀具补偿，主轴正转转速为 500r/min
N30 G00 X42 Z-24;	快进至起刀点
N40 G01 X36 F100;	以 100mm/min 的速度开始分段切槽，先切成 φ36mm 的槽
N50 X34;	到达槽终点 *B*，加工完成 φ32mm 的槽
N60 X42;	退刀
N70 G00 Z50;	回到起刀点
N80 M05	主轴停转
N90 M30;	程序结束

四、刀尖圆弧半径补偿指令 G41/G42/G40

1. 指令详解

（1）刀尖圆弧半径补偿的概念　数控车床加工是按车刀理想刀尖为基准编写数控轨迹代码的，对刀时也希望能以理想刀尖来对刀。但实际加工中，为了减小被加工工件表面的表面粗糙度值，减缓刀具磨损，提高刀具寿命，一般车刀刀尖处磨成圆弧过渡刃，又称假想刀尖，如图 2-23 所示。

理想刀尖并不是车刀与工件的接触点，实际起作用的切削刃是刀尖圆弧各切点。当车削内外圆柱表面或端面时，刀尖圆弧大小并不会造成加工表面形状误差，但当车削圆角、锥面、圆弧及曲面时，则会产生少切或过切现象，影响零件的加工精度，如图 2-24 所示。因此，编制数控车削程序时，刀尖圆弧半径必须予以考虑。

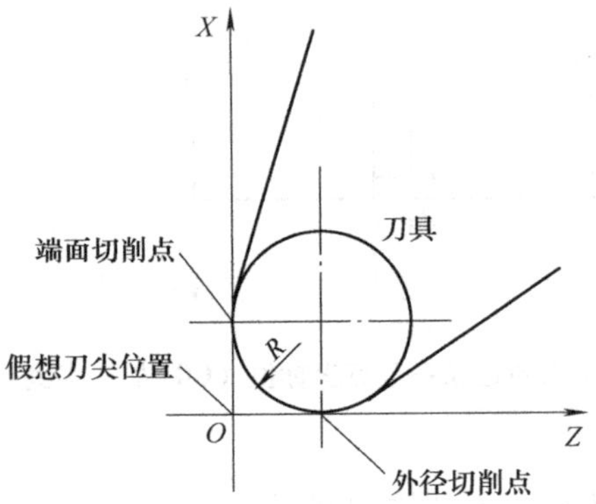

图 2-23　刀尖圆弧半径

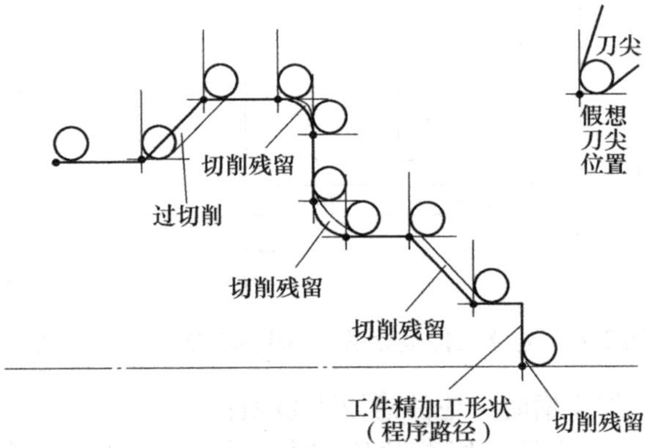

图 2-24　过切与少切现象

编程时，若以刀尖圆弧中心编程，可避免过切削和欠切削现象，但刀位点计算比较麻烦，并且如果刀尖圆弧半径值发生变化时，程序也需要改变。

一般数控系统都具有刀具半径自动补偿功能，编程时，只需要按工件的实际轮廓尺寸编程即可，不必考虑刀尖圆弧半径的大小，加工时数控系统能根据刀尖圆弧半径自动计算出补偿量，避免少切或过切现象的产生。

刀尖圆弧半径补偿的原理：当加工轨迹到达圆弧或圆锥部位时，并不马上执行所读入的程序段，而是再读入下一程序段，判断两段轨迹之间的转接情况，然后根据转接情况计算相应的运动轨迹。由于多读了一段程序进行预处理，故能进行精确的补偿，自动清除车刀因存在刀尖圆弧带来的加工误差，从而实现精密加工，如图 2-25 所示。

（2）刀尖圆弧半径补偿指令

1）指令功能。刀尖圆弧半径补偿是通过 G41、G42、G40 代码及 T 代码（刀尖方位号）指定的刀尖圆弧半径补偿号来加入或取消刀尖圆弧半径补偿的。其中，G41 为刀尖圆弧半径左补偿指令，沿着刀具前进方向看，刀具位于零件左侧；G42 为刀尖圆弧半径右补偿指令，沿着刀具前进方向看，刀具位于零件右侧，如图 2-26 所示；G40 为取消刀尖圆弧半径补偿指令，用于取消刀尖圆弧半径补偿。

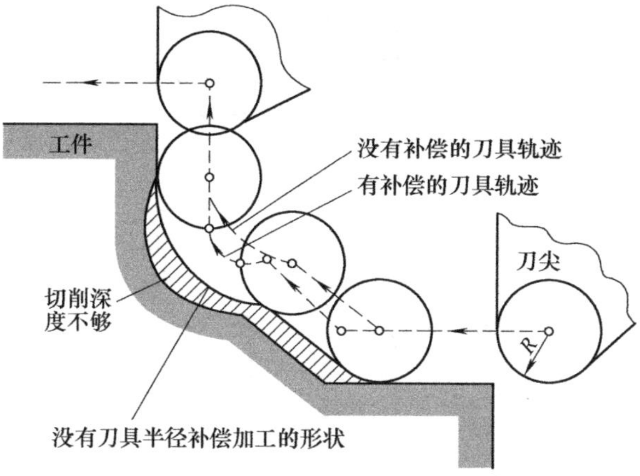

图 2-25　刀尖圆弧半径补偿的原理

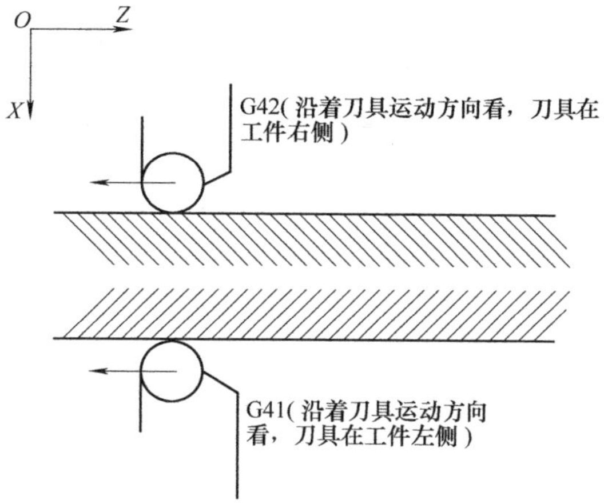

图 2-26　前置刀架 G41/G42 示意图

2）指令格式：

$$\left.\begin{matrix}G41\\G42\\G40\end{matrix}\right\}\left.\begin{matrix}G00\\G01\end{matrix}\right\}X(U)\_\_\ Z(W)\_\_;$$

说明：

① X(U)、Z(W) 是 G01、G00 运动的目标点坐标。

② G40、G41、G42 都是模态代码，可互相注销。

③ G40、G41、G42 只能用 G00、G01 指令组合完成，不允许与 G02、G03 等其他指令结合编程，否则机床会报警。

④ G41、G42 不能同时使用，即在程序中，前面程序段有了 G41 以后，就不能接着使用 G42，应先用 G40 指令解除 G41 刀具补偿状态后，才可使用 G42 刀具补偿指令。

⑤ 在调用新的刀具前，必须取消刀具补偿，否则会产生报警。

3）刀尖圆弧半径补偿量的设定。

① 刀尖圆弧半径。补偿刀尖圆弧半径后，刀具自动偏离零件一个刀尖圆弧半径距离。因此，必须将刀尖圆弧半径尺寸值输入系统的存储器中。一般粗加工时，刀尖圆弧半径取 0. 8mm，半精加工取 0. 4mm，精加工取 0. 2mm。若粗、精加工采用同一把刀，一般刀尖圆弧半径取 0. 4mm。

② 车刀形状和位置。车刀形状不同，决定刀尖圆弧所处的位置不同。数控车床加工时，采用不同的刀具，其假想刀尖相对圆弧中心的方位不同，执行刀具补偿时，刀具自动偏离零件轮廓的方向也就不同，它直接影响圆弧车刀补偿计算结果。因此，也要把代表刀尖形状和位置的参数输入存储器中，车刀形状和位置参数称为刀尖方位 T。图 2-27a 所示为刀架前置的数控车床假想刀尖位置的情况；图 2-27b 所示为刀架后置的数控车床假想刀尖位置的情况。如果以刀尖圆弧中心作为刀位点进行编程，则应选用 0 或 9 作为刀尖方位号 T，其他号码都是以假想刀尖编程时采用的号码。

只有在刀具数据库内按刀具实际放置情况设置相对应的刀尖位置序号，才能保证对它进行正确的刀具补偿；否则，将会出现不符合要求的过切或少切现象。在实际加工时，刀尖圆

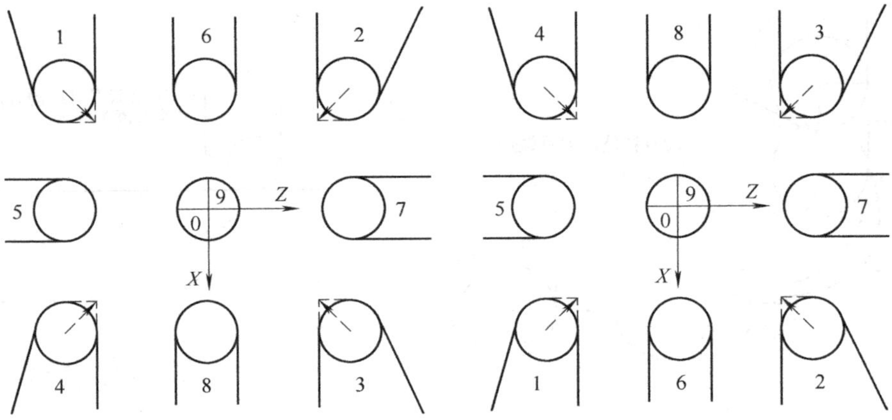

a) 刀架前置　　　　b) 刀架后置

图 2-27　假想刀尖位置的情况

弧半径补偿量可以通过数控系统的刀具补偿设定界面设定，如图 2-28 所示。注意：T 指令要与刀具补偿编号相对应，并且要输入假想刀尖号。

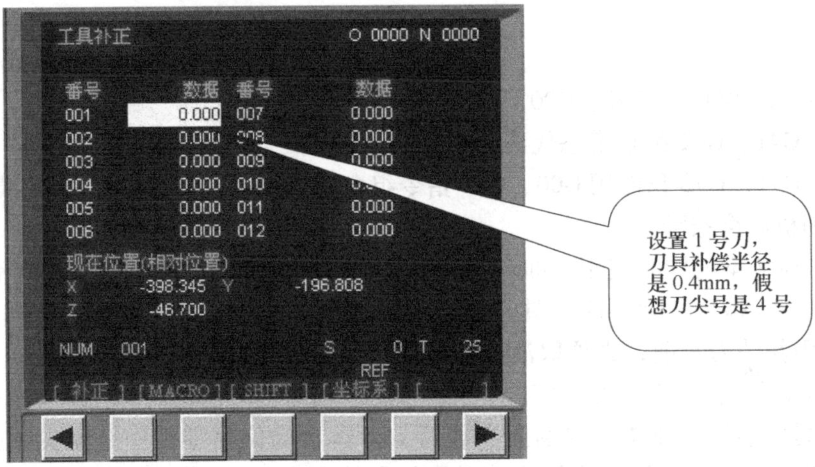

图 2-28　刀具补偿设定界面

2. 指令应用示范

【例 2-8】 如图 2-29 所示工件，为保证圆弧面的加工精度，考虑刀尖圆弧半径补偿，编制工件的精加工程序。

（1）建立工件坐标系　由图 2-29a 可以看出，将工件坐标系建立在工件右端面可以简化坐标值的计算，如图 2-30 所示。

（2）基点坐标计算　加工此工件，首先考虑建立什么方向上的刀具补偿。因为是前置刀架，加工时，沿刀具前进方向，刀具位于工件左侧，所以是刀尖圆弧半径左补偿，用 G41 指令。加工时，刀具由起刀点到达切削点 O，然后沿逆时针圆弧方向到达 A 点，再沿顺时针圆弧方向到达 B 点，直线切削到 C 点，退刀回到起刀点。其各点坐标分别为 $O(0，0)$、$A(24，-24)$、$B(26，-31)$、$C(26，-41)$。

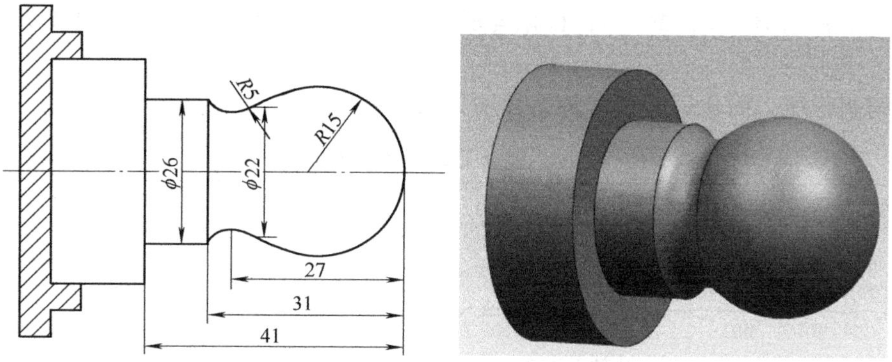

a) 零件图　　　　b) 实体造型

图 2-29　G41/G40 加工实例

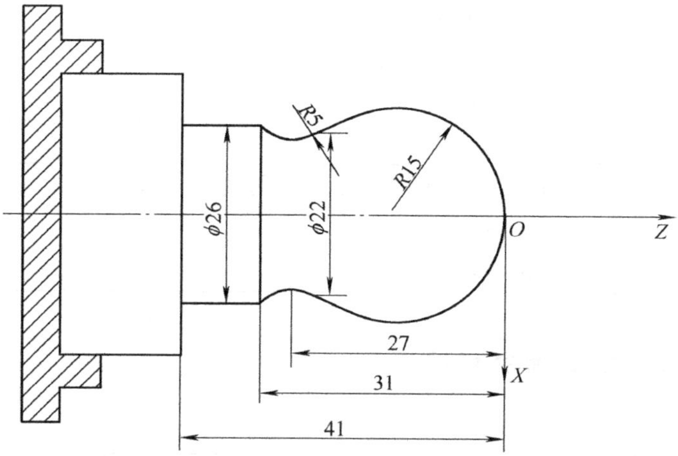

图 2-30　建立工件坐标系（G41/G40 加工实例）

说明：*A* 点的坐标需要利用两个直角三角形相似的特性来计算，如图 2-31 所示，其走刀轨迹及各基点坐标如图 2-32 所示。

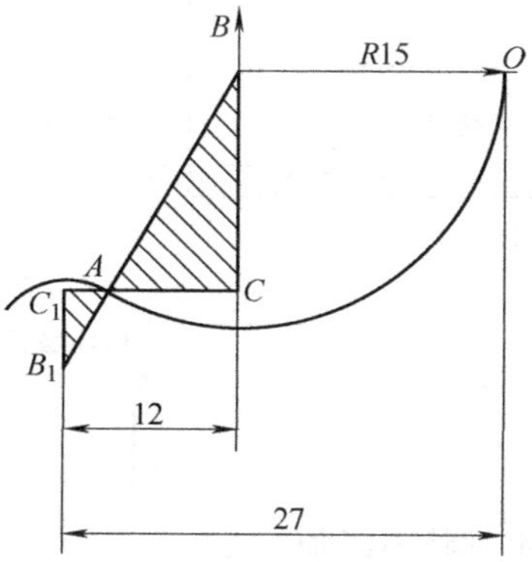

图 2-31　*A* 点坐标计算

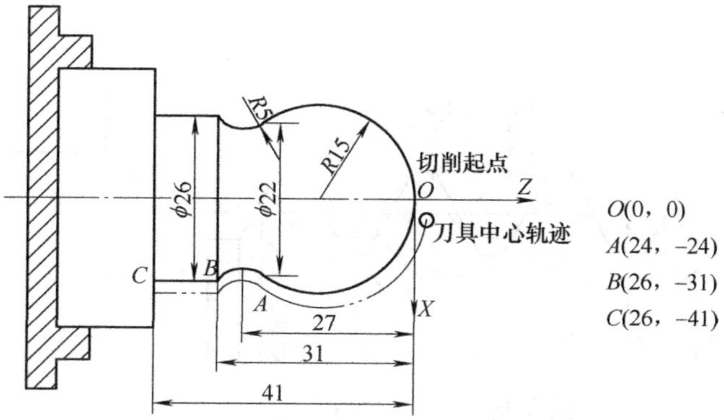

图 2-32　走刀轨迹及各基点坐标（G41/G40 加工实例）

如图 2-31 所示，$\triangle ABC \sim \triangle AB_1C_1$，$AC/AC_1 = AB/AB_1 = 15/5$，又已知 $AC_1 + AC + BO = 27$，$BO = 15$，得 $AC_1 + AC = 12$，可以得出 $AC_1 = 3$，$AC = 9$。

在△*ABC*中，*AB*=15，*AC*=9，根据勾股定理，得出*BC*=12，所以得出*A*点坐标（24，-24）。

（3）编制程序　简化后的参考加工程序见表2-4。

表2-4　简化后的参考加工程序

程　　序	注　　释
O0027；	程序名
N10 G40 G97 G99；	程序头
N20 G98 G54 T0101 M03 S500 F0.2；	设定进给方式为每分钟中进给，设置G54工件坐标系，选用1号刀位1号刀具补偿，主轴正转转速为500r/min
N30 G00 X40 Z5；	快进至起刀点
N40 G41 G01 X0 Z0 F60；	建立刀尖圆弧半径左补偿，工进接触工件
N50 G03 X24 Z-24 R15；	加工*R*15mm圆弧段
N60 G02 X26 Z31 R5；	加工*R*5mm圆弧段
N70 G01 Z-41；	加工ϕ26mm外圆
N80 G00 X50；	退出已加工表面
N90 G40 Z5；	取消刀尖圆弧半径补偿，返回起刀点
N100 M05；	主轴停转
N110 M30；	程序结束

五、单行程螺纹切削指令G32

1. 指令详解

普通螺纹是机械零件中应用最为广泛的一种三角形螺纹，牙型角为60°，如图2-33所示。普通螺纹数控车削的加工工艺主要包括以下几方面内容。

（1）圆柱螺纹加工　如图2-34所示，圆柱螺纹加工的过程如下：

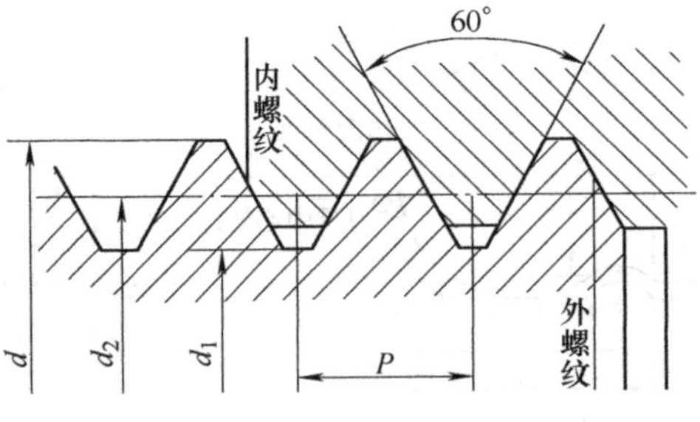

图2-33　三角形螺纹

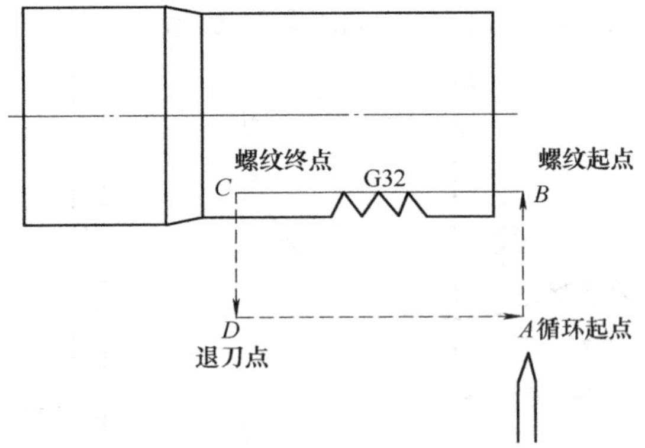

图2-34　圆柱螺纹加工轨迹

先让螺纹刀到达一循环起点*A*的位置，快速定位到螺纹起点*B*，用G32螺纹切削指令切削螺纹，直到螺纹终点*C*，然后快速退刀到退刀点*D*，回到循环起点*A*。图2-34中：虚线表示快速进给，实线表示螺纹切削。

（2）圆锥螺纹加工　如图 2-35 所示，圆锥螺纹的加工过程与圆锥螺纹相似，只是加工圆锥螺纹时，*X*、*Z* 两个坐标同时有进给。图 2-35 中：虚线表示快速进给，实线表示螺纹切削。

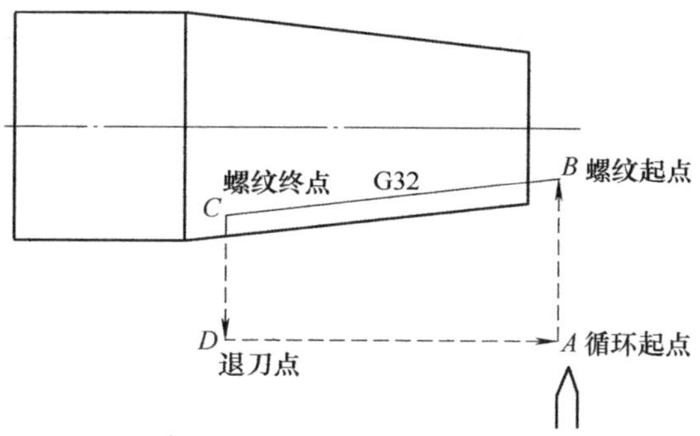

图 2-35　圆锥螺纹加工轨迹

（3）螺距与导程　螺距是螺纹上相邻两牙在中径上对应点间的轴向距离（见图 2-36）。导程是一条螺旋线上相邻两牙在中径上对应点间的轴向距离。对于单线螺纹，螺距 P=导程 P_h；对于多线螺纹，导程 P_h=螺距 P×线数 n。

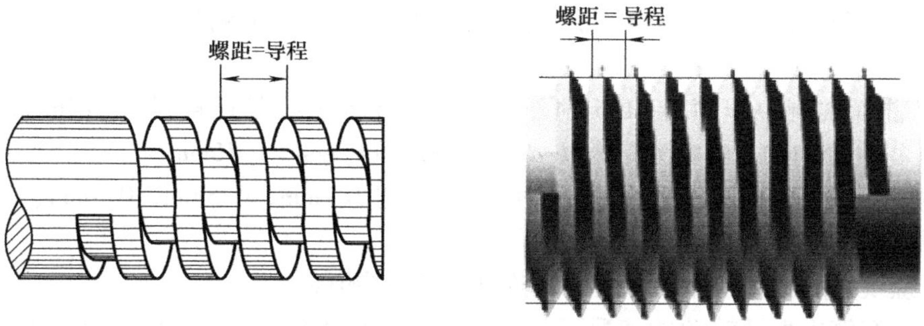

图 2-36　螺距与导程

（4）指令格式　G32 X(U)__ Z(W)__ F__；

其中，X、Z 为绝对编程时螺纹终点坐标值；U、W 为增量编程时螺纹终点坐标相对于螺纹起点的位移量；F 为螺纹的导程。

圆柱螺纹车刀轨迹为一条直线，所以 *X* 坐标为 0，指令格式为 G32 Z(W)__ F__；

（5）螺纹的起点和终点坐标径向尺寸的确定　径向起点的确定取决于螺纹大径，按经验，一般编程直径比公称直径小 0. 2~0. 3mm。

径向终点取决于螺纹小径，按经验公式确定：$d'=d-2\times0.62P$。其中：d 为螺纹公称直径，P 为螺距，d'为螺纹小径。

例如，数控车床要加工一个 M24×1. 5 的外螺纹，那么加工螺纹时的起点和终点径向尺寸是多少？

解： 由 M24×1. 5 得出 $d=24\text{mm}$，$P=1.5\text{mm}$。

将以上数值代入公式 $d'=d-2\times0.62P$，得到

$$d'=d-2\times0.62P=(24-2\times0.62\times1.5)\text{mm}=22.14\text{mm}$$

结果：加工螺纹时的起点径向尺寸为 24mm，终点径向尺寸为 22. 14mm。

（6）螺纹的起点和终点轴向尺寸的确定　车螺纹时，起始有一个加速过程，结束前有一个减速过程。为避免因车刀升降而影响螺距的稳定，两端必须设置足够的升速进刀段 δ_1 和减速退刀段 δ_2，如图 2-37 所示。

一般情况下，取 $\delta_1=(1\sim2)P$，取 $\delta_2=0.5P$。

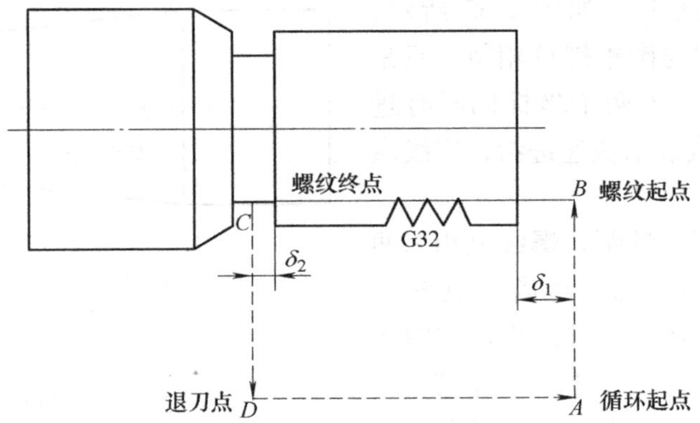

图 2-37　螺纹的轴向尺寸

（7）分层背吃刀量　每次进给的背吃刀量用螺纹深度减去精加工背吃刀量所得的差按递减规律分配。

例如，前面实例中车 M24×1.5 的外螺纹，经计算螺纹公称直径 $d=24$mm，小径 $d'=22.14$mm，得到径向的总背吃刀量为 $d-d'=(24-22.14)$mm $=1.86$mm。

按递减规律分配，则可以取每次的背吃刀量分别为 1mm、0.5mm、0.3mm、0.06mm。

（8）螺纹加工的注意事项

1）从螺纹粗加工到精加工，主轴的转速必须保持恒定。

2）在没有停止主轴转动的情况下，停止螺纹的切削将非常危险；因此，螺纹切削时，进给保持功能无效，如果按下进给保持按键，刀具在加工完螺纹后停止运动。

3）在螺纹加工中不使用恒线速度控制功能。

4）在螺纹加工轨迹中应设置足够的升速进刀段 δ_1 和降速退刀段 δ_2，以消除伺服滞后造成的螺距误差。

2. 指令应用示范

【例 2-9】 试编写图 2-38 所示圆柱螺纹的加工程序。

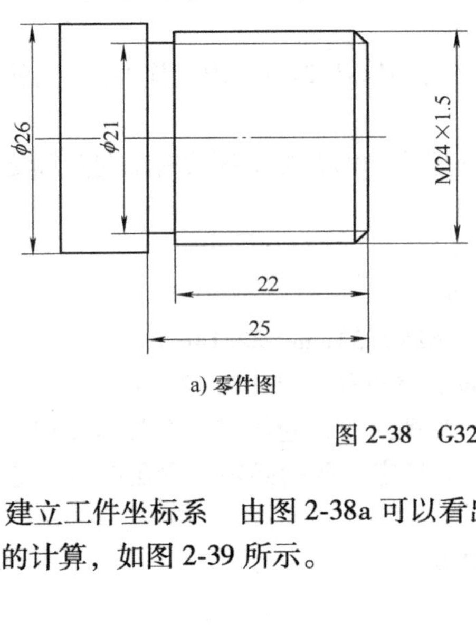

a) 零件图

b) 实体造型

图 2-38　G32 加工实例 1

（1）建立工件坐标系　由图 2-38a 可以看出，将工件坐标系建立在工件的右端面可以简化坐标值的计算，如图 2-39 所示。

（2）坐标计算　对于普通螺纹 M24×1.5，取 $\delta_1=3\text{mm}$，$\delta_2=1\text{mm}$。

1）计算螺纹小径。$d'=d-2\times0.62P=(24-2\times0.62\times1.5)\text{mm}=22.14\text{mm}$

2）确定背吃刀量。背吃刀量分别为 1mm、0.5mm、0.3mm、0.06mm。

3）确定各点径向 X 坐标（图 2-40 中螺纹起点 B、螺纹终点 C，因其是圆柱螺纹，故 B、C 点的坐标相同）。

螺纹车刀到达循环起点 $A(30, 3)$，快进到螺纹起点 $B(X_1, 3)$，G32 螺纹切削指令从 B 点切削至螺纹终点 $C(X_1, -23)$，退刀时由 C 点到退刀点 $D(30, -23)$，最后返回循环起点 A，完成一次螺纹加工。循环起点 A 和退刀点 D 均不变，只是改变螺纹起点 B，再循环三次，分别工进至 X_2、X_3、X_4，完成螺纹切削。

由 24mm 吃刀 1mm，成为 $X_1=(24-1)\text{mm}=23\text{mm}$。

由 23mm 吃刀 0.5mm，成为 $X_2=(23-0.5)\text{mm}=22.5\text{mm}$。

由 22.5mm 吃刀 0.3mm，成为 $X_3=(22.5-0.3)\text{mm}=22.2\text{mm}$。

由 22.2mm 吃刀 0.06mm，成为 $X_4=(22.2-0.06)\text{mm}=22.14\text{mm}$，加工到螺纹小径。其走刀轨迹及各基点位置如图 2-40 所示。

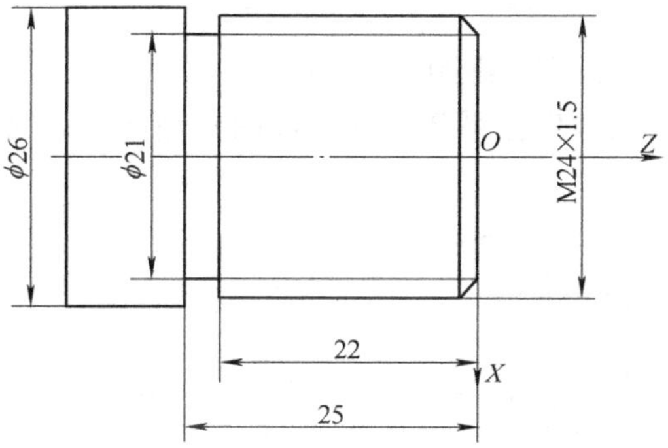

图 2-39　建立工件坐标系（G32 加工实例 1）

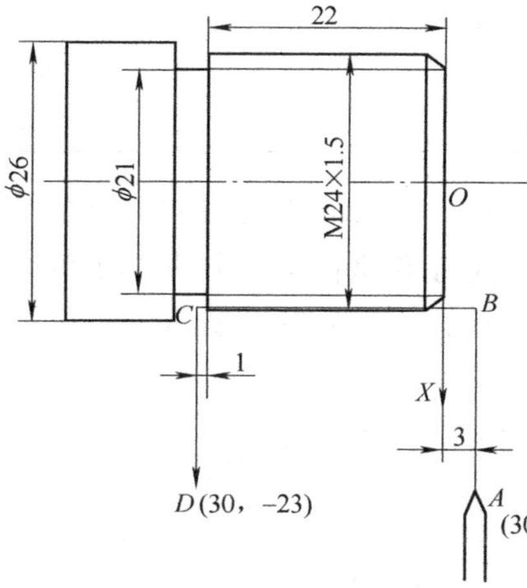

图 2-40　走刀轨迹及各基点位置（G32 加工实例 1）

（3）程序编制　参考加工程序见表 2-5。

表 2-5　参考加工程序

程　序	注　释
O0028;	程序名
N10 G40 G97 G99;	程序头
N20 G54 T0101 M03 S500 F0.2;	设置 G54 工件坐标系，选用 1 号刀位 1 号刀具补偿、主轴正转转速为 500r/min
N30 G00 X30.0 Z3.0;	快进至循环起点
N40 X23.0;	快进到第一次螺纹起点 X_1
N50 G32 Z-23.0 F1.5;	螺纹切削，F 表示螺纹导程为 1.5mm
N60 G00 X30.0;	退刀

（续）

程　序	注　释
N70 Z3.0;	返回到循环起点
N80 X22.5;	快进到第二次螺纹起点 X_2
N90 G32 Z-23.0 F1.5;	螺纹切削
N100 G00 X30.0;	退刀
N110 Z3.0;	返回到循环起点
N120 X22.2;	快进到第三次螺纹起点 X_3
N130 G32 Z-23.0 F1.5;	螺纹切削
N140 G00 X30.0;	退刀
N150 Z3.0;	返回到循环起点
N160 G00 Z-23.0 F1.5;	快进到螺纹底径起点 X_4
N170 G32 Z-23.0 F1.5;	螺纹切削
N180 G00 X100.0;	快速退刀
N190 Z100.0;	快速回到起刀点
N200 M05;	主轴停转
N210 M30;	程序结束

【例 2-10】 试编写图 2-41 所示圆锥外螺纹的加工程序。螺距 $P=2$mm。

（1）建立工件坐标系　由图 2-41 可以看出，将工件坐标系建立在工件的右端面可以简化坐标值的计算，如图 2-42 所示。

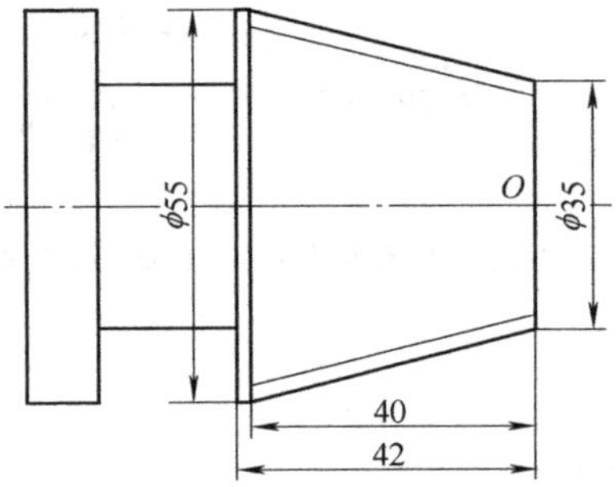

图 2-41　G32 加工实例 2

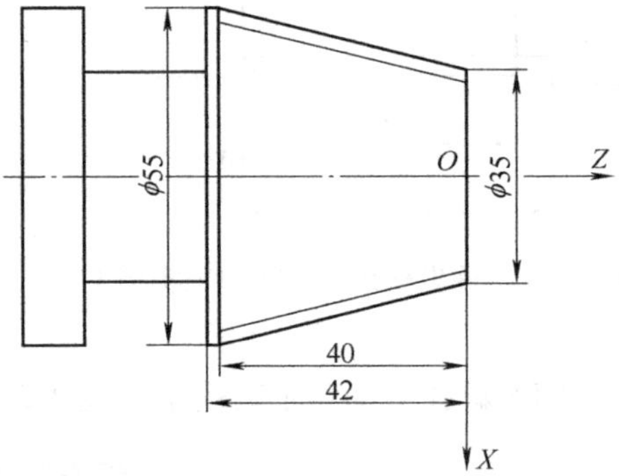

图 2-42　建立工件坐标系（G32 加工实例 2）

（2）坐标计算　圆锥螺纹大端直径为 $\phi55$mm；圆锥螺纹小端大径为 $\phi35$mm；$P=2$mm；取 $\delta_1=3$mm，$\delta_2=2$mm。

1）计算螺纹小端底径

$$d_1' = d_1 - 2 \times 0.62P = (35 - 2 \times 0.62 \times 2)\text{mm} = 32.52\text{mm}$$

2）计算螺纹大端底径

$$d_2' = d_2 - 2 \times 0.62P = (55 - 2 \times 0.62 \times 2)\text{mm} = 52.52\text{mm}$$

3）确定背吃刀量。背吃刀量分别为 1mm、0.7mm、0.5mm、0.2mm、0.08mm。

4）确定各点径向 X 坐标（图 2-43 中 B、C 点，因其是圆锥螺纹，故 B、C 点 X 坐标值不相同)。螺纹车刀到达循环起点 $A(70, 3)$，快进到螺纹起点 $B(X_1, 3)$，G32 螺纹切削指令从 B 点切削至螺纹终点 $C(X_1', -40)$，退刀时由 C 点退到点 $D(70, -42)$，最后返回循环起点 A，完成一次螺纹加工。循环起点 A 和退刀点 D 均不变，只是改变螺纹起点 B 和螺纹终点 C 的坐标，再循环四次，分别工进至 X_2、X_2'；X_3、X_3'；X_4、X_4'；X_5、X_5'，完成圆锥螺纹车削任务。

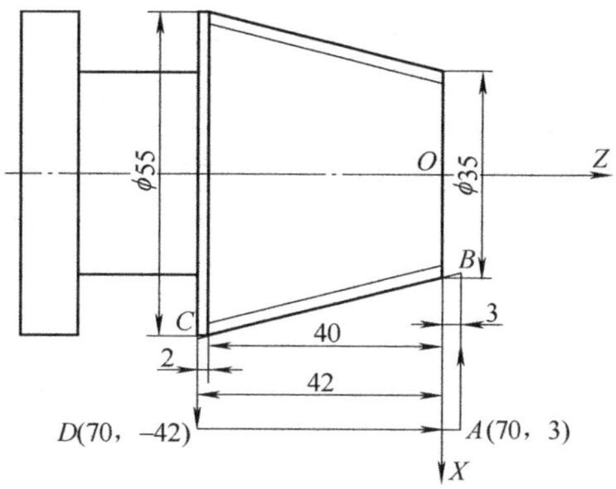

图 2-43　走刀轨迹及各基点坐标（G32 加工实例 2）

由 ϕ35mm、ϕ55mm 吃刀 1mm，成为 $X_1 = (35-1)\text{mm} = 34\text{mm}$、$X_1' = (55-1)\text{mm} = 54\text{mm}$。

由 ϕ34mm、ϕ54mm 吃刀 0.7mm，成为 $X_2 = (34-0.7)\text{mm} = 33.3\text{mm}$、$X_2' = (54-0.7)\text{mm} = 53.3\text{mm}$。

由 ϕ33.3mm、ϕ53.3mm 吃刀 0.5mm，成为 $X_3 = (33.3-0.5)\text{mm} = 32.8\text{mm}$、$X_3' = (53.3-0.5)\text{mm} = 52.8\text{mm}$。

由 ϕ32.8mm、ϕ52.8mm 吃刀 0.2mm，成为 $X_4 = (32.8-0.2)\text{mm} = 32.6\text{mm}$、$X_4' = (52.8-0.2)\text{mm} = 52.6\text{mm}$。

由 ϕ32.6mm、ϕ52.6mm 吃刀 0.08mm，成为 $X_5 = (32.6-0.08)\text{mm} = 32.52\text{mm}$、$X_5' = (52.6-0.08)\text{mm} = 52.52\text{mm}$，加工到螺纹底径。其走刀轨迹及各基点坐标如图 2-43 所示。

(3) 程序编制（简化程序）　参考加工程序见表 2-6。

表 2-6　参考加工程序

程　序	注　释
O0029;	程序名
N10 G40 G97 G99;	程序头
N20 G54 T0101 M03 S500 F0.2;	设置 G54 工件坐标系，选用 1 号刀位 1 号刀具补偿、主轴正转转速为 500r/min
N30 G00 X70.0 Z3.0;	快进至循环起点
N40 X34.0;	快进到第一次螺纹起点 X_1
N50 G32 X54.0 Z-42.0 F2.0;	螺纹切削到螺纹终点 X_1'，F 表示螺纹导程为 2mm
N60 G00 X70.0;	退刀
N70 Z3.0;	返回循环起点
N80 X33.3;	快进到第二次螺纹起点 X_2
N90 G32 X53.3 Z-42.0 F2;	螺纹切削到螺纹终点 X_2'
N100 G00 X70.0;	
N110 Z3.0;	

（续）

程　序	注　释
N120 X32.8;	快进到第三次螺纹起点 X_3
N130 G32 X52.8 Z-42.0 F2;	螺纹切削到螺纹终点 X_3'
N140 G00 X70.0;	
N150 Z3.0;	
N160 X32.6;	快进到第三次螺纹起点 X_4
N170 G32 X52.6 Z-23.0 F2;	螺纹切削到螺纹终点 X_4'
N180 G00 X70.0;	
N190 Z3.0;	
N200 X32.52;	快进到螺纹小端底径 X_5
N210 G32 X52.52 Z-42.0 F2;	螺纹切削到螺纹大端底径 X_5'
N220 G00 X100.0 Z100.0;	
N230 M05;	
N240 M30;	

任务四　数控车床编程循环指令

一、单一固定循环指令 G90

1. 指令详解

功能：当零件的内、外圆柱面（圆锥面）上毛坯余量较大时，用 G90 指令可以去除大部分毛坯余量。

（1）内、外圆柱面切削循环指令

指令格式：G90 X(U)__ Z(W)__ F__；

其中，X、Z 为切削终点的绝对坐标值；U、W 为切削终点相对于切削起点的增量坐标值；F 为切削进给速度。

（2）内、外圆锥面切削循环指令

指令格式：G90 X(U)__ Z(W)__ R__ F__；

其中，X、Z 为终点绝对值坐标；U、W 为终点相对于切削起点的增量坐标值；R 为圆锥面切削起点与圆锥面切削终点的半径差，或表示锥度尺寸［$R=(D-d)/2$，D 为锥度大端直径，d 为锥度小端直径］。车削外圆锥度，若是从小端车到大端时，切削锥度 R 为负值；车削内圆锥度，若是从大端车到小端时，切削锥度 R 为正值；R 值的正负与刀具轨迹有关；F 为切削进给速度。

（3）G90 走刀路线分析　G90 走刀路线如图 2-44 所示，由 1 个循环，4 个步骤完成。

1）快速进刀。刀具从循环起点快速进给到切削起点［如图 2-44 中 1（R）所示，相当于 G00 指令］。

2）切削进给。刀具由切削起点以给定的进给速度切削至切削终点［如图 2-44 中 2（F）所示，相当于 G01 指令］。

3）退刀。刀具以给定的进给速度从切削终点回到退刀点［如图 2-44 中 3（F）所示，相当于 G01 指令］。

4）快速返回。刀具从退刀点快速返回到循环起点［如图 2-44 中 4（R）所示，相当于 G00 指令］。

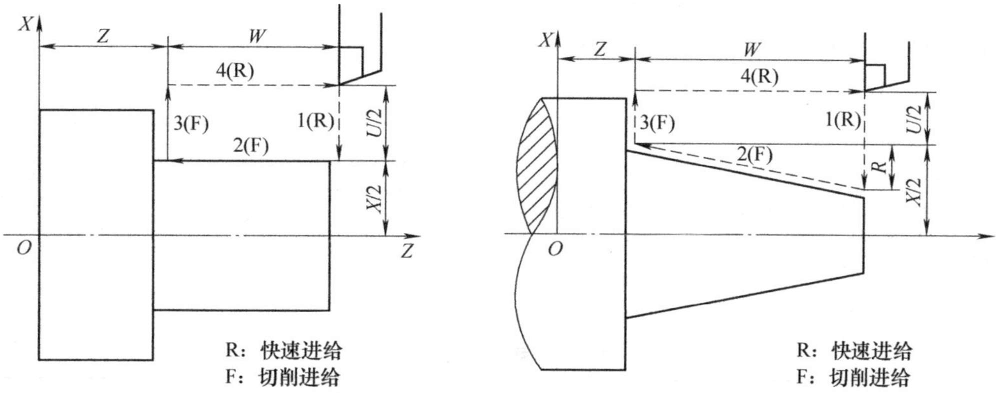

a) 圆柱固定循环　　b) 圆锥固定循环

图 2-44　G90 指令走刀路线图解

（4）G90 指令注意事项　在使用 G90 循环指令编制程序时，除了应合理选择切削用量，同时还应注意正确理解并处理下列几种情况。

1）使用单一循环固定循环时，应根据毛坯件的形状和工件的加工轮廓进行适当的选择，一般情况下的选择如图 2-45 所示。

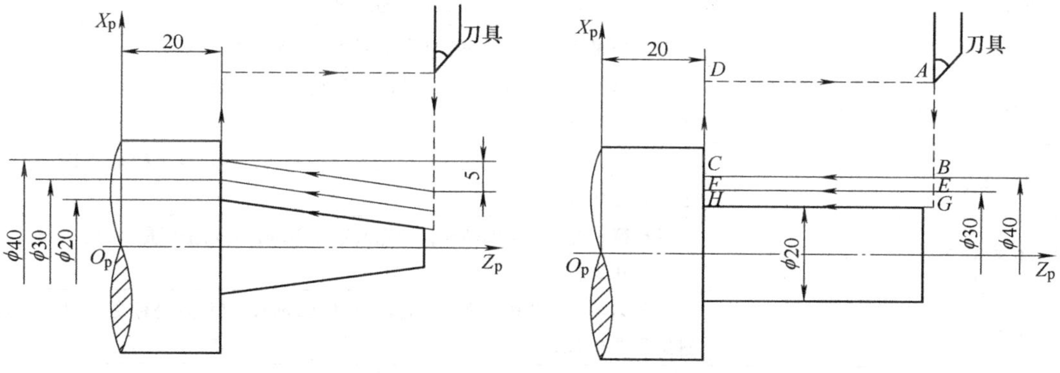

a) 圆锥面切削循环　　b) 圆柱面切削循环

图 2-45　G90 指令走刀轨迹的合理选择

2）由于 X(U)、Z(W) 和 R 的数值在固定循环期间是模态指令，如果没有重新指定 X(U)、Z(W) 和 R，则原来指定的数据有效。

3）如果在固定循环方式下，又指定了 M、S、T 功能，则固定循环和 M、S、T 功能同时完成。

4）如果在单段运行方式下执行循环，则每1循环分4段进行，执行过程中必须按4次循环启动按钮。

5）用MDI方式指令固定循环，则程序段执行后，再按启动按钮，可执行与前次相同的固定循环。

6）G90是模态指令，当循环结束时，应该以同组的指令（G00、G01、G02等）将循环功能取消。

2. 指令应用示范

（1）外圆柱面加工

【例2-11】 请用G90指令加工图2-46所示的工件的外圆柱表面。

参考加工程序见表2-7。

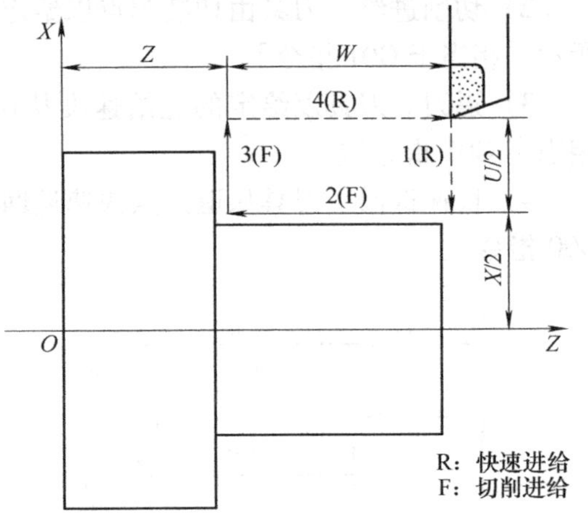

图2-46　G90外圆柱面加工实例

表2-7　参考加工程序

程　　序	注　　释
O0001;	程序号
N10 G40 G97 G99;	程序头
N20 M03 S500 T0101 F0.2;	换1号刀，主轴正转转速为500r/min
N30 G00 X32. Z5. ;	快速接近工件，移动到点（32，5）
N40 G01 Z0 F0.25;	刀具直线插补到切削端面的起始点（32，0），进给量是0.25mm/r
N50 X-1.0　F0.1;	直线插补到点（-1，0），车端面
N60 G00 Z1. ;	刀具快速移动到点（-1，1），快速退刀
N70 X32. ;	刀具快速移动到外径切削循环的起始点（32，1）
N80 G90 X26. Z-35. F0.2;	进行第1次直线切削循环，背吃刀量是2mm，对角点坐标是（26，-35），进给量是0.2mm/r
N90 X22. ;	进行第2次直线切削循环，背吃刀量是2mm，对角点坐标是（22，-35），进给量是0.2mm/r
N100 X18. Z-23 ;	进行第3次直线切削循环，背吃刀量是2mm，对角坐标是（18，-23），进给量是0.2mm/r
N110 X14. ;	进行第4次直线切削循环，背吃刀量是2mm，对角点坐标是（14，-23），进给量是0.2mm/r
N120 G00 X13. ;	刀具快速移动到点（13，1），准备精加工
N130 G01 Z-23. ;	刀具直线插补到点（13，-23），精车圆柱面
N140 G01 X21. ;	刀具直线插补到点（25，-23），精车轴肩
N150 G01 W-12. ;	刀具直线插补到点（25，-35），精车圆柱面
N160 G01 X32. ;	刀具直线插补到点（32，-35），精车轴肩
N170 G00 X100. Z100. ;	刀具快速移动到点（100，100），退刀到换刀点
N180 T0202;	换2号切刀，调用02号偏置值

（续）

程 序	注 释
N190 G00 X32.0 Z-39.0 S300 F0.2;	刀具快速移动到切断工件的起始点（32，-39），主轴转速是300r/min
N200 G01 X-1. F0.05;	刀具直线插补到点（-1，-39），进给量是0.1mm/r，切断工件
N210 G00 X100.;	刀具快速移动到点（100，-39），垂直快速退刀
N220 Z100.;	快速退回到换刀点（100，100）
N230 M05;	主轴停止转动
N240 M30;	程序结束

（2）外圆锥面加工

【例2-12】 请用G90指令加工图2-47所示的工件外圆锥表面。

在加工表面有外圆锥特征工件时需要计算出R值。由图2-47，根据相似三角形进行计算，得出$R=5$。

程序如下所示：

```
O2222;
N10 G98 S800 M03 T0101;
N20 G00 X38. Z2;
N30 G90 X34. Z-20 R-5 F150;
N40 G90 X30.5;
N50 G90 X30. Z-20. F100  S1200;
N60 G00 X100 Z100;
N70 M30;
```

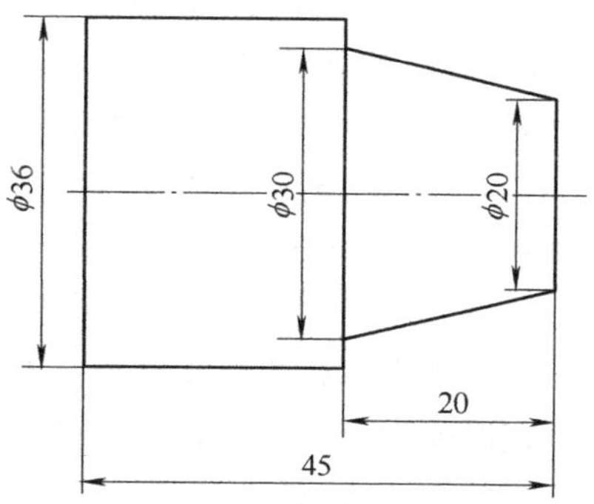

图2-47 G90外圆锥面加工实例

（3）加工具有外圆柱面和外圆锥面的工件

【例2-13】 请用G90指令加工图2-48所示的工件的外圆柱面和外圆锥面。

根据相似三角形进行计算，得出$R=4$。

程序如下所示：

```
O9001;                           程序名
N10 G40 G97 G99;                 程序头
N20 T0101 M03 S400 F0.2;         1号刀及刀补，主轴正转
N30 G00 X100 Z100;               换刀点
N40 X36 Z2;                      定位点
N50 G90 X32.5 Z-35 F80;          外圆切削
N60 X30 Z-23;
N70 X27;
N80 X24.5;
N90 G00 X26 Z2;                  定位车锥度
N100 G90 X24.5 Z-15 R-4 F80;圆锥切削
N110 R-4.0;
N120 G00 X15 Z2;                 精加工定位
```

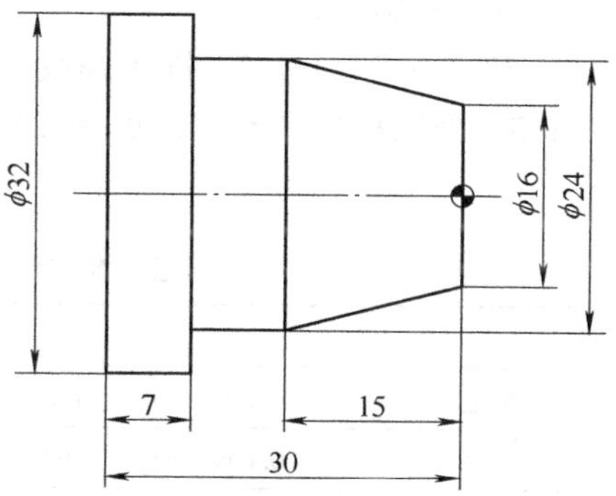

图2-48 G90综合零件加工实例

```
N130 G01 X16 Z0;          精加工
N140 X24 Z-15;
N150 Z-23;
N160 X32;
N170 Z-35;
N180 G00 X100 Z100;       返回程序起点
N190 M30;
```

二、螺纹切削循环指令 G92/G76

1. 螺纹的加工及刀具选择

1）螺纹的加工预留量。车削螺纹时，由于受车刀挤压会使螺纹大径尺寸涨大，因此车螺纹前，大径一般应车得比其公称尺寸小些。

加工外螺纹光杆直径=公称直径-（0.1~0.13）*P*(*P* 为螺距)，一般车削 0.2~0.3mm，也和公差等级要求和材料有关。生产中用标准螺母校验。加工内螺纹，小径=螺纹公称直径-*P*。

2）主轴转速及进给速度的选择。应根据工件材料、螺纹直径、刀具材料选择主轴转速，就像开汽车，要根据路况、车辆性能、载货量等决定车速，而不是根据公式计算车速。

在保证生产效率和正常切削的情况下，宜选择较低的主轴转速，当然数控车床远比普通车床好控制，所以速度一般可以高一些。

进给速度是车床固有的速度，一般大于 200mm/min。

3）螺纹的深度计算。

$$d' = d - 2 \times 0.65P = d - 1.3P$$

式中　d'——螺纹小径；

d——螺纹大径

P——螺距，1.3P 即为螺纹总深度。

1.3P 为标准参考参数，见表 2-8，具体也要看公差要求和材料。螺纹切削条件参数见表 2-9。

表 2-8　常用螺纹切削的进给次数与背吃刀量　　（单位：mm）

米制螺纹								
螺距		1.0	1.5	2.0	2.5	3.0	3.5	4.0
牙深		0.649	0.974	1.299	1.624	1.949	2.273	2.598
背吃刀量及切削次数	1	0.7	0.8	0.9	1.0	1.2	1.5	1.5
	2	0.4	0.6	0.6	0.7	0.7	0.7	0.8
	3	0.2	0.4	0.6	0.6	0.6	0.6	0.6
	4		0.16	0.4	0.4	0.4	0.6	0.6
	5			0.1	0.4	0.4	0.4	0.4
	6				0.15	0.4	0.4	0.4
	7					0.2	0.2	0.4
	8						0.15	0.3
	9							0.2

（续）

寸制螺纹								
牙/in		24	18	16	14	12	10	8
牙深		0.678	0.904	1.016	1.162	1.355	1.626	2.033
背吃刀量及切削次数	1	0.8	0.8	0.8	0.8	0.9	1.0	1.2
	2	0.4	0.6	0.6	0.6	0.6	0.7	0.7
	3	0.16	0.3	0.5	0.5	0.6	0.6	0.6
	4		0.11	0.14	0.3	0.4	0.4	0.5
	5				0.13	0.21	0.4	0.5
	6						0.16	0.4
	7							0.17

表 2-9 螺纹切削条件参数

工件材料	加工方法	背吃刀量/mm	切削速度/(m/min)	进给量/(mm/r)	刀具材料
碳钢	粗车	2~3	60~100	0.2~0.4	P10~P20
		0.5~2	80~120	0.15~0.3	P10~P20
	精车	0.1~0.15	120~150	0.1~0.2	P01~P10
	车螺纹		70~100	导程	P10~P20
	钻中心孔		500~800r/min	0.1~0.2	SKH2
	切断		70~100	0.1~0.2	P20
	钻孔		~25	0.05~0.2	SKH9
合金钢	粗车	2~3	50~80	0.2~0.4	P10~P20
	精车	0.1~0.15	60~100	0.1~0.2	P01~P10
	切断		40~70	0.1~0.2	P20
铸铁	粗车	2~3	50~70	0.2~0.4	K10~K20
	精车	0.1~0.15	70~100	0.1~0.2	K01~K10
	切断		50~70	0.1~0.2	K20
铝	粗车	2~3	600~1000	0.2~0.3	K10
	精车	0.2~0.3	800~1200	0.1~0.12	K10
	切断		600~1000	~0.1	K10
黄铜	粗车	2~4	400~500	0.2~0.3	K10
	精车	0.1~0.15	450~600	0.1~0.2	K10
	切断		400~500	~0.1	K10

也可以自己分配，原则是：背吃刀量由多到少，切削深度满足要求。

举例：加工螺纹 M30×1.5。

计算：1.5mm×1.3=1.95mm。

根据表 2-8 分配：0.8mm、0.6mm、0.4mm、0.16mm。

也自己可以分配：0.9mm、0.5mm、0.35mm、0.15mm、0.05mm。

2. 螺纹切削循环 G92（直进式切削指令）

（1）指令格式　螺纹切削循环 G92 指令格式：

```
G92 X(U)__    Z(W)__ F __;
      X __;
      X __;
      X __;
      X __;
  G00 X __      Z __;
  M05;
  M30;
```

（2）指令功能　切削圆柱螺纹和锥螺纹，刀具从循环起点，按图 2-49 与图 2-50 所示走刀路线，最后返回到循环起点，图中虚线表示快速移动，实线表示切削进给。

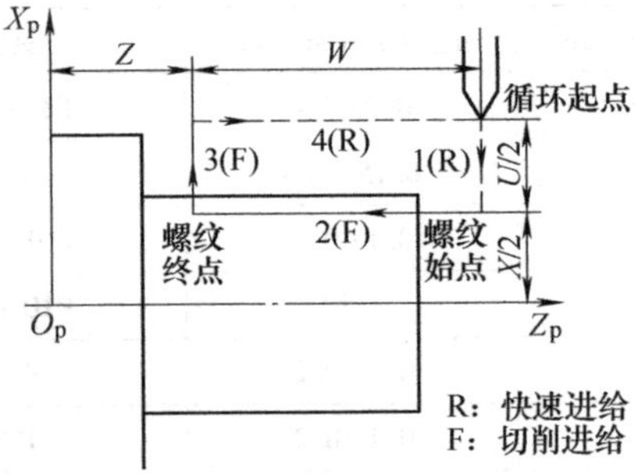

图 2-49　切削圆柱螺纹

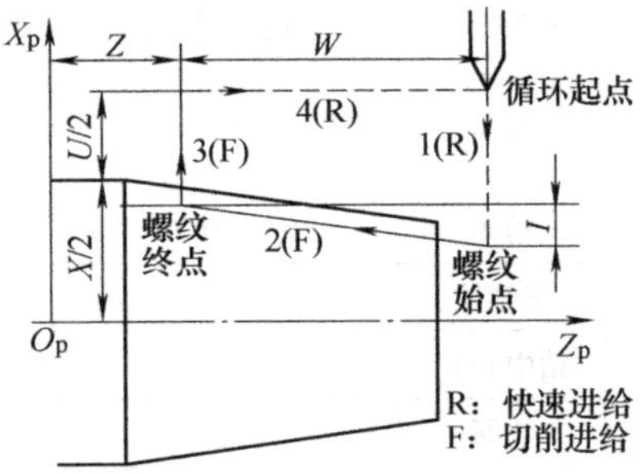

图 2-50　切削锥螺纹

（3）指令说明

1）X、Z 表示螺纹终点坐标值。

2）U、W 表示螺纹终点相对循环起点的坐标增量。

3）R 表示锥螺纹始点与终点在 X 轴方向的坐标增量（半径值），圆柱螺纹切削循环时 R 为零，可省略。

4）F 表示螺纹导程。

（4）走刀路线　G92 指令走刀路线如图 2-51 所示，按顺序 1、2、3、4 移动。1、3、4 为快速移动，2 按导程（F 值）指定的切削进给速度移动。刀具起点位置的设置（以外螺纹为例）：X 方向比螺纹公称直径大；Z 方向比准备加工长度长一个导程。刀具加工完停留位置：每加工完一个程序段，刀具都回到起点位置，再按下一个程序段切削。

（5）指令应用示范

【例 2-14】 加工图 2-52 所示螺栓零件，毛坯为 ϕ30mm 的棒料。

1）加工步骤：

① 看清图样要求，计算螺纹尺寸。

$$d' = d - 2 \times 0.65P = (16 - 2 \times 0.65 \times 2)\text{mm} = 13.4\text{mm}$$

② 编写并检查程序，用螺纹切削循环（G92）车削螺纹部分。

③ 装夹毛坯，伸出长度 = 限位尺寸 + 刀宽 + 工件总长，即(20 + 3 + 40)mm = 63mm。

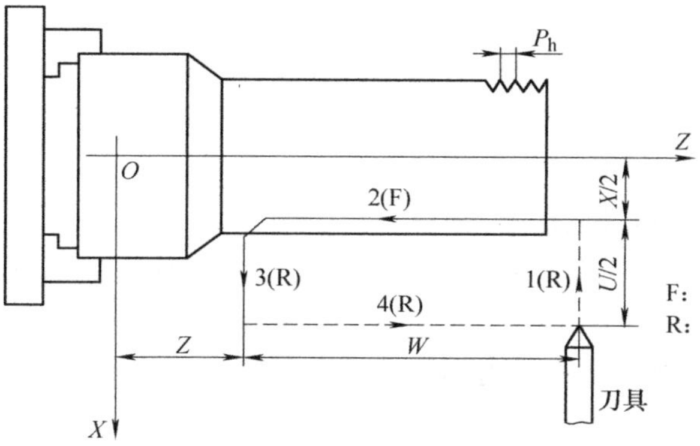

图 2-51　G92 指令走刀路线

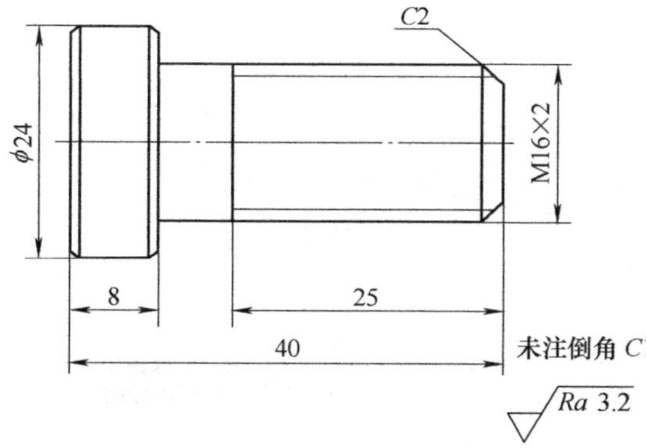

a) 零件图

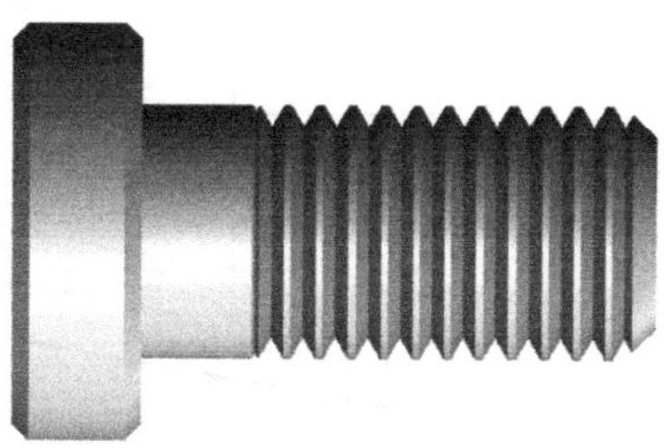

b) 实体造型

图 2-52　G92 螺纹切削循环

④ 装刀及试切对刀（使用 3 把高速钢车刀：一把 90°偏刀、一把 60°螺纹车刀和一把 3mm 宽切断刀）。

⑤ 检验对刀无误后，进行切削加工。

⑥ 加工完毕，检查测量各部分尺寸并校验。

2）螺纹的尺寸计算及编写程序。已知 $d = 16\text{mm}$，$P = 2\text{mm}$，求外螺纹小径 d'。

$$d' = d - 1.3P = (16 - 1.3 \times 2)\text{mm} = 13.4\text{mm}$$

加工程序如下所示：

```
O0123;
N10 M03 S200 T0202 ;
N20 G00 X18 Z3 ;
N30 G92 X15.1 Z-25 F2 ;（车螺纹）
X14.6;
X14.1;
X13.8;
X13.6;
```

X13.5；

X13.4；

N40 G00 X100 Z100 ；

N50 M05 ；

N60 M30 ；

3. 螺纹切削循环 G76（斜进式切削指令）

（1）概述　利用螺纹切削复合循环功能，只要编写出螺纹的底径值、螺纹 Z 向终点位置、牙深及第一次背吃刀量等加工参数，数控车床可自动计算每次的背吃刀量进行循环切削，直到加工完为止。G76 指令程序段内部参数示意图如图 2-53 所示。

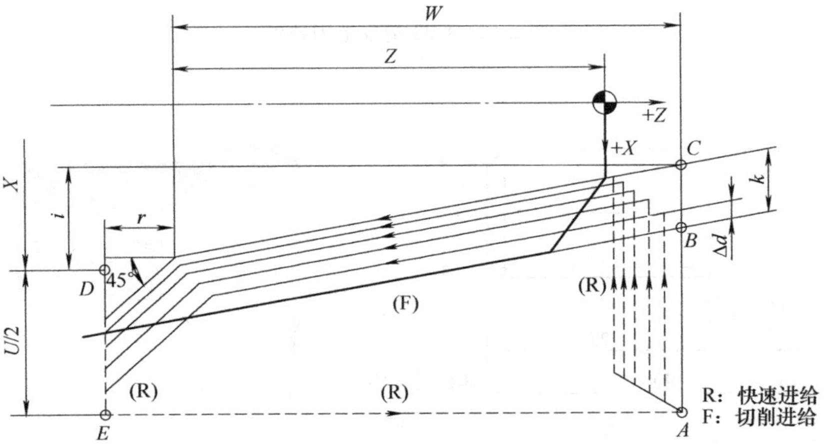

图 2-53　G76 指令程序段内部参数示意图

（2）指令格式　螺纹切削循环 G76 指令格式：

G76 P(m)(r)(α) Q(Δd_{min})R(d)；

G76 X(U)__ Z(W)__ R(i)__ P(k)__ Q(Δd)__ F(L)__；

程序段中各地址的含义如下：

m——精加工重复次数，可以是 1~99 次。该值是模态值，在下次被指定之前一直有效。该值也可用参数设定，由程序指令改变。

r——螺纹尾部倒角量（斜向退刀），是螺纹导程 L 的 0.0~9.9 倍，以 0.1 为一档增加，设定时用两位数，即从 00~99。该值是模态值，在下次被指定之前一直有效。该值也可用参数设定，由程序指令改变。

α——螺纹刀尖角度（螺纹牙型角），可以选择 80°、60°、55°、30°、29°和 0°六种中的一种，由两位数规定。该值是模态的，在下次被指定之前一直有效。该值也可用参数设定，由程序指令改变。

例如，当 $m=1$，$r=1.0L$，$\alpha=60°$，则可指令如下：

```
G76 P 01  10  60
      ┬   ┬   ┬
      m   r   α
```

Δd_{min}——切削时的最小背吃刀量，半径值指定，单位为 μm。该值是模态的，在下次被指定之前一直有效。该值也可用参数设定，由程序指令改变。

d——精加工余量，X 轴方向半径值指定，单位为 mm。该值是模态的，在下次被指定之前一直有效。该值可用参数设定，由程序指令改变。

i——螺纹起始点与螺纹终点的半径差，其符号为差值的符号（无论是绝对值编程还是增量编程）；$i=0$ 时，是普通直螺纹切削。

k——螺纹的牙深。外螺纹按 $k=649.5P$ 进行计算，内螺纹按 $k=541.3P$ 进行计算，半径值指定，单位为 μm。

Δd——第一次背吃刀量，半径值指定，单位为 μm。

X、Z——绝对值编程时，为螺纹终点在工件坐标系下的坐标；增量编程时，为切削终点相对于循环起点的增量坐标值，用 U、W 表示；指令中 X（U）的值，外螺纹为小径值，内螺纹为大径值。

L——为螺纹导程，单位为 mm。

在执行 G76 指令时，根据系统的设置不同，进刀方式也不尽相同。图 2-54 所示为单侧刃切入加工。

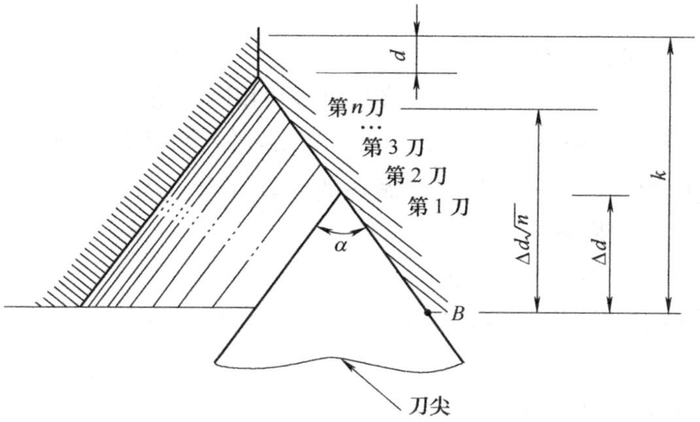

图 2-54　单侧刃切入加工

刀具单侧刃切入加工，可以减轻刀尖的负载。在最后精加工时为双侧刃切削，以保证加工精度。刀具在切入时，保证每次材料切除量相等。这样，第一次切入量为 Δd，第 n 次切入量为 $\Delta d\sqrt{n}$。如果用 S 表示切除材料面积，则有

$$S_{n+1}-S_n=S_1$$

此时，$S_n=nS_1$，以刀尖角为 α 的刀具形状是一个三角形，它的面积与三角形高的平方成正比，因此有

$$\Delta d_n^2=n\Delta d^2$$

切削循环从 A 点开始，沿单侧刃进刀，并沿 X 轴快速移向工件，在离工件表面 Δd 位置转螺纹切削加工，以近似 45°收尾后，快速退至 E 点，又快速返回 A 点。依次循环进给，自动完成粗车螺纹加工。精加工时，沿精加工的最后位置，在 X 向进刀精车留量 d，双刃切削完成螺纹加工循环。

另外，有的系统还可提供双刃交替切削加工方式，又称之字形切削方式。双刃交替切削，改善了刀具的使用。每次进刀，当一次背吃刀量小于 Δd_{min}后，以固定增量 Δd_{min}交替切削，直至粗加工结束，最后精加工至尺寸。

（3）说明

1）由 P、Q 和 R 指定的数据的意义取决于地址 X(U)、Z(W) 的存在。

2）有地址 X(U)、Z(W) 指定的 G76 指令执行循环加工。该循环用一个切削刃切削，使刀尖负荷减小。第一刀的背吃刀量为 Δd，第 n 刀的背吃刀量为 $\Delta d\sqrt{n}$，每次切削循环的切除余量均是常数。共有 4 种对称的进刀图形，不同的进刀方式各地址的符号不同，在图 2-53 中，C 和 D 两点之间的进给速度由地址 F 指定，而其他轨迹则是快速移动。图 2-53 中增量尺寸的符号如下：

U、W：由刀具轨迹 AC 和 CD 的方向决定。

R：由刀具轨迹 AC 的方向决定。

P：+（总是）。

Q：+（总是）。

3）在切削外螺纹时，螺纹切削循环起始点 X 向坐标应比螺纹大径大 2~3mm，Z 向坐标必须考虑空刀导入量。

4）斜进法进刀方式适用于具有中小型螺距的三角形或梯形螺纹的加工，不适合加工截面尺寸过大的螺纹。螺纹加工时要选与螺纹截面形状相同、角度一致的螺纹刀具。

5）在螺纹切削复合循环 G76 加工中，按下进给暂停按钮时，就跟螺纹切削循环终点的倒角一样，刀具立即快速退回，刀具返回循环的起点（背吃刀量为 $\Delta d\sqrt{n}$ 处的）。当按下循环启动按钮时，螺纹切削恢复。

6）由于该指令较为复杂，不易记忆。因此，简单螺纹的加工可采用其他螺纹循环指令。

提示：G76 指令中 X(U) 的值，外螺纹为小径值，内螺纹为大径值，并由直径值指定，单位为 mm。

（4）指令应用示范

【例 2-15】 用 G76 指令编程加工图 2-55 所示零件的外螺纹。

参考加工程序见表 2-10（螺纹的大径、退刀槽以及倒角已加工）。

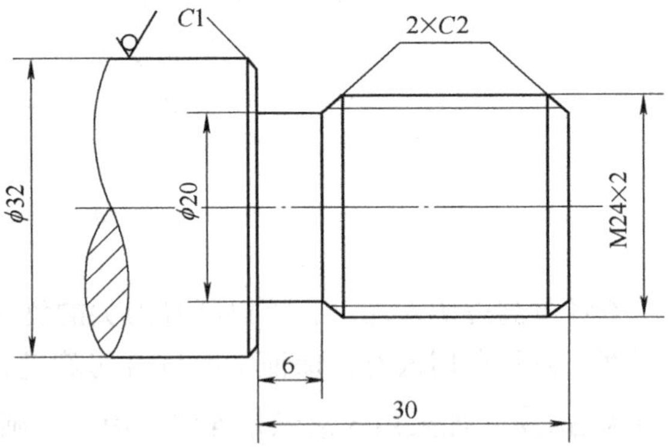

图 2-55　G76 加工实例 1

表 2-10　参考加工程序

程　序	注　释
O5018;	程序名
N10 G99 G21;	指定每转进给方式，米制编程
N20 M03 S400 F0.2;	主轴正转，转速为 400r/min
N30 T0303;	换 3 号螺纹车刀，导入 3 号刀补

（续）

程　　序	注　　释
N40 G00 X26. 0 Z3. 0；	快速到达螺纹加工起始位置
N50 G76 P020560 Q100 R0. 1；	螺纹循环加工参数设置
N60 G76 X21. 4 Z-26. 0 R0 P1300 Q400 F2. 0；	指定螺纹切削终点位置、牙深、第一刀背吃刀量及导程
N70 G00 X100. 0；	刀具沿径向快速退出
N80 Z200. 0；	刀具沿轴向快速退出
N90 M30；	主程序结束并返回程序起点

【例 2-16】 用 G76 指令编程加工图 2-56 所示零件的内螺纹。

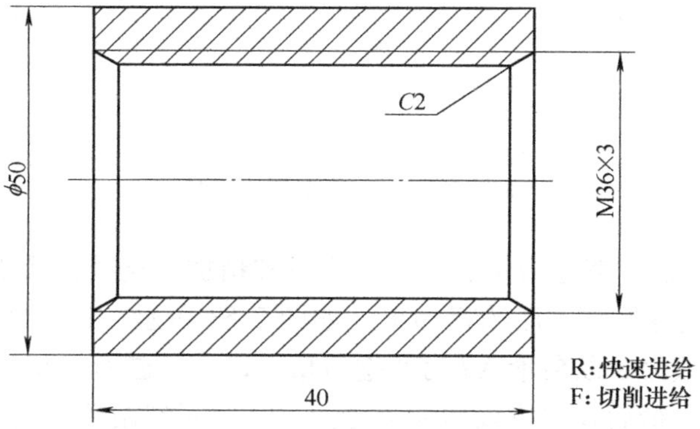

图 2-56　G76 加工实例 2

参考加工程序见表 2-11（螺纹的大径、退刀槽以及倒角已加工）。

表 2-11　参考加工程序

程　　序	注　　释
O5019；	程序名
N10 G99 G21；	指定每转进给方式，米制编程
N20 M03 S400；	主轴正转，转速为 400r/min
N30 T0303；	换 3 号螺纹车刀，导入 3 号刀补
N40 G00 X26. 0 Z3. 0；	快速到达螺纹加工起始位置
N50 G76 P020160 Q100 R0. 1；	螺纹循环加工参数设置
N60 G76 X36. 0 Z-40. 0 R0 P1950 Q400 F3. 0；	指定螺纹切削终点位置、牙深、第一刀背吃刀量及导程
N70 G00 Z200. 0；	刀具沿轴向快速退出
N80 X100. 0；	刀具沿径向快速退出
N90 M05；	主轴停止
N100 M30；	主程序结束并返回程序起点

三、外径粗车复合循环指令 G71

1. 概述

G71 指令称为外径粗车复合循环指令，它适用于毛坯料粗车外径和粗车内径。在 G71 指令后跟描述零件的精加工轮廓程序，数控系统根据加工程序所描述的轮廓形状和 G71 指令的各个参数自动生成加工路径，将粗加工待切除料切削完成。G71 指令加工路径如图 2-57 所示。

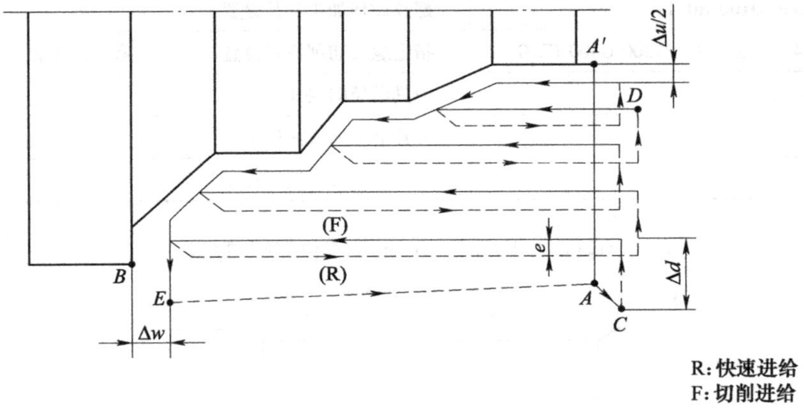

图 2-57　G71 指令加工路径

该指令只需指定粗加工背吃刀量、精加工余量和精加工路线，系统便可自动给出粗加工路线和加工次数，完成各外圆表面的粗加工。如图 2-58 所示，该功能指定最终切削路径从始点经 *A* 点到 *B* 点。该命令以余量 Δd 为背吃刀量，以 *e* 为退刀量车掉指定的区域，留精加工预留量 $\Delta u/2$ 及 Δw，最后在完成该切削进程后刀具返回到循环起点。

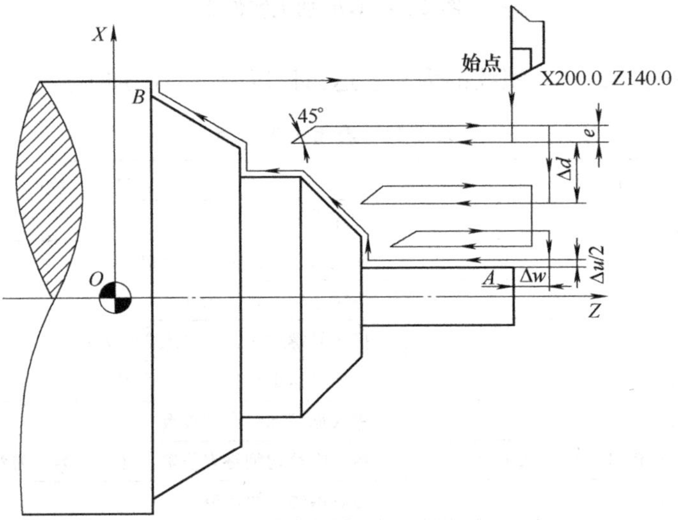

图 2-58　G71 指令的功能

2. 指令格式

外径粗车复合循环 G71 指令格式：

G71 U(Δd) R(e);

G71 P(n_s) Q(n_f)U(Δu) W(Δw) F(f) S(s) T(t);

N(n_s)……;

……;

……;

…… F __;

…… S __;

…… T __;

N（n_f）……;

外径粗车复合循环指令参数是由两个 G71 程序段指令的，而精加工的零件形状是由 N(n_s) 到 N(n_f) 的程序段指令的。

Δd——每次循环的背吃刀量（半径值指定），为模态值，直到下个指定之前均有效。该值也可以用参数指定，根据程序指令，参数中的值也变化，单位为 mm。

e——每次切削退刀量，为模态值，在下次指定之前均有效。该值也可以用参数指定，根据程序指令，参数中的值也变化。

n_s——精加工路径第一程序段的顺序号（行号）。

n_f——精加工路径最后程序段的顺序号（行号）。

Δu——X 轴方向精加工余量和方向。Δu 为负值时，表示内径粗车循环。

Δw——Z 轴方向精加工余量和方向。

f、s、t——在 G71 程序段中指令，在顺序号为 n_s 到顺序号为 n_f 的程序段中粗车时使用的 F、S、T 功能。

3. 说明

1）在 $A \to B$ 之间的移动指令中指定的 F、S、T 功能，仅在 G70 中有效，粗车循环使用 G71 程序段或以前指令的 F、S、T 功能。精加工形状的移动指令，直线和圆弧指令都可以指令。

2）在 $A \to A'$ 之间的刀具轨迹，在顺序号为 n_s 的程序段中指定，n_s 的程序段必须为 G00 或 G01 指令，且只有 X 轴的移动（不能指定 Z 轴的运动）。当用 G00 指令时，$A \to A'$ 为快速移动，当用 G01 指令时，$A \to A'$ 为切削进给移动。

3）在 $A' \to B$ 之间的零件形状，X 轴和 Z 轴都必须是单调增大或单调减小的图形，这是该外径粗车循环的关键。在顺序号为 n_s 到顺序号为 n_f 的程序段中，不能调用子程序。

4）在程序指令时，A 点在 G71 程序段之前指令。在循环开始时，刀具首先由 A 点退回到 C 点，移动 $\Delta u/2$ 和 Δw 的距离。刀具从 C 点平行于 AA' 移动 Δd，开始第一刀的外圆切削循环。第一步的移动，是用 G00 还是用 G01，由顺序号 n_s 中的代码决定，当 n_s 中用 G00 时，这个移动就用 G00，当 n_s 中用 G01 时，这个移动就用 G01。第二步切削运动用 G01，当到达本程序段终点时，以与 Z 轴成 45°夹角的方向退出。第四步以离开切削表面 e 的距离快速返回到 Z 轴的出发点。再以背吃刀量为 Δd 进行第二刀切削，当达到精车留量时，沿精加工留量轮廓 DE 加工一刀，使精车留量均匀。最后从 E 点快速返回到 A 点，完成一个粗车循环。

5）当顺序号 n_s 程序段用 G00 移动时，在指令 A 点时，必须保证刀具在 Z 轴方向上位于零件之外。顺序号 n_s 程序段，不仅用于粗车，还要用于精车时进刀，一定要确保进刀的安全。

6）G71 指令必须带有 P、Q 地址 n_s、n_f，且与精加工路径起、止顺序号对应，否则不能进行该循环加工。

7）X 向和 Z 向精加工余量 Δu 和 Δw 的符号如图 2-59 所示。

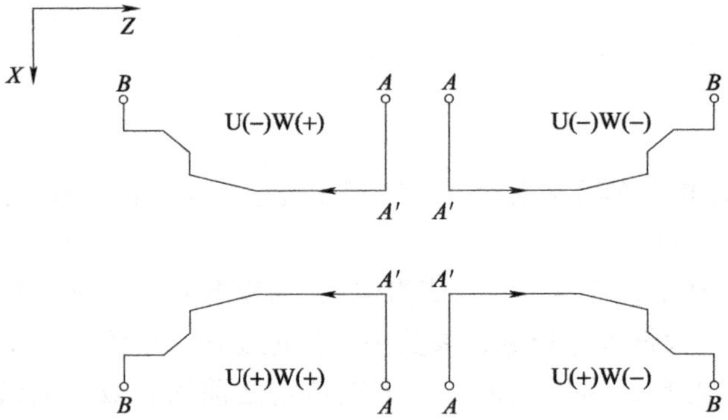

图 2-59　G71 指令中 Δu 和 Δw 符号的确定

4. 指令应用示范

【例 2-17】 用 G71 指令编程加工图 2-60 所示零件的外轮廓。

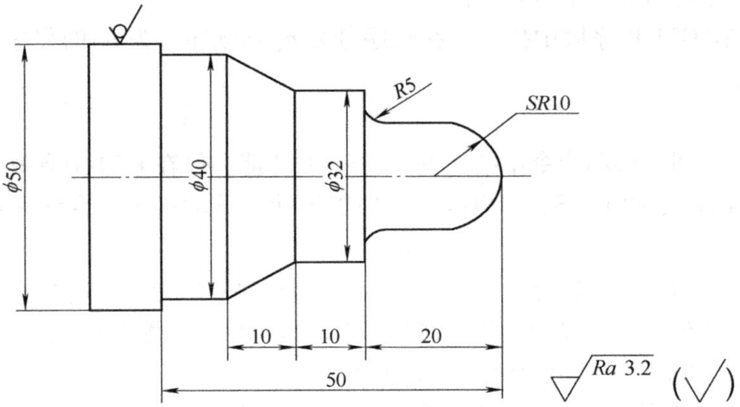

图 2-60　G71 加工实例 1

参考加工程序见表 2-12。

表 2-12　参考加工程序

程　序	注　释
O5010;	程序名
N10 G40 G97 G99;	程序头
N20 M03 S600 F0.2;	主轴正转，转速 600r/min
N30 T0101;	换 1 号外圆车刀，导入刀具刀补
N40 G00 X52.0 Z1.0;	快速到达循环起点
N50 G71 U2.0 R1.0;	外圆粗加工循环
N60 G71 P70 Q160 U0.2 W0.1 F0.3;	加工程序段为 N70～N160，X 向精车余量 0.2mm，Z 向精加工余量 0.1mm，粗加工进给速度 0.3mm/r

（续）

程　　序	注　　释
N70 G00 X0；	
N80 G01 Z0 F0.10 S1000；	轮廓起点，精加工进给量 0.10mm/r，主轴转速 1000r/min
N90 G03 X20.0 Z-10.0 R10.0；	加工 *SR*10mm 的圆球
N100 G01 Z-15.0；	加工 ϕ20mm 的外圆柱
N110 G02 X30.0 Z-20.0 R5.0；	加工 *R*5mm 的圆弧
N120 G01 X32.0；	加工台阶端面
N130 Z-30.0；	加工 ϕ32mm 外圆
N140 X40.0 Z-40.0；	加工圆锥面
N150 Z-50.0；	加工 ϕ40mm 外圆
N160 X52.0；	加工台阶端面
N170 G70 P70 Q160；	精加工循环
N180 G28 U0 W0；	返回参考点
N190 M05；	主轴停止
N200 M30；	主程序结束并返回程序起点

【例 2-18】 用 G71 指令加工图 2-61 所示零件的内轮廓（零件的左端面已加工，已钻成 ϕ20mm 的通孔）。

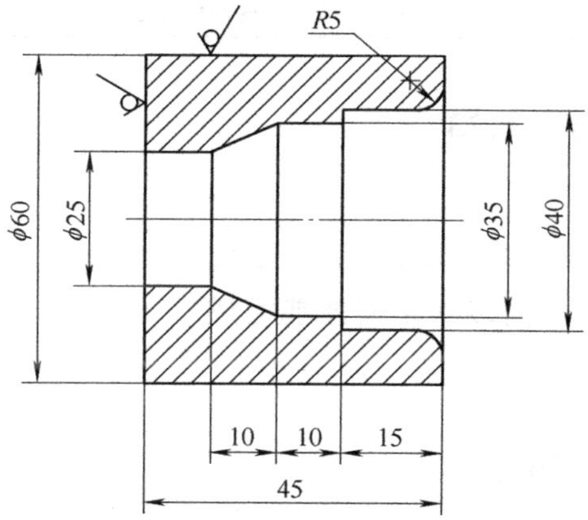

图 2-61　G71 加工实例 2

参考加工程序见表 2-13。

表 2-13　参考加工程序

程　　序	注　　释
O5011；	程序名
N10 G40 G97 G99；	程序头
N20 M03 S500 F0.2；	主轴正转，转速 500r/min
N30 T0404；	调用 4 号内孔车刀，导入刀具刀补

（续）

程　　序	注　　释
N40 G00 X18.0 Z2.0;	快速到达循环起点
N50 G71 U1.5 R1.0;	内径粗加工复合循环
N60 G71 P70 Q150 U-0.2 W0.1 F0.3;	加工程序段为 N70～N150，*X* 向精车余量 0.2mm，*Z* 向精加工余量 0.1mm，粗加工进给量 0.3mm/r
N70 G00 X50.0;	
N80 G01 Z0 F0.10 S800;	加工起点，精加工进给量 0.10mm/r，主轴转速 800r/min
N90 G02 X40.0 Z-5.0 R5.0;	加工 *R*5mm 的圆弧
N100 G01 Z-15.0;	加工 ϕ40mm 内孔
N110 X35.0;	加工台阶端面
N120 Z-25.0;	加工 ϕ35mm 内孔
N130 X25.0 Z-35. 0;	加工圆锥面
N140 Z-46.0;	加工 ϕ25mm 内孔
N150 X20.0;	*X* 向退刀
N160 G70 P70 Q150;	精加工循环
N170 G00 Z100.0;	刀具沿轴向快速退出
N180 X100.0;	刀具沿径向快速退出
N190 M05;	主轴停止
N200 M30;	主程序结束并返回程序起点

四、封闭切削循环指令 G73

1. 概述

封闭切削循环是一种复合固定循环，如图 2-62 所示。该循环适用于外圆柱面需多次走刀才能完成的粗加工。

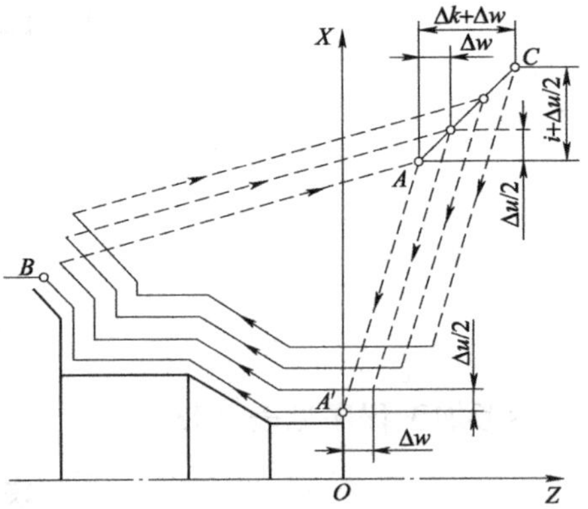

图 2-62　封闭切削循环

2. 指令格式

D 封闭切削循环 G73 指令格式：

G73 U(i) W(k) R(d)

G73 P(n_s) Q(n_f) U(Δu) W(Δw) F__ S__ T__;

2）说明：

i——*X* 轴方向总退刀量（$i \geqslant$ 毛坯 *X* 向最大加工余量）；

k——*Z* 轴方向总退刀量（可与 i 相等）；

d——粗切次数 [$d = i/(1 - 2.5)$]；

n_s——精加工形状程序段中的开始程序段号；

n_f——精加工形状程序段中的结束程序段号；

Δu——*X* 轴方向精加工余量（0.2~0.5mm）；

Δw——Z 轴方向的精加工余量（0.5～1mm）；

3）加工轨迹。封闭切削循环 G73 指令加工轨迹如图 2-63 所示。

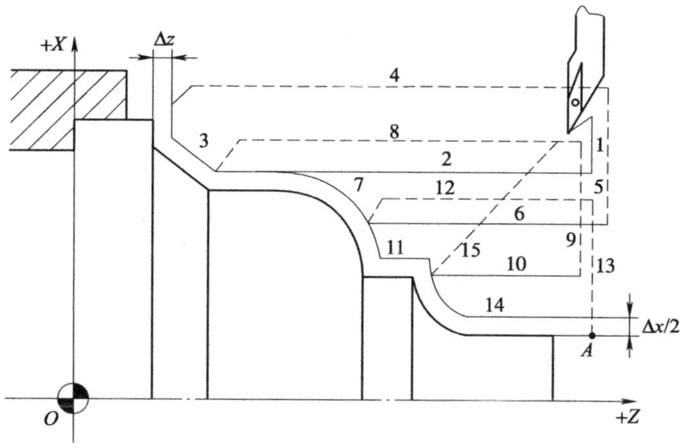

图 2-63　封闭切削循环 G73 指令加工轨迹

3. 说明

1）在 $n_s \sim n_f$ 中任何一个程序段中的 F、S、T 功能均无效，仅在 G73 中的 F、S、T 功能有效。

2）一定形状的循环切削可用 G73 指令中顺序号 $n_s \sim n_f$ 的程序段来指令。精加工余量的方向符号与 G71 相同。

3）G73 循环结束后，刀具自动返回 A 点。

4）G73 指令可以加工 X、Z 轴方向轮廓不规则变化的工件。

5）G73 中在 $n_s \sim n_f$ 的程序段不能调用子程序。

6）当程序中 i、k 任一个为零时，需在程序中输入 U0 或 W0。

4. 指令应用示范

【例 2-19】 用 G73 指令编程加工图 2-64 所示零件，毛坯直径为 ϕ50mm，材料为铝合金。

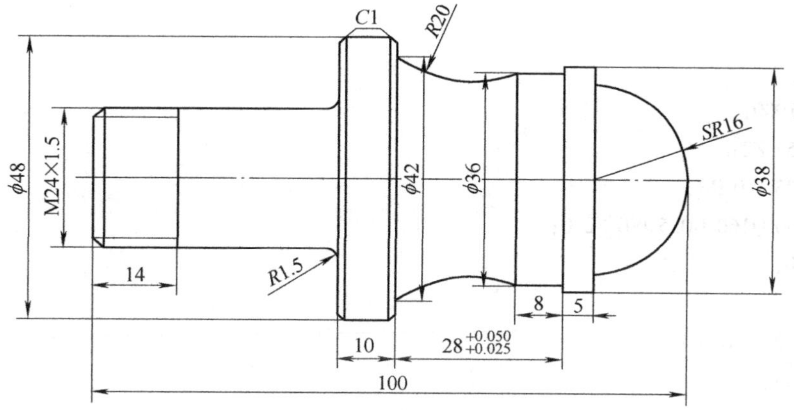

图 2-64　G73 指令加工实例

参考加工程序如下：

```
O1234;
N10 G40 G97 G99;
N20 T0101;
N30 M03 S600 F0.2;
N40 G00 X52 Z2;
N50 G71 U1.0 R1.0;
N60 G71 P70 Q140 U0.5 W0.05;
N70 G01 X21 ;
N80 Z0;
N90 X24 Z-1.5;
N100 Z-39.9;
N110 G02 X27 W-1.5 R1.5;
N120 G01 X46;
N130 X48 W-1;
N140 W-10;
N150 G00 X100;
N160 Z100;
N170 M00;
N180 T0202;
N190 M03 S360 F0.2;
N200 G00 X25 Z2;
N210 G76 P030260 Q100 R0.05;
N220 G76 X21.4 Z-14 P1300 Q500 F2.0;
N230 G00 X100;
N240 Z100;
N250 M05;
N260 M30;
```

调头加工，加工程序如下：

```
O0001;
N10 T0303;
N20 M03 S1000;
N30 G00 X52 Z2;
N40 G73 U25 W0 R8;
N50 G73 P60 Q160 U0.5 W0 F2.0;
N60 G01 X0;
N70 Z0;
N80 G03 X32 Z-16 R16;
N90 G01 X38;
N100 W-5;
N110 X36;
```

```
N120 W-8;
N130 G02 X42 W-20.15 R20;
N140 G01 X46;
N150 X48 W-1;
N160 W-3;
N170 G00 X100;
N180 Z100;
N190 M05;
N200 M30;
```

5. 总结

1）G73 指令适于凹凸曲线轮廓类零件的数控编程。

2）G73 指令适用于均匀毛坯的加工，若用于非均匀毛坯，走刀空行程较多，应想办法先让毛坯余量均匀。

3）确定 i、k、Δu、Δw 等参数的方向：余量在正方向为正，余量在负方向为负。

4）通过 G73 指令的学习，可培养学生灵活运用所学知识解决实际问题的能力。

五、端面粗车复合循环指令 G72

1. 概述

G72 指令称为端面粗车复合循环指令。端面粗车复合循环指令的含义与 G71 类似，不同之处是刀具平行于 X 轴方向切削，它是从外径方向向轴心方向切削端面的粗车循环，该循环方式适用于长径比较小的盘类工件端面粗车。如用 93°外圆车刀，其端面切削刃为主切削刃。G72 指令程序段内部参数如图 2-65 所示。

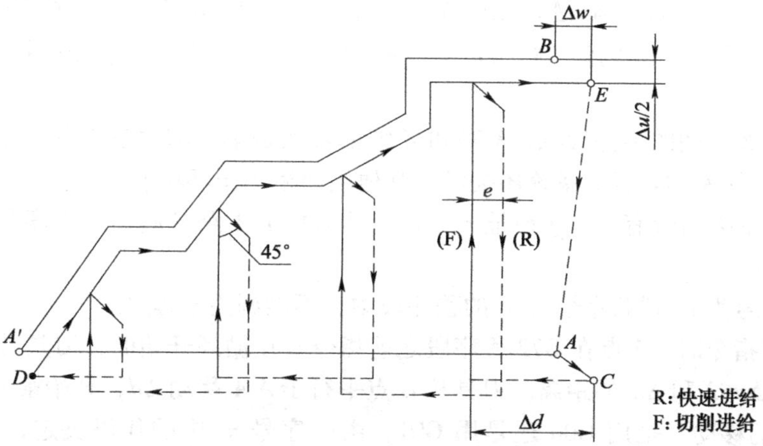

图 2-65　G72 指令程序段内部参数

G72 指令的特点：

1）对零件的轮廓定义之后，即可完成从粗加工的全过程。

2）用于轮廓较复杂的盘类零件。

3）G72 指令其走刀切削方向为横向，适合于加工端面、沟槽、盘类零件。

2. 指令格式

端面粗车复合循环 G72 指令格式：

G72 W(Δd) R(e)；
G72 P(n_s) Q(n_f)U(Δu) W(Δw) F(f) S(s) T(t)；
N(n_s)……；
……；
……；
…… F __；
…… S __；
…… T __；
N(n_f)……；

说明：Δd——每次循环的背吃刀量，为模态值，直到下个指定之前均有效。该值也可以用参数指定，根据程序指令，参数中的值也变化，单位为 mm。

e——每次切削的退刀量，为模态值，在下次指定之前均有效。该值也可以用参数指定，根据程序指令，参数中的值也变化。

n_s——精加工路径第一程序段的顺序号（行号）。

n_f——精加工路径最后程序段的顺序号（行号）。

Δu——X 轴方向精加工余量。

Δw——Z 轴方向精加工余量。

f、s、t——在 G72 程序段中指令，在顺序号为 n_s 到顺序号为 n_f 的程序段中粗车时使用的 F、S、T 功能。

3. 指令说明

1）在 $A \rightarrow A'$之间的刀具轨迹，在顺序号 n_s 的程序段中指定，可以用 G00 或 G01 指令，但不能指定 X 轴的运动。当用 G00 指定时，$A \rightarrow A'$为快速移动，当用 G01 指定时，$A \rightarrow A'$为切削进给移动。

2）在 $A' \rightarrow B$ 之间的零件形状，X 轴和 Z 轴都必须是单调增大或单调减小的轮廓。这是该端面粗车循环的关键。有的系统还提供了其他端面粗车循环功能。

3）G72 指令必须带有 P、Q 地址 n_s、n_f，且与精加工路径起、止顺序号对应，否则不能进行该循环加工。

4）在顺序号为 n_s 到顺序号为 n_f 的程序段中，不能调用子程序。

5）在程序指令时，A 点在 G72 程序段之前指令。在循环开始时，刀具首先由 A 点退回到 C 点，移动 $\Delta u/2$ 和 Δw 的距离。刀具从 C 点平行于 A A'移动 Δd，开始第一刀的端面粗车循环。第一步的移动，是用 G00 还是用 G01，由顺序号 n_s 中的代码决定，当 n_s 中用 G00 时，这个移动就用 G00，当 n_s 中用 G01 时，这个移动就用 G01。第二步切削运动用 G01，当到达本程序段终点时，以与 X 轴成 45°夹角的方向退出。第四步以离开切削表面 e 的距离快速返回到 X 轴的出发点。再以背吃刀量为 Δd 进行第二刀切削，当达到精车留量时，沿精加工留量轮廓 DE 加工一刀，使精车留量均匀。最后从 E 点快速返回到 A 点，完成一个粗车循环。

6）当顺序号 n_s 程序段用 G00 移动时，在指令 A 点时，必须保证刀具在 X 轴方向上位于零件之外。顺序号 n_s 的程序段，不仅用于粗车，还要用于精车时进刀，一定要保证进刀的安全。

4. 编程时注意事项

1）$n_s \to n_f$ 程序段中的 F、S、T 功能，即使被指定也对粗车循环无效。

2）零件轮廓必须符合 X 轴、Z 轴方向同时单调增大或单调减少。

3）在顺序号为 n_s、n_f 的程序段中，必须使用 G00 或 G01 指令。

4）在顺序号为 n_s 的程序段中，使用 G72 指令时，不得有 X 轴方向的位移。

5）处于 n_s 到 n_f 程序段之间的精加工程序不应包含有子程序。

6）Δw 有正、负之分，用于加工左边时其值为正，反之为负。

7）Δu 有正、负之分，外圆加工时其值为正，内孔加工时其值为负。

8）使用切槽刀加工沟槽时，背吃刀量一定要小于刀宽。

9）加工沟槽时，必须采用 G01/G81 加工一刀直槽。

5. 指令应用示范

【例 2-20】 用 G72 指令编程加工图 2-66 所示零件的外轮廓。

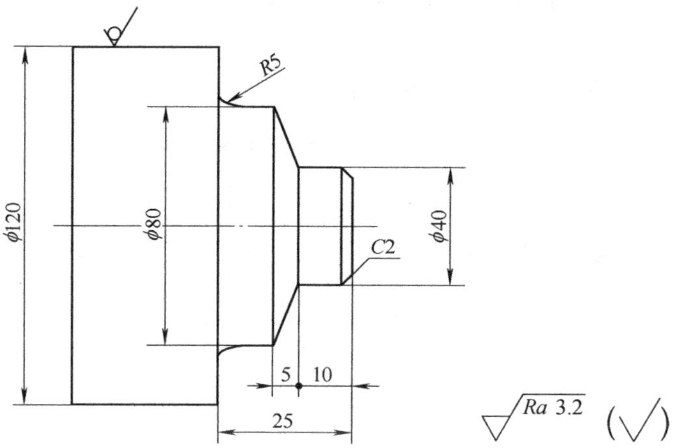

图 2-66　G72 指令加工实例 1

参考加工程序见表 2-14。

表 2-14　参考加工程序

程　　序	注　　释
O5012;	程序名
N10 G40 G97 G99;	
N20 M03 S600 F0.2;	主轴正转，转速 600r/min
N30 T0202;	换 2 号端面车刀，导入刀具刀补
N40 G00 X122.0 Z1.0;	快速到达循环起点
N50 G72 W2.0 R1.0;	端面粗加工循环
N60 G72 P70 Q130 U0.1 W0.1 F0.3;	加工程序段为 N70～N130，X 向精车余量 0.1mm，Z 向精加工余量 0.1mm，粗加工进给量 0.3mm/r

（续）

程　　序	注　　释
N70 G00 Z-25.0 F0.10 S800;	加工起点，精加工进给量0.10mm/r，主轴转速800r/min
N80 G01 X90.0;	加工台阶端面
N90 G03 X80.0 Z-20.0 R5.0;	加工 *R*5mm 的凹弧
N100 G01 Z-15.0;	加工 ϕ80mm 外圆
N110 X40.0 Z-10.0;	加工锥面
N120 Z-2.0;	加工 ϕ40mm 外圆
N130 X34.0 Z1.0;	加工 *C*2 倒角
N140 G70 P70 Q130;	精加工外轮廓
N150 G00 X100 Z150;	刀具快速返回换刀点
N160 M05;	主轴停止
N170 M30;	主程序结束并返回程序起点

【例2-21】 用G72指令编程加工图2-67所示零件的外轮廓。

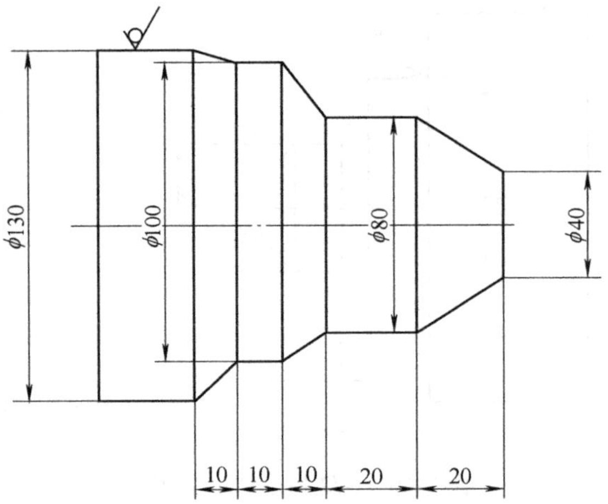

图2-67　G72指令加工实例2

参考加工程序如下：

```
O5013;
N10 G40 G97 G99;
N20 M03 S800 F0.2;
N30 T0101;
N40 G00 X132.0 Z2.0;
N50 G94 X0.0 Z0.0 F0.2;
N60 G72 W1.0 R0.5;
N70 G72 P80 Q150 U0.0 W0.5 F0.2;
N80 G00 Z-70.0;
N90 G01 X130.0;
```

```
N100 G01 X100.0 Z-60.0;
N110 Z-50.0;
N120 X80.0 Z-40.0;
N130 Z-20.0;
N140 X40.0 Z0.0;
N150 G00 Z2.0;
N160 G00 X100.0 Z100.0;
N170 M05;
N180 M00;
N190 M03 S1200;
N200 G00 X132.0 Z2.0;
N210 G70 P80 Q150 F0.08;
N220 G40 G00 X100.0 Z100.0;
N230 M05;
N240 M30;
```

六、外圆、内孔切槽复合循环指令 G75

1. 概述

在切槽和切断加工中，经常由于槽较深、截面面积较小，使得冷却不及时，排屑不畅而导致刀具损坏，从而使加工失败，切削较大槽时编程烦琐且易出错等情况，针对这个常见问题，FANUC 系统开发了专用的断续切槽循环指令 G75，这个指令格式简单，功能强大，特别适合槽的加工。G75 指令称为外圆、内孔切槽复合循环指令，该指令可以实现内孔、外圆切槽的断屑加工。

2. 指令格式

外圆、内孔切槽复合循环 G75 指令格式：

G75 R(e);

G75 X(U)__ Z(W)__ P(Δi) Q(Δk) R(Δd) F(f);

说明：e——分层切削每次退刀量。该值是模态值，在下次指定之前均有效，由程序指令修改，为半径值，单位为 mm。

X——最大切深点的 X 轴绝对坐标。

Z——最大切深点的 Z 轴绝对坐标。

U——最大切深点的 X 轴增量坐标。

W——最大切深点的 Z 轴增量坐标。

Δi——切槽过程中径向（X 向）的切入量，为半径值，单位为 μm。

Δk——沿径向切完一个刀宽后退出，在 Z 向的移动量（无符号值），单位为 μm，其值小于刀宽。

Δd——刀具在槽底的退刀量，用正值指定。如果省略 Z(W) 和 Δk 时，要指定退刀方向的符号。

f——切槽时的进给量。

其中，e 和 Δd 都用地址 R 指定，其意义由地址 Z(W) 决定，如果指定 Z(W) 时，就为 Δd。当指令 Z(W) 时，则执行 G75 循环。

图 2-68 所示为 G75 指令程序段内部参数。

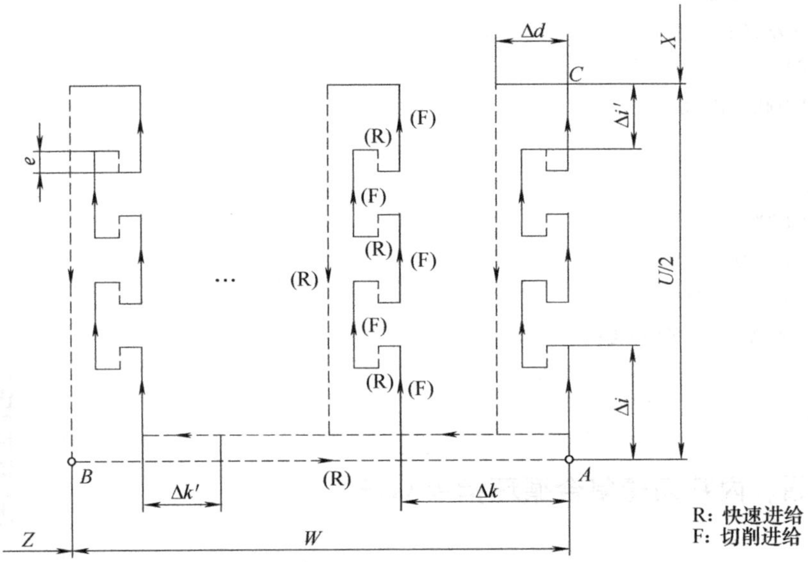

图 2-68　G75 指令程序段内部参数

在编程时，AB 的值为槽宽减去切槽刀宽度的差值。A 点坐标根据刀尖的位置和 W 的方向决定。在程序执行时，刀具快速到达 A 点，因此，A 点应在工件之外，以保证快速进给的安全。从 A 点到 C 点为切削进给，每次切削 Δi（背吃刀量）便快速后退 e 值，以便断屑，最后到达槽底 C 点。在槽底，刀具要纵向移动 Δd，使槽底光滑，但要服从刀具结构，以免折断刀具。刀具退回 A 点后，按 Δk 移动到一个新位置，再执行切削循环。Δk 要根据刀宽确定，直至达到整个槽宽。最后刀具从 B 点快速返回 A 点，整个循环结束。

在数控车床上加工工件时，由于工件做旋转运动，因此在 X 轴方向上无法实现钻孔加工。

G75 切槽循环执行过程如图 2-69 所示。

1）X 轴以 F 指定的速度进给 I 的距离。

2）X 轴快速退回 K 的距离。

3）X 轴以 F 指定的速度进给 $I+K$ 的距离。

4）重复 2)～3) 的过程直到 X 轴进给到 B 点。

5）X 轴快速退回到 A 点。

6）若 Z 不为零，则 Z 轴快速偏移 E 的距离。

7）重复 1)～4) 的过程直到 Z 轴进给到 C 点，X 轴进给到 B 点。

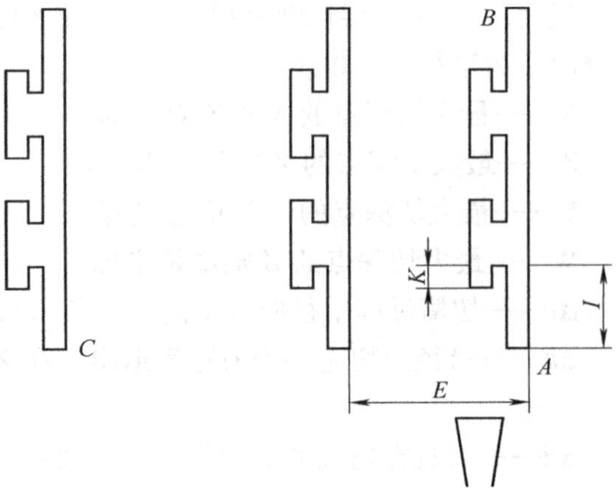

图 2-69　G75 切槽循环执行过程示意图

8）X 轴快速返回 C 点，Z 轴快速返回 A 点。

3. 指令应用示范

【例 2-22】 用 G75 指令编程加工图 2-70 所示零件的径向槽。

备注：零件上 ϕ32mm 的外圆已加工，这里只加工 ϕ26mm×10mm 的外径沟槽。此槽不深但较宽，用宽度为 3mm 的切槽刀，刀位点设在右刀尖。

参考加工程序见表 2-15。

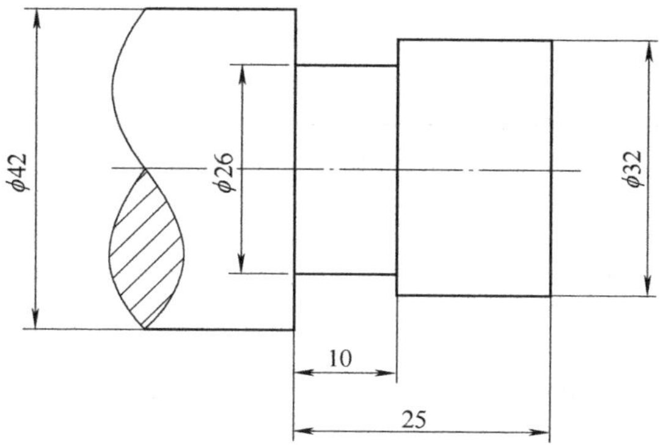

图 2-70　G75 指令实例加工 1

表 2-15　参考加工程序

程　序	注　释
O5016；	程序名
N10 G99 G40 G97；	程序头
N20 M03 S500；	主轴正转，转速为 500r/min
N30 T0202；	换 2 号切槽刀，导入 2 号刀补（刀宽为 3mm）
N40 G00 X45.0 Z-15.0；	快速到达切槽起始点
N50 G75 R0.5；	外径切槽复合循环，指定退刀量 0.5mm
N60 G75 X26.0 Z-22.0 P2000 Q2500 R0 F0.2；	指定槽底、槽宽及加工参数
N70 G00 X100.0；	刀具沿径向快速退出
N80 Z200.0；	刀具沿轴向快速退出
N90 M05；	主轴停止
N100 M30；	主程序结束并返回程序起点

加工说明：在加工过程中，刀具先到达点（X45.0，Z-15.0），G75 运行时，在 Z-15.0 的位置执行一次切槽加工，退回到 X45.0 时，向 Z 轴的负方向移动一个 Q 指定的 Δk（2.5mm）值，再执行一次切槽加工，又退回到 X45.0 时，再向 Z 轴的负方向移动一个 Q 指定的 Δk（2.5mm）值，再执行一次切槽加工，如此循环进行切槽加工，直至达到槽宽后，刀具退回到 X45.0 时，不再进行切槽加工，刀具快速退回到点（X45.0，Z-15.0），整个循环结束。在槽底不执行 Δd，故 $\Delta d=0$。

【例 2-23】 用 G75 指令编程加工图 2-71 所示零件的径向均布槽。

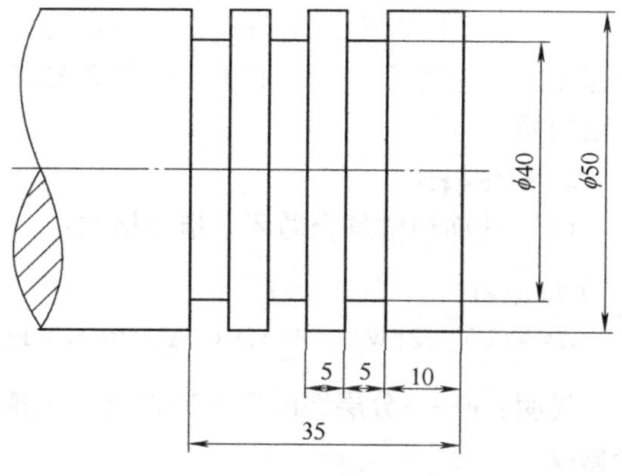

图 2-71　G75 指令实例加工 2

备注：零件上 ϕ50mm 的外圆已加工，这里只加工 3 个宽 5mm、深 5mm 的外径沟槽。此非深槽也非宽槽，选用宽度为 5mm 的切槽刀，刀位点设在右刀尖。

参考加工程序见表 2-16。

表 2-16 参考加工程序

程　序	注　释
O5017；	程序名
N10 G99 G40 G97；	程序头
N20 M03 S500 F0.2；	主轴正转，转速为 500r/min
N30 T0202；	换 2 号切槽刀，导入 2 号刀补（刀宽为 5mm）
N40 G00 X55.0 Z-10.0；	快速到达切槽起始点
N50 G75 R1.0；	外径切槽复合循环，指定径向退刀量 1mm
N60 G75 X40.0 Z-30.0 P2000 Q10000 F0.2；	指定槽底、槽宽及加工参数
N70 G00 X100.0；	刀具沿径向快速退出
N80 Z200.0；	刀具沿轴向快速退出
N90 M05；	主轴停止
N100 M30；	主程序结束并返回程序起点

加工说明：在加工过程中，刀具先到达点（X55.0，Z-10.0），G75 运行时，在 Z-10.0 的位置执行一次切槽加工，退回到 X55.0 时，向 Z 轴的负方向移动一个 Q 指定的 Δk（10mm）值，再执行一次切槽加工，又退回到 X55.0 时，再向 Z 轴的负方向移动一个 Q 指定的 Δk（10mm）值，再执行一次切槽加工，刀具退回到 X55.0，因为此时刀具已到 Z-30.0 的位置，故不再进行切槽加工，刀具快速退回到点（X55.0，Z-10.0），整个循环结束。在槽底不执行 Δk，故 $\Delta k=0$。

七、端面（轴向）车槽循环指令 G74

1. 概述

G74 指令称为端面（轴向）车槽循环指令，该指令可以实现深槽的断屑加工，如果指令程序段中忽略了 X(U) 和 P，只有 Z 轴的移动，则可作为 Z 向啄式钻孔循环，故又称深孔钻削循环指令。

2. 指令格式

（1）端面沟槽复合循环　指令格式：

G74 R(e)；

G74 X(U)__ Z(W)__ P(Δi) Q(Δk) R(Δd) F(f)；

说明：e——分层切削每次退刀量。该值是模态值，在下次指定之前均有效，由程序指令修改。

X——X 向终点绝对坐标。

Z——最大背吃刀量点的 Z 向终点绝对坐标。

U——X 向终点增量坐标。

W——最大背吃刀量点的 Z 向终点增量坐标。

Δi——沿轴向切完一个刀宽后退出，在 X 向的移动量（无符号值），单位为 μm，半径值，其值小于刀宽。

Δk——切槽过程中轴向（Z 向）的切入量，单位为 μm。

Δd——刀具在槽底的退刀量，用正值指定（可按默认值）。如果省略 X(U) 和 Δk 时，要指定退刀方向的符号。

f——切槽时的进给量。

其中，e 和 Δd 都用地址 R 指定，其意义由地址 X(U) 决定，如果指定 X(U) 时，就为 Δd。当指令 X(U) 时，则执行 G74 循环。

G74 指令程序段内部参数如图 2-72 所示。在编程时，AB 的值为槽宽减去切刀宽度的差值。A 点坐标根据刀尖的位置和 U 的方向决定。在程序执行时，刀具快速到达 A 点，因此，A 点应在工件之外，以保证快速进给的安全。从 A 点到 C 点为切削进给，每次切削 Δk 后便快速后退 e 值，以便断屑，最后到达 C 点。在槽底，刀具要横移，但要服从刀具结构，以免折断刀具。刀具退回 A 点后，按 Δi 移动一个新位置，再执行切削循环。Δi 要根据刀宽确定，直至达到整个槽宽。最后刀具从 B 点快速返回 A 点，整个循环结束。

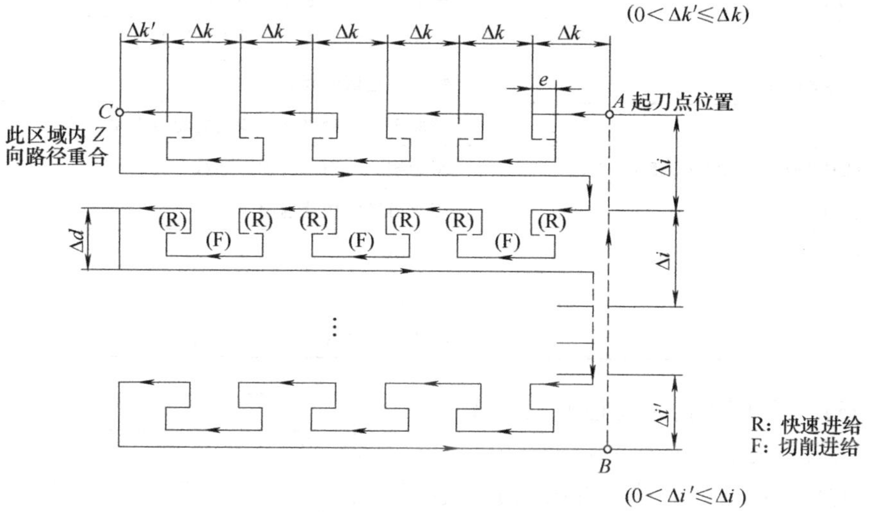

图 2-72　G74 指令程序段内部参数

走刀路线分析：刀具进行端面切槽时，以 Δk 的背吃刀量进行轴向切削，然后回退 e 的距离，方便断屑，再以 Δk 的背吃刀量进行轴向切削，再回退 e 的距离，如此往复，直至到达指定的槽深度；刀具逆槽宽加工方向移动一个退刀距离 Δd，并沿轴向回到初始加工的 Z 向坐标位置，然后沿槽宽加工方向刀具移动一个距离 Δi，进行第二次槽深方向加工，如此往复，直至达到槽终点坐标。

（2）啄式钻孔循环　指令格式：

```
G74 R(e)__;
G74 Z(W)__ Q(Δk) F(f);
```

说明：e——每次啄式退刀量。

Z——Z 向终点的绝对坐标。

W——Z 向终点的增量坐标（孔深）。

Δk——Z 向每次的切入量（啄式钻孔的深度），单位为 μm。

f——啄式钻孔时的进给量。

3. 指令应用示范

【例 2-24】 用 G74 指令编程加工图 2-73 所示零件的端面槽（端面车槽循环）。

备注：此例只编写在零件的端面上加工宽度为 25mm、深度为 10mm 的端面槽程序。刀位点设在右刀尖，刀宽为 4mm。用 G74 指令编程，参考加工程序见表 2-17。

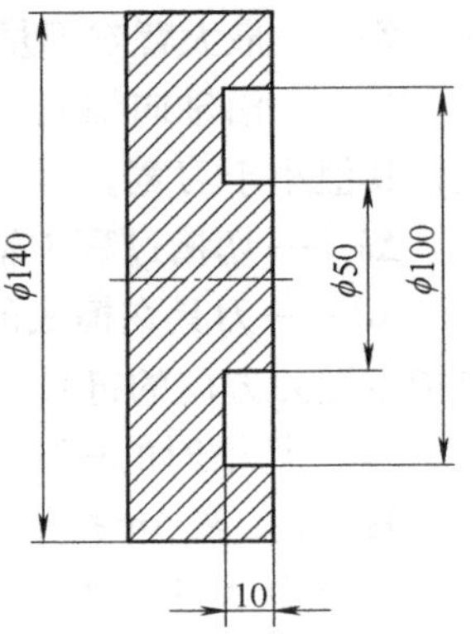

图 2-73　G74 指令加工实例 1

表 2-17　参考加工程序

程　序	注　释
O5014；	程序名
N10 G99 G40 G97；	程序头
N20 M03 S400 F0.2；	主轴正转，转速为 400r/min
N30 T0404；	换 4 号端面切槽刀，导入 4 号刀补
N40 G00 X50.0 Z3.0；	快速到达切槽起始点
N50 G74 R1.0；	端面沟槽复合循环，指定退刀量 1mm
N60 G74 X92.0 Z-10.0 P2000 Q3500 F0.2；	指定槽底、槽宽及加工参数
N70 G00 Z150.0；	刀具沿轴向快速退出
N80 X100.0；	刀具沿径向快速退出
N90 M05；	主轴停止
N100 M30；	主程序结束并返回程序起点

【例 2-25】 用 G74 指令编程加工图 2-74 所示零件的端面孔（啄式钻孔循环）。

备注：此例只编写在零件的端面上加工直径为 12mm、有效深度为 70mm 的孔加工程序。其中工件的端面和中心孔已加工。参考加工程序见表 2-18。

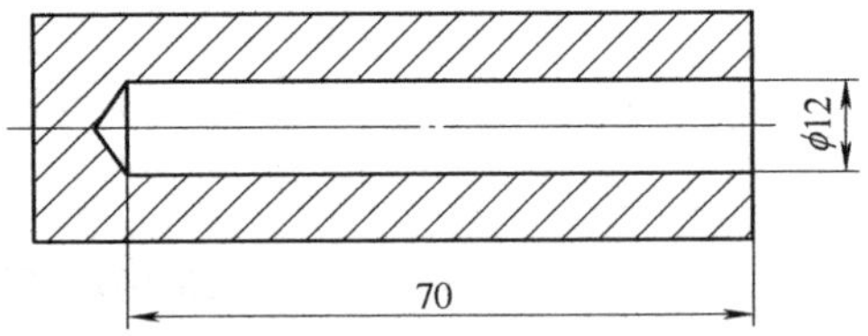

图 2-74　G74 指令加工实例 2

表 2-18　参考加工程序

程　序	注　释
O5015；	程序名
N10 G99 G40 G97；	程序头
N20 M03 S400 F0.2；	主轴正转，转速为 400r/min
N30 T0606；	换直径为 ϕ12mm 的麻花钻
N40 G00 X0 Z3.0；	快速到钻孔起点

（续）

程　序	注　释
N50 G74 R1.0;	啄式钻孔循环，指定退刀量 1mm
N60 G74 Z-80.0 Q5000 F0.2;	指定孔加工参数
N70 G00 Z150.0;	轴向快速退刀
N80 X100.0;	径向快速退刀
N90 M05;	主轴停止
N100 M30;	主程序结束并返回程序起点

任务五　子程序调用

机床的加工程序有主程序和子程序两种。所谓主程序是一个完整的零件加工程序，或是零件加工程序的主体部分，它和加工零件的要求相对应。编程时，不同的零件或不同的加工要求，都有唯一的主程序。

在编制程序时，有时会遇到一个工件上有多处相同的加工内容（即一个零件中有几处形状相同，或刀具运动轨迹相同），这时为了简化程序的编制，可把相同的加工内容单独编成一组程序段加以命名，这组程序段就称为子程序。子程序存储在数控系统中，不可以作为单独的加工程序使用，但可以被主程序反复调用，完成加工中的局部动作。子程序执行结束后，能自动返回主程序中。

1. 子程序的调用格式

（1）子程序的格式　在大多数数控系统中，子程序与主程序并无本质区别。子程序和主程序在程序名及程序内容的编写方面基本相同，但是结束标记不一样。主程序用 M30 或 M02 表示主程序结束，而子程序则用 M99 表示程序结束，并实现自动返回到主程序功能。子程序的格式如下：

```
O1001;
G00 W-14.0;
G01 X20.0;
……;
M99;
```

2. 子程序的调用

在 FANUC 0i 系统中，调用子程序的编制格式如下。

（1）子程序调用格式一　子程序调用格式一如下所示：

```
M98 P×××× L××××;
```

其中，P 后面四位数字为子程序名，L 后面四位数字表示调用的次数，当 L 省略时为调用一次。例如：

```
M98 P1001 L3        （表示调用 1001 号子程序 3 次）
M98 P1001           （表示调用 1001 号子程序 1 次）
```

（2）子程序调用格式二　子程序调用格式二如下所示：

M98 P△△△△××××；

其中，P后面8位数字用来表示子程序调用情况，其中前4位为调用次数，后4位为所调用的程序号。当前4位省略时，表示子程序调用一次。例如：

M98 P31001　　　（表示调用1001号子程序3次）
M98 P1001　　　（表示调用1001号子程序1次）

（3）子程序的执行　子程序和主程序的执行过程如图2-75所示。

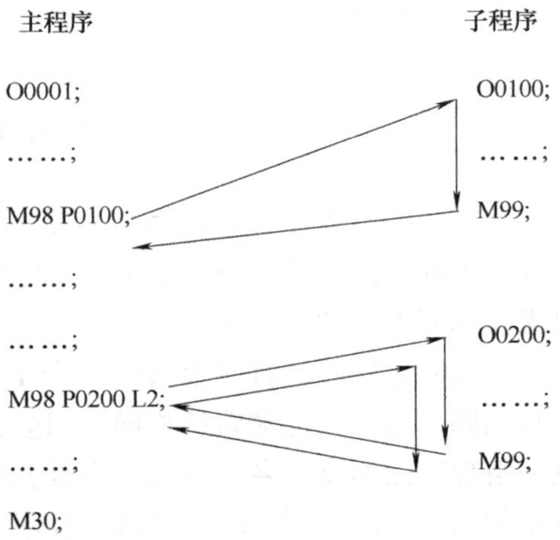

图2-75　子程序和主程序的执行过程

（4）子程序调用的特殊用法

1）子程序返回到主程序的某一程序段。如果在子程序的返回程序段中加上Pn，则子程序在返回主程序时将返回到主程序中顺序号为n的程序段。其程序段格式如下：

M99 Pn;

例如：M99 P200；表示返回到主程序的N200段。

2）自动返回到程序头。如果在主程序中执行M99指令，则程序将返回到主程序的开头并将继续执行程序。也可以在主程序中插入M99 Pn，用于返回到指定的程序段。为了能够执行后面的程序，通常在该指令前加“/”，以便在不需要返回执行时，跳过该程序段。

3）强制改变子程序重复执行的次数。用M99 L××××指令可强制改变子程序重复执行的次数，其中L××表示子程序调用次数。例如，如果主程序使用M98 P101001，而子程序采用M99 L3返回，则重复执行1001号子程序3次。

3. 子程序的嵌套

子程序也可以嵌套使用，即子程序中再调用另外的子程序，如图2-76所示。

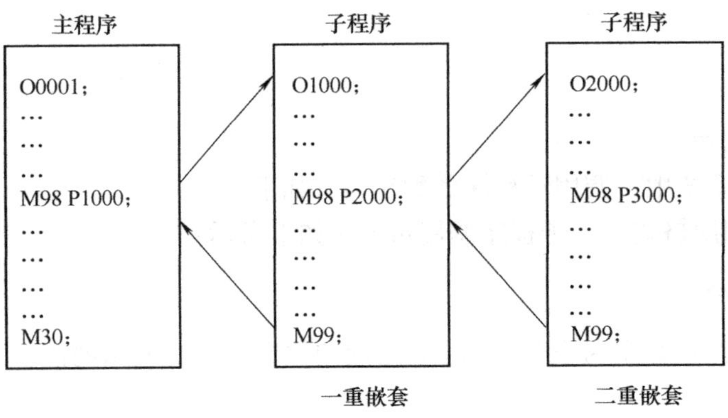

图2-76　子程序的嵌套

4. 指令应用示范

如图 2-77 所示，该零件材料为 45 钢，毛坯尺寸为 ϕ40mm×90mm。

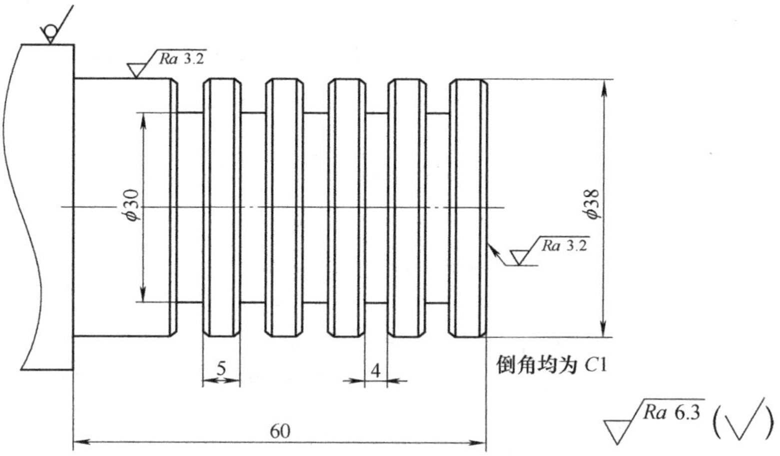

图 2-77　多槽轴零件图

（1）图样分析　由图 2-77 可知，该零件为带沟槽的轴类零件，其中外圆尺寸为 ϕ38mm，表面粗糙度 *Ra* 值为 3.2μm；零件上共有 5 个槽，尺寸为 ϕ30mm×4mm，间隔 5mm，槽口要求有 *C*1 倒角，精度要求不高。零件的毛坯材料为 45 钢，尺寸为 ϕ40mm×90mm。

（2）夹具选择　该零件为带外沟槽的轴类零件，可以选用数控车床通用夹具自定心卡盘进行装夹。

（3）刀具准备　该零件的外圆及端面用 93°外圆车刀进行加工，槽选用 4mm 宽的切槽刀进行加工。

（4）量具准备　0~150mm 钢直尺一把，用于测量工件长度；0~150mm 游标卡尺一把，用于测量槽的尺寸；25~50mm 外径千分尺一把，用于测量外圆尺寸。

（5）编制加工工艺

1）车右端面。

2）外圆粗车。

3）外圆精车。

4）加工五处 ϕ30mm×4mm 槽。

由于槽精度要求不高，故可用切槽刀直进法一次车削成形，两侧 *C*1 倒角可用切槽刀左右两个刀尖直接车削完成。经分析，完成一个槽的加工需要经过切槽、右侧倒角和左侧倒角三个阶段，如图 2-78 所示。

切槽阶段包括三个动作：刀具从上一个槽结束点 *A'* 进入 *A* 点、由 *A* 点车槽到 *B* 点、从 *B* 点退刀回到 *A* 点，如图 2-78a 所示。右侧倒角阶段包括三个动作：从 *A* 点进刀到 *C* 点、从 *C* 点车右侧倒角至 *D* 点、从 *D* 点退刀回 *A* 点，如图 2-78b 所示。左侧倒角阶段包括三个动作：从 *A* 点进刀至 *E* 点、从 *E* 点车左侧倒角至 *D* 点、从 *D* 点退刀回 *A* 点，如图 2-78c 所示。

（6）坐标计算　根据工艺安排，刀具车槽的起点 *A* 可设定在 ϕ40mm 处，由图 2-78 可知：槽的起点 *A* 相对上一个槽的结束点 *A'* 的增量坐标为（0，W−9），*C* 点相对 *A* 点的增量坐标为（0，W1），*D* 点相对 *C* 点的增量坐标为（U−6，W−1），*E* 点相对 *A* 点的增量坐标为

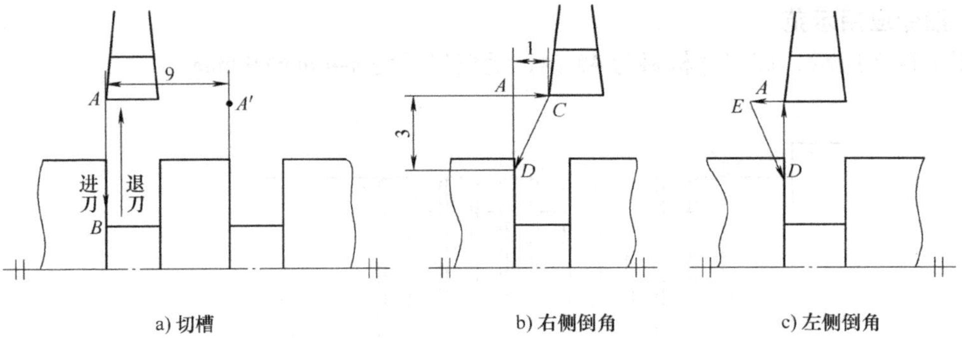

图 2-78　槽的加工过程

(0，W−1)，*D* 点相对 *E* 点的增量坐标为（U−6，W1）。

（7）编制加工程序　根据工艺分析与坐标计算的结果，参考加工程序见表 2-19。

表 2-19　参考加工程序

程　　序	注　　释
O0041;	主程序名
N10 G40 G97 G99;	程序初始化
N20 M03 S800 T0101;	主轴正转，转速 800r/min，选择外圆车刀
N30 G00 X42.0 Z2.0;	快速进刀至循环初始点
N40 G90 X38.5 Z−60.0 F2.0;	外圆粗车
N50 G00 S1200;	取消 G90 固定循环，并设定精车转速为 1200r/min
N60 G00 X32.0 Z2.0;	快速进刀
N70 G01 X38.0 Z−1.0 F0.1;	倒角
N80 Z−60.0;	车 ϕ38mm 至 60mm 长度
N90 X42.0;	*X* 方向退刀
N100 G00 X150.0 Z2.0;	刀具回换刀点
N110 S400 T0202;	转速换回 400r/min，选择切槽刀
N120 G00 X40.0 Z0.0;	进刀至子程序循环的起点
N130 M98 P56012;	调用 5 次子程序 O6012，完成 5 处槽的加工
N140 G00 X150.0 Z2.0;	快速退刀
N150 M05;	主轴停止
N160 M30;	程序结束
N170 O6012;	子程序名
N180 G00 W−9.0;	*Z* 向快速进刀至车槽起点 *A*
N190 G01 X30.0 F0.05;	车槽至 *B* 点
N190 G00 X40.0;	退刀回 *A* 点
N200 W1.0;	进刀至 *C* 点
N210 G01 U−6.0 W−1.0;	右侧倒角至 *D* 点
N220 U6.0;	退刀回 *A* 点
N230 W−1.0;	进刀至 *E* 点
N240 U−6.0 W1.0;	左侧倒角至 *D* 点
N250 U6.0;	退刀回 *A* 点
N260 M99;	子程序结束并返回主程序

项目三　轴类零件的加工编程

【背景导入】

数控车削加工主要零件为轴类回转体零件，熟悉和掌握轴类零件的加工是学习数控车削必备技能之一。

【课程重点】

1）掌握轴类零件车削技能。

2）掌握零件图样的标注。

3）培养学生质量意识，加工出合格的零件。

【建议学时】

课堂学时：4 学时。

任务六　轴类零件的加工

一、数控车削常用夹具和刀具

1. 确定装夹方案及定位基准

数控车床上零件的安装方法与普通车床一样，要尽量选用已有的通用夹具装夹，且应注意减少装夹次数，尽量做到在一次装夹中能把零件上所有要加工表面都加工出来。零件的定位基准应尽量与设计基准重合，以减少定位误差对尺寸精度的影响。

2. 夹具选择

数控车削常用的夹具为卡盘，有自定心卡盘（图 3-1）和单动卡盘（图 3-2）在夹持大直径的工件时，要用到多爪卡盘，图 3-3 所示就是常见的八爪卡盘。

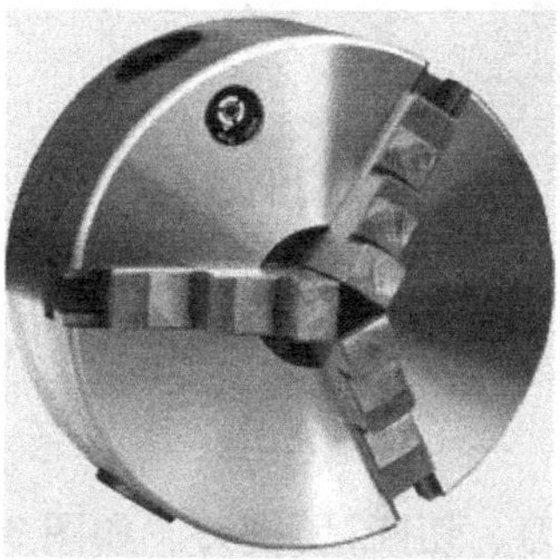

图 3-1　自定心卡盘

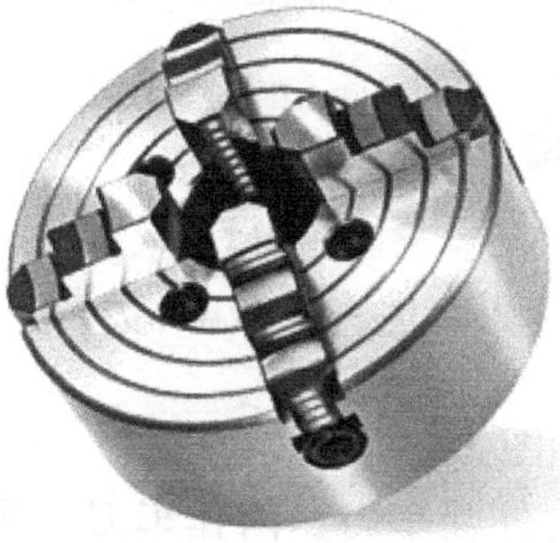

图 3-2　单动卡盘

图 3-3　八爪卡盘

3. 数控车削常用刀具选用

数控车削主要是加工轴类、盘类等回转体零件的。通过数控加工程序的运行，它能自动完成内外圆柱面、圆锥面、圆弧面或非圆弧曲线轮廓面、端面和螺纹等的切削加工，并能进行车槽、钻孔、镗孔、扩孔、铰孔等加工。此外，数控车削中心还可以在一次装夹中完成更多的加工工序，包括钻、铣、攻螺纹等。数控车床上的各种加工方法如图 3-4 所示。

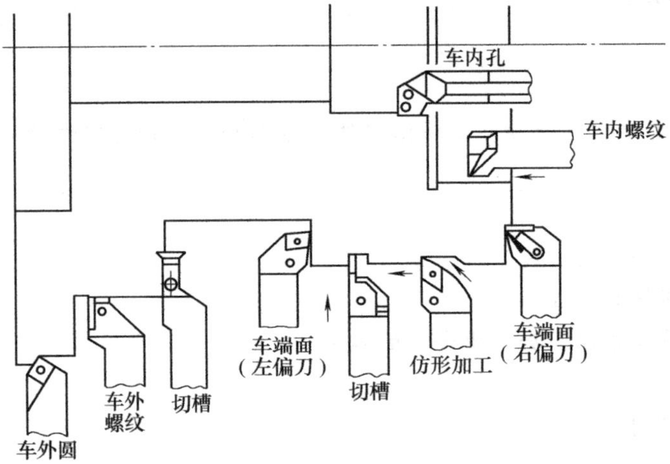

图 3-4　数控车床上的各种加工方法

（1）常用车刀　常用车刀如图 3-5 所示。

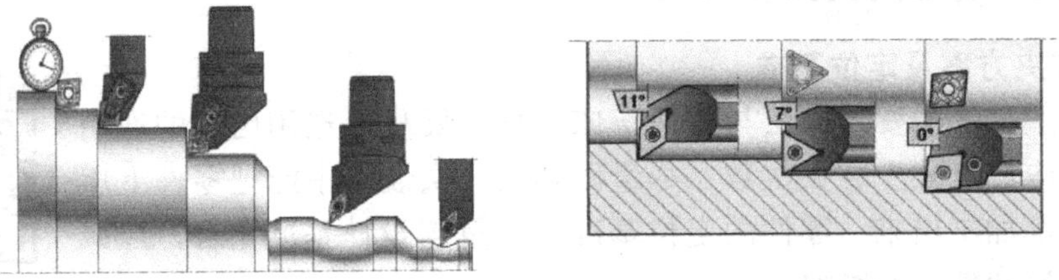

a) 外圆车刀　　b) 内孔车刀

c) 螺纹车刀

图 3-5　常用车刀

（2）钻削刀具　钻削刀具如图 3-6 所示。

（3）车刀分类　车刀可分为外圆车刀、内孔车刀、螺纹车刀、切断/切槽刀，如图 3-7 所示。

（4）外圆车刀

1）主偏角 $\kappa_r=95°$ 的外圆车刀，如图 3-8 所示。该外圆车刀主要用于外圆及端面的半精加工及精加工，其刀片为菱形，通用性好。

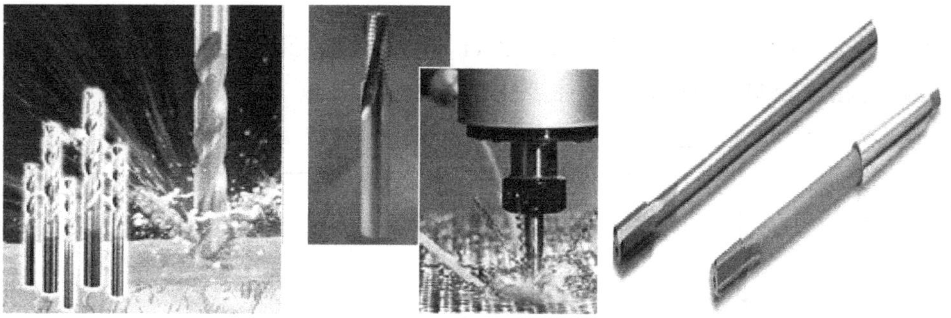

a) 钻头　　b) 丝锥　　c) 铰刀

图 3-6　钻削刀具

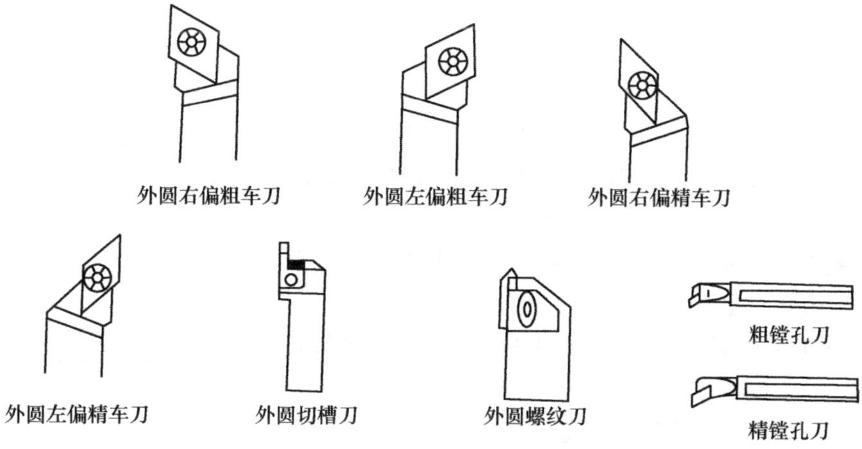

图 3-7　车刀的分类

2）主偏角 $\kappa_r=45°$ 的外圆车刀，如图 3-9 所示。该外圆车刀主要用于外圆及端面车削，主要用于粗车，其刀片为正方形，所以可以转位八次，经济性好。

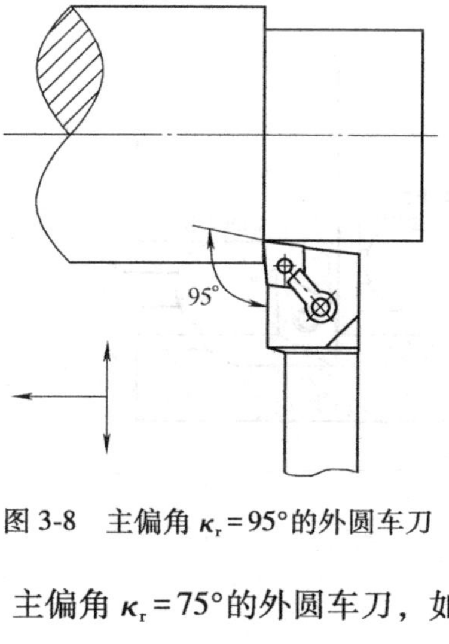

图 3-8　主偏角 $\kappa_r=95°$ 的外圆车刀

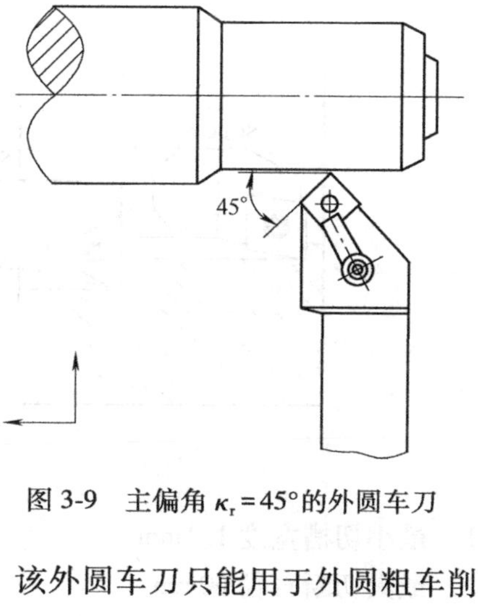

图 3-9　主偏角 $\kappa_r=45°$ 的外圆车刀

3）主偏角 $\kappa_r=75°$ 的外圆车刀，如图 3-10 所示。该外圆车刀只能用于外圆粗车削，为

MCLNR 车刀刀片的补充应用。

4）主偏角 $\kappa_r=93°$ 的外圆车刀，如图 3-11 所示。该外圆车刀刀片为 D 形，刀尖角为 55°，刀尖强度相对较弱，所以该车刀主要用于仿形精加工。

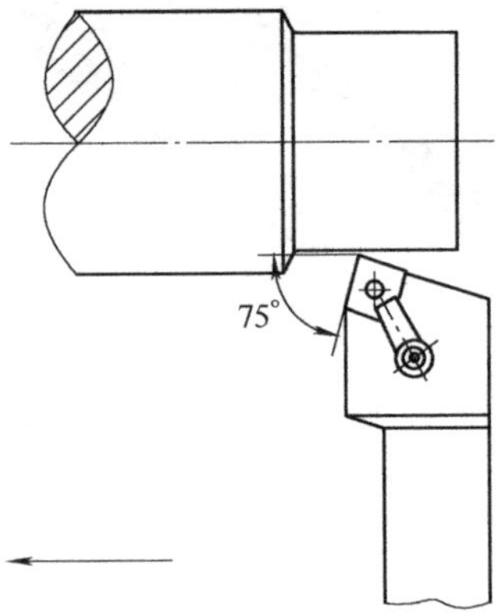

图 3-10　主偏角 $\kappa_r=75°$ 的外圆车刀

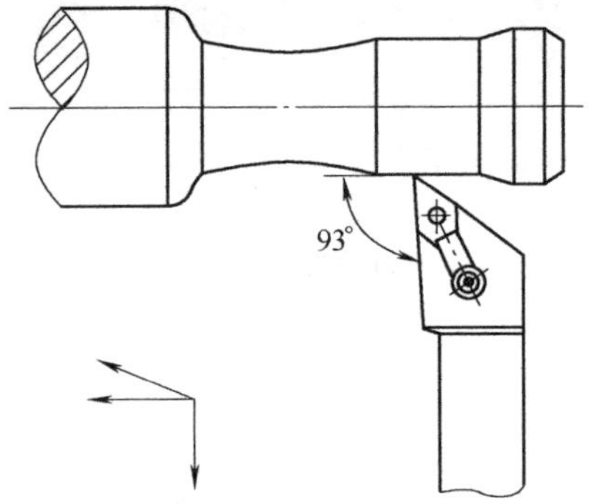

图 3-11　主偏角 $\kappa_r=93°$ 的外圆车刀

5）主偏角 $\kappa_r=90°$ 的外圆车刀，如图 3-12 所示。该外圆车刀只能用于外圆粗、精车削，其刀片为三角形，切削刃较长，刀片可以转位六次，经济性好。

（5）内孔车刀　通常根据不同的切削方式选择内孔车刀的形式与主偏角，如图 3-13 所示。

（6）螺纹车刀　螺纹车刀如图 3-14 所示。螺纹车刀的特点如下：

1）可加工出包括牙顶在内的完整螺纹牙型。

2）保证了正确的大径和小径。

3）在车削螺纹前，毛坯不需车削，车后不需去毛刺。

（7）切断/切槽刀　切断/切槽刀包括 QZQ、QZSR、QZS 和 QT 四大系列，如图 3-15 所示。切断/切槽刀的特点如下：

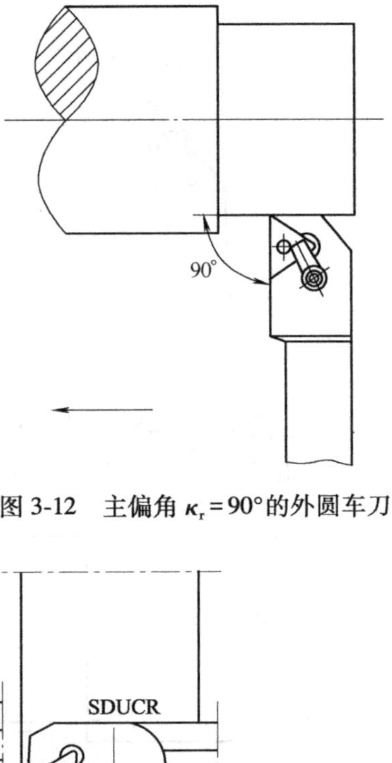

图 3-12　主偏角 $\kappa_r=90°$ 的外圆车刀

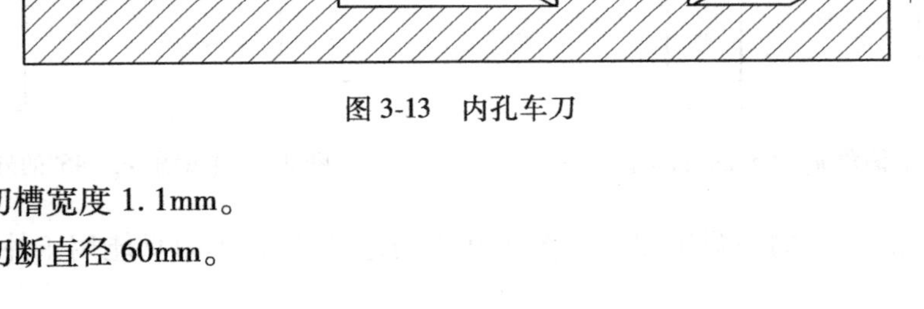

图 3-13　内孔车刀

1）最小切槽宽度 1.1mm。

2）最大切断直径 60mm。

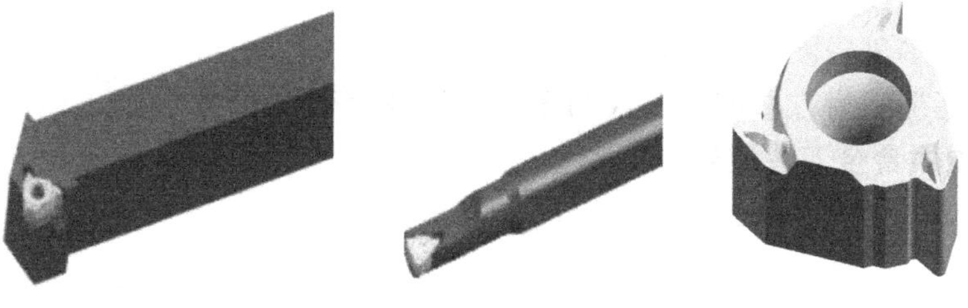

a) 外螺纹车刀　　b) 内螺纹车刀　　c) 刀头

图 3-14　螺纹车刀

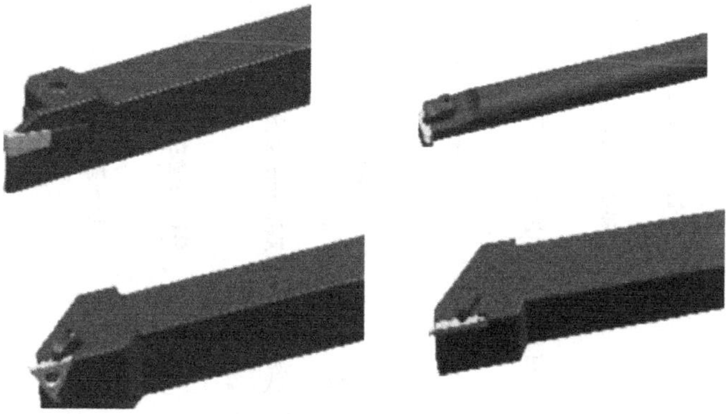

图 3-15　切断/切槽刀

3）左刀、右刀可任意选择。

（8）外圆切断刀　外圆切断刀如图 3-16 所示。外圆切断刀的特点如下：

图 3-16　外圆切断刀

1）刀具中心高规格有 20mm、25mm 和 32mm。

2）最大切断直径 120mm。

3）最小切宽 2.5mm。

4）刀片规格有 2.5mm、3mm、4mm、5mm 和 6mm。

4. 数控车削用刀具的特点

1）刀片、刀杆精度高并采用微调刀杆，提高了刀具精度。

2）结构可靠，断屑稳定。

3）换刀迅速，提高了加工效率

4）刀片材料多采用硬质合金和涂层材料。

5）刀杆截面形状为方形或圆形（与车床刀架系统有关）。

5. 可转位硬质合金刀片型号

可转位硬质合金刀片的型号如图 3-17 所示。

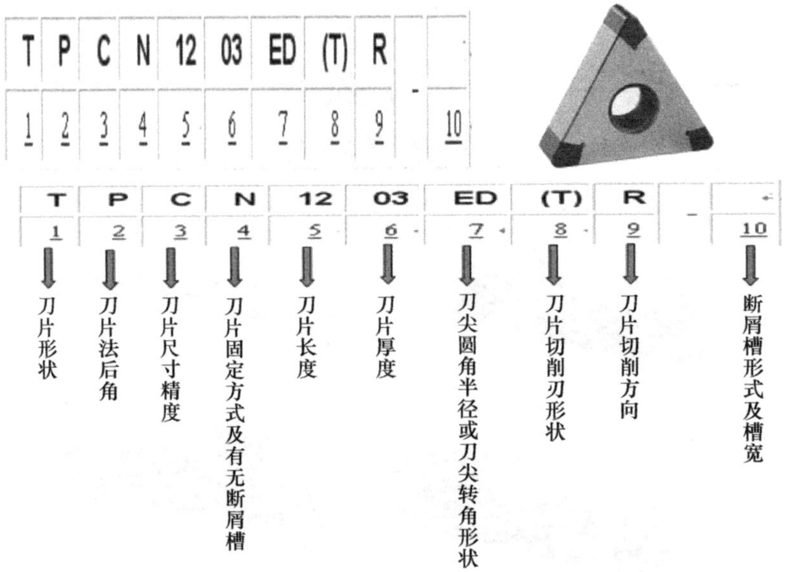

图 3-17　可转位硬质合金刀片的型号

6. 机夹可转位硬质合金刀片的选择

（1）刀片的夹紧方式

1）杠杆式。杠杆式夹紧定位精度高，切屑流出顺畅，故常用。

2）螺钉夹紧。

（2）刀片形状的选择

1）选择原则：刀尖角越大，刀尖强度越大，所以粗加工和大余量切削时选用大刀尖角刀具；精加工和小余量切削时选用小刀尖角刀具。

2）刀片形状选择：粗加工时选用刀片形状代号为 S、C、W，精加工时选用刀片形状代号为 D、V，仿形加工选用刀片形状代号为 R，90°主偏角采用 T 型刀片。

（3）刀片后角的选择

1）选择原则：刀具后角大小会影响刀具头部强度，并影响加工表面粗糙度，选择后角主要考虑加工性质、切屑形状及工件材料等因素，所以粗加工、半精加工选小后角，精加工用大后角，铸铁、碳钢（强度、硬度高）材料宜选用小后角，不锈钢及铝合金（塑性材料）用大后角，以保证精度。

2）后角选择：粗加工选用刀片后角代号为 N（0°），精加工一般材料选用刀片后角代号为 P（11°）和 C（7°）。

（4）左、右手刀柄的选择　主要由三个方面进行选择：①看刀架是前置还是后置；②看前刀面是朝上还是朝下；③看进给方向是从右到左，还是从左到右。若前置刀架、前刀面朝上、进给方向从右到左就选 R 型刀柄。

（5）刀尖圆弧半径的选择　车刀刀尖圆弧半径主要影响切削效率、刀尖强度、被加工表面粗糙度及表面精度，小余量、小进给量精车采用小刀尖圆弧半径；反之，采用大刀尖圆弧半径。

粗加工时为提高加工效率，允许大进给量，应采用大刀尖圆弧半径；精加工时为保证加工质量，应采用小刀尖圆弧半径。

（6）断屑槽形状的选择

1）断屑槽的形状类型：基本槽形按加工类型有精加工（F）、普通加工（M）和粗加工（R）。

2）断屑槽的选择：深切削时切削易断但强度小，断屑槽的形状一方面影响断屑效果，同时也影响切削刃强度，随着从粗加工到精加工变化，切削力显著减小，强度也减小，所以断屑槽选择时要依据工件材料、切削条件分别进行选择。

7. 数控车削用刀具型号与应用

数控车削用刀具型号与应用如图 3-18 所示。

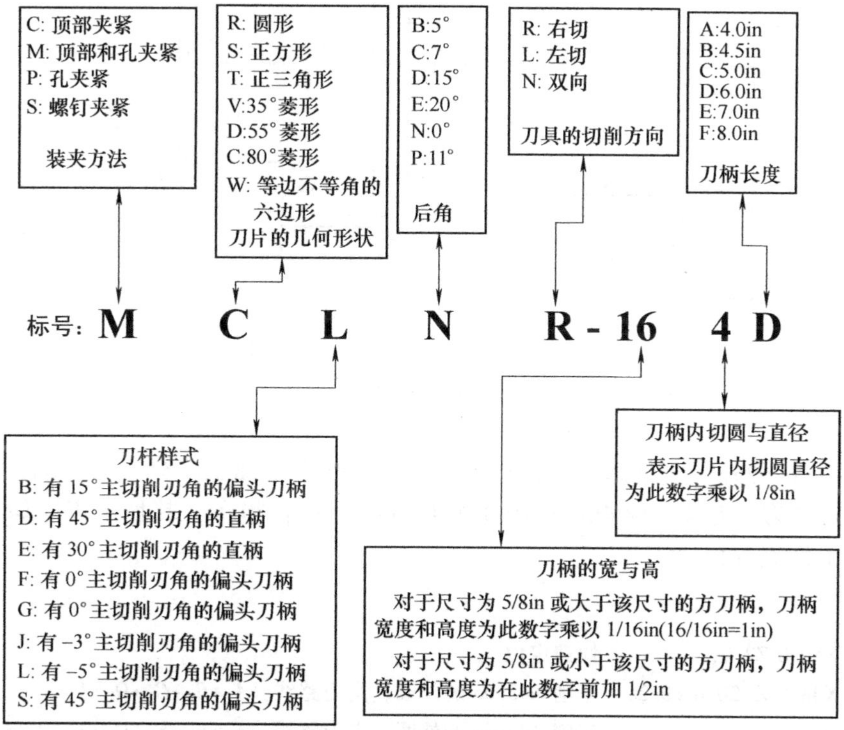

图 3-18　数控车削用刀具型号与应用（1in＝25.4mm）

二、外圆与端面加工

1. 外圆切削

外圆切削如图 3-19 所示。

编程实例：如图 3-20 所示，用 G90 指令粗车零件上 ϕ40mm 的圆柱面，一共分 3 刀车削。

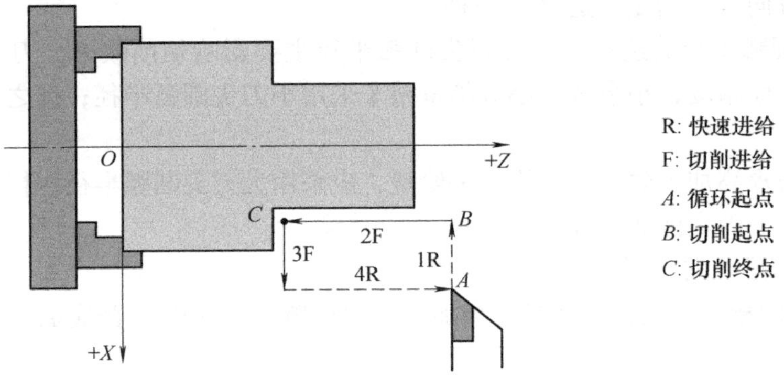

图 3-19　外圆切削

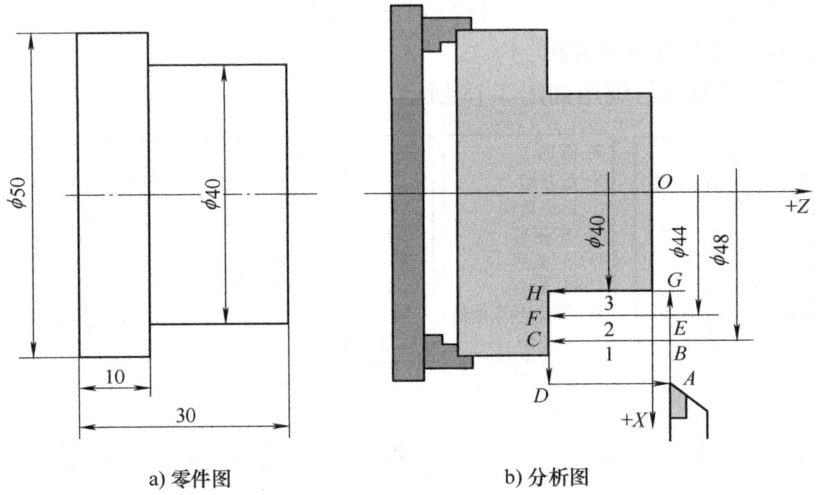

图 3-20　外圆切削加工实例

加工 ϕ40mm 的外圆要车掉 10mm 的余量，用 G90 指令加工将分 3 刀车削，第 1 刀车掉 2mm，第 2 刀和第 3 刀各车掉 4mm；用 3 个 G90 指令进行粗车，其加工程序如下（设右端面中心点为工件原点）：

```
……;
N40 G00 X50.0 Z2.0;              快速定位
N50 G90 X48.0 Z-20.0 F0.2;       车削 ϕ48mm 的外圆，走刀路线：A→B→C→D→A
N60 X44.0;                       车削 ϕ44mm 的外圆，走刀路线：A→E→F→D→A
N70 X40.0;                       车削 ϕ40mm 的外圆，走刀路线：A→G→H→D→A
……;
```

2. 端面切削

（1）端面切削循环　端面切削循环如图 3-21 所示。

端面切削循环指令格式：

G94 X(U)__ Z(W)__ F__;

X、Z——绝对值编程时，切削终点坐标值。

U、W——增量值编程时，切削终点相对于循环起点的有向距离。

F——合成进给速度。

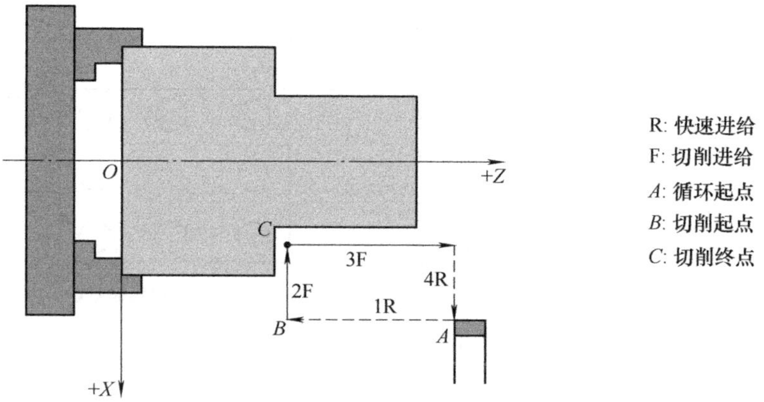

图 3-21　端面切削循环

（2）编程实例　如图 3-22 所示，用 G94 指令粗车零件上 ϕ30mm 的圆柱面，一共分 3 刀车削。

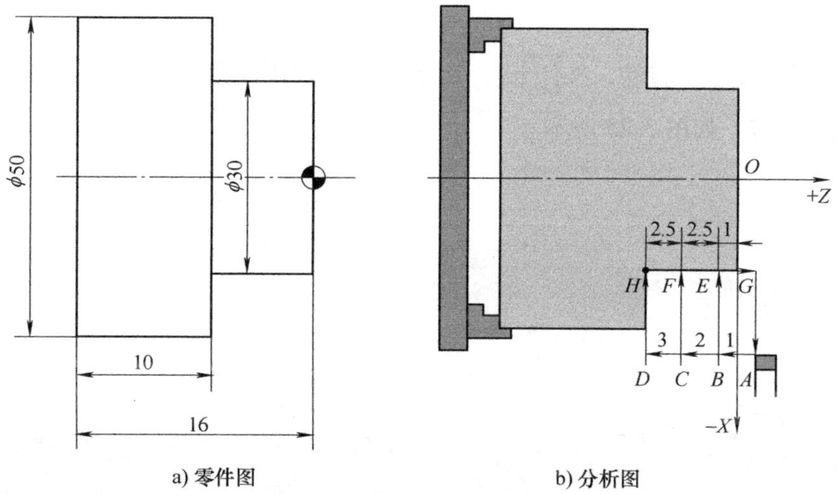

图 3-22　端面切削加工实例

加工 ϕ30mm 的外圆时长度方向要车掉 6mm 的余量，用 G94 指令加工将分 3 刀车削，第 1 刀车掉 1mm，第 2 刀和第 3 刀各车掉 2. 5mm；用 3 个 G94 指令进行粗车，其加工程序如下（设右端面中心点为工件原点）：

```
……;
N20 G00 X52.0 Z1.0;              快速定位
N30 G94 X30.0 Z-1.0 F0.3;        走刀路线：A→B→E→G→A
N40 X30.0 Z-3.5;                 走刀路线：A→C→F→G→A
N50 X30.0 Z-6.0;                 走刀路线：A→D→H→G→A
……;
```

3. 刀具偏置

（1）刀具偏置的应用　刀具位置补偿如图 3-23 所示。

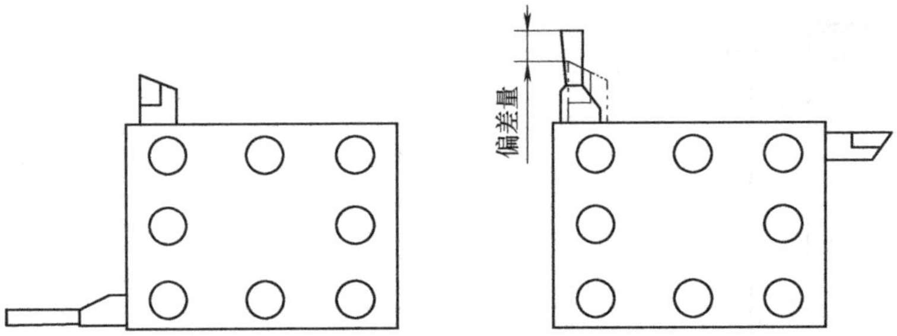

a) 刀具安装位置　　b) 两把刀的位置偏差量

图 3-23　刀具位置补偿

（2）刀具偏置的步骤

1）在工作方式处按JOG键进入手动方式，确保回零按键没有被按下。单击 MDI 键盘的POS键，此时显示屏上显示坐标值，按坐标轴移动键X↑ Z← ∿ →Z X↓，将刀具移到工件附近，如图 3-24 所示。

2）按正转键，使主轴转动，按-Z键，用所选刀具切削工件外圆。沿“+Z”方向退刀。按停止键，主轴停转，如图 3-25 所示。

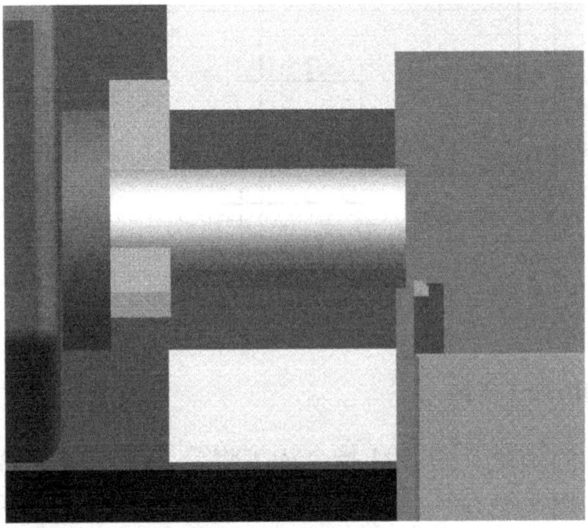

图 3-24　移动刀具

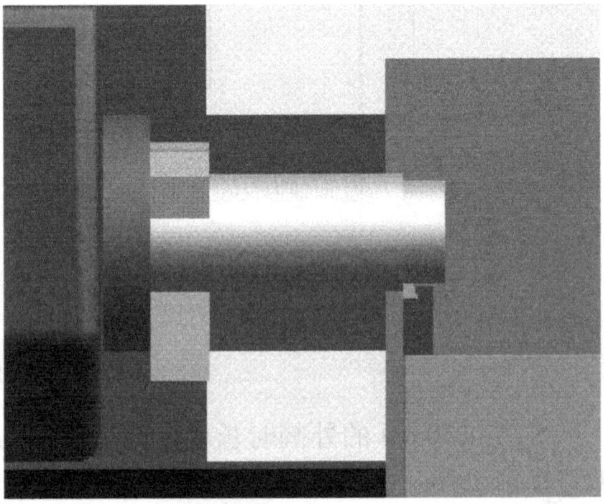

图 3-25　车削工件外圆

3）在主菜单栏中选择“测量”选项，弹出“圆弧半径保留”对话框，提示“是否保留半径小于 1 的圆弧?”，如图 3-26 所示。单击“否”按钮，弹出“车床工件测量”对话框，单击外圆加工部位，选中部位变色并显示出实际尺寸；同时，对话框下侧相应尺寸参数变为蓝色亮条显示，如图 3-27 所示。

4）单击编辑面板 MDI 键盘上的OFFSET SETTING键，进入刀具补正界面，单击显示屏内下端“形状”

图 3-26　“圆弧半径保留”对话框和信息提示

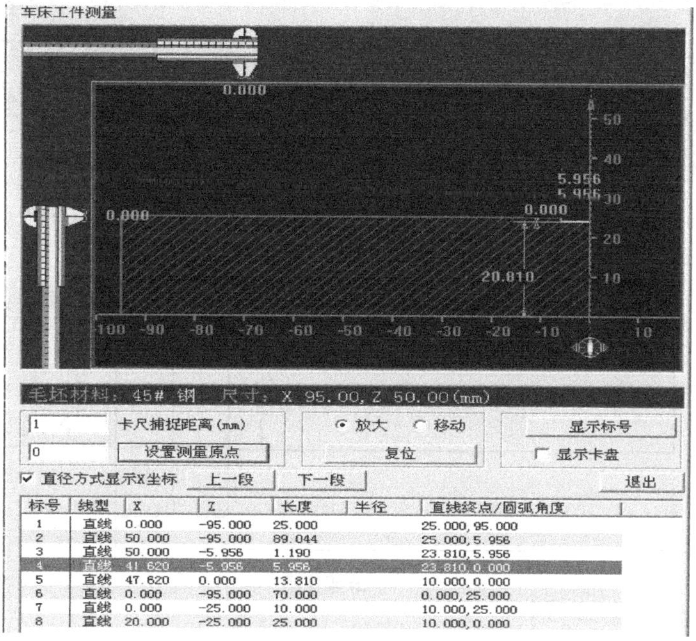

图 3-27　尺寸参数显示

软键，进入刀具补正界面，如图 3-28 所示。

5）单击坐标轴移动键，使光标移到 01 位置，在控制面板上输入 *X* 轴尺寸 X41.62，按下［测量］软键，系统自动换算出 *X* 轴相应坐标值；输入 *Z* 轴尺寸 Z-5.956，按下［测量］软键，系统自动换算出 *Z* 轴相应坐标值，如图 3-29 所示。

三、台阶轴加工

1. 台阶轴加工工艺分析

台阶轴如图 3-30 所示。

（1）工艺分析

1）加工工艺分析。

① 编程原点的确定。

② 制订加工路线。

2）工件的装夹，如图 3-31 所示。

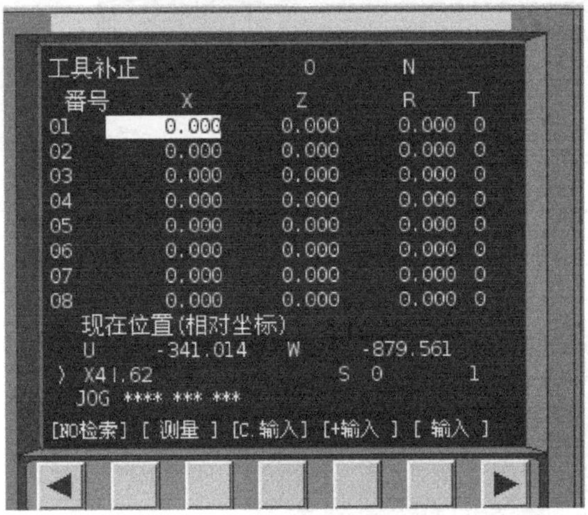

图 3-28　刀具补正界面

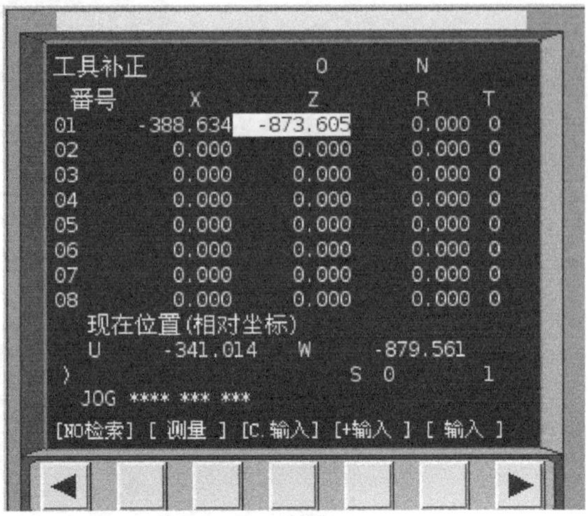

图 3-29　T01 刀具补偿输入界面

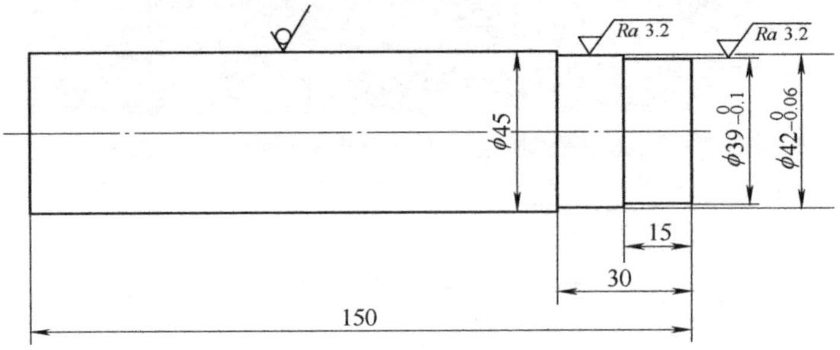

a) 零件图

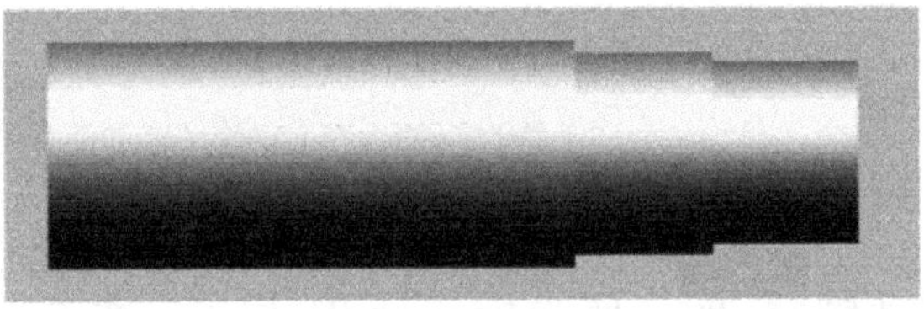

b) 实物图

图 3-30　台阶轴

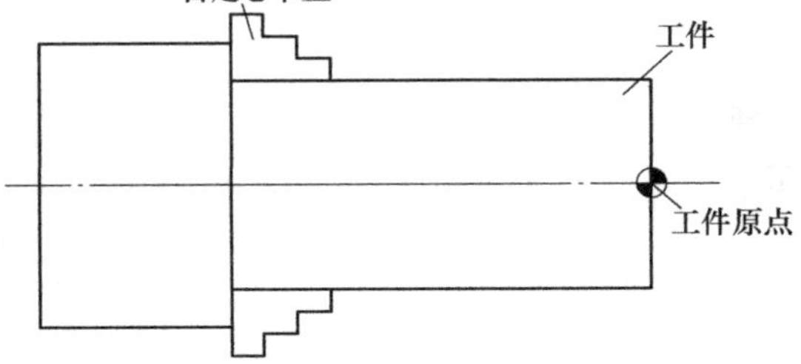

图 3-31　工件的装夹

（2）填写工艺卡片

1）确定加工工艺，填写数控加工工艺卡，见表 3-1。

表 3-1　数控加工工艺卡

工序	名称	工艺要求		操作者	备注
1	下料	ϕ45mm×151mm			
2	数控车	工步	工步内容	刀具号	
		1	车端面	T01	
		2	车 $\phi42_{-0.06}^{0}$mm 的外圆	T02	
		3	车 $\phi39_{-0.1}^{0}$mm 的外圆	T02	
3	检验				

2）切削用量及刀具选择，见表 3-2。

表 3-2　切削用量及刀具选择

刀具号	刀具	数量	加工内容	主轴转速 /(r/min)	进给速度 /(mm/r)	备注
T01	45°外圆车刀	1	车端面	500	0.1	
T02	90°外圆车刀	1	车工件外轮廓	600	0.1	

（3）编写加工程序　台阶轴的加工程序见表 3-3。

表 3-3　台阶轴的加工程序

程　序	说　明
O0001;	程序号
N10 M03 T0101 S500;	以 500r/min 起动主轴正转，选择 1 号刀及 1 号刀补
N20 G00 X50.0 Z2.0;	快速移到起刀点
N30 G01 Z0 F0.3;	进刀
N40 G01 X0 F0.1;	加工端面
N50 Z2.0;	退刀
N60 G00 X100.0 Z100.0;	退刀
N70 T0202 S600;	换 2 号刀加工外圆
N80 G00 X50.0 Z2.0;	快速移到起刀点
N90 G00 X42.0;	进刀
N100 G00 X42.0 Z-30.0 F0.1;	加工 $\phi42_{-0.06}^{0}$mm 的外圆
N110 X50.0;	退刀
N120 G00 Z2.0;	快速退刀
N130 X39.0;	退刀
N140 Z-15.0;	加工$\phi39_{-0.1}^{0}$mm 的外圆
N150 X50.0;	退刀
N160 G00 X100.0 Z100.0;	退刀
N170 M05;	主轴停
N180 M30;	程序结束并返回程序头

2. 复杂台阶轴加工工艺分析

复杂台阶轴如图 3-32 所示。

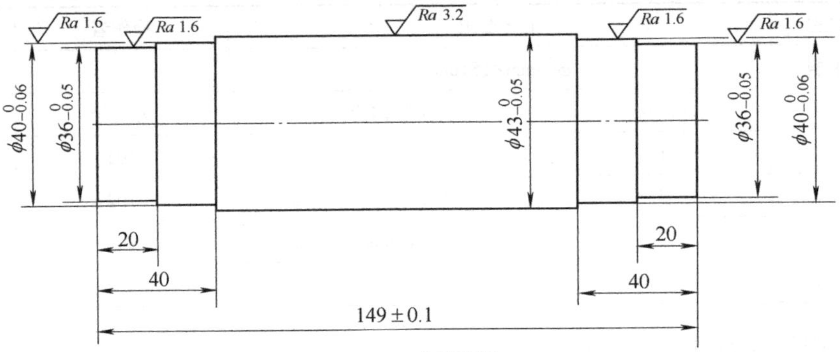

a) 零件图

b) 实物图

图 3-32　复杂台阶轴

（1）工艺分析

1）加工工艺分析。

① 编程原点的确定。

② 制订加工路线。

2）工件的装夹，如图 3-33 所示。

（2）填写工艺卡片

1）确定加工工艺，填写数控加工工艺卡，见表 3-4。

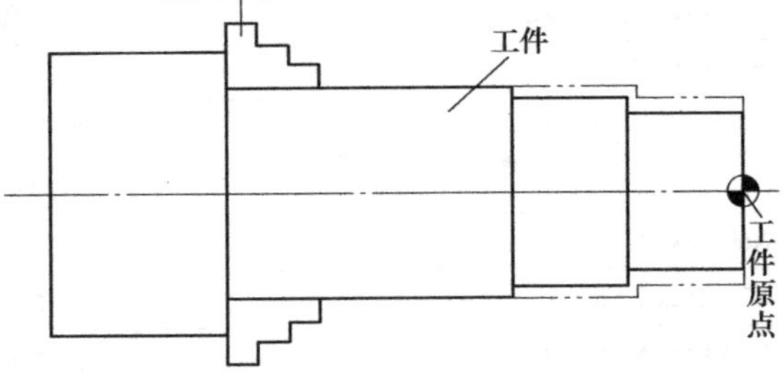

图 3-33　工件的装夹

表 3-4　数控加工工艺卡

工序	名称	工艺要求		操作者	备注
1	下料	ϕ45mm×150mm			
2	数控车	工步	工步内容	刀具号	
		1	夹持零件右端，车左端面	T01	
		2	粗车图样上 $\phi43_{-0.05}^{0}$mm、$\phi40_{-0.06}^{0}$mm、$\phi36_{-0.05}^{0}$mm 的外圆，留精车余量 0.5mm，控制长度 40mm 和 20mm 至尺寸	T02	

（续）

工序	名称	工艺要求		操作者	备注
		工步	工步内容	刀具号	
2	数控车	3	精车 $\phi 43_{-0.05}^{0}$mm、$\phi 40_{-0.06}^{0}$mm、$\phi 36_{-0.05}^{0}$mm 的外圆至尺寸	T03	
		4	调头夹持零件左端		
		5	车右端面并控制总长（149±0.1）mm	T01	
		6	粗车图样上 $\phi 40_{-0.06}^{0}$mm 和 $\phi 36_{-0.05}^{0}$mm 的外圆，留精车余量 0.5mm，控制长度 40mm 和 20mm 至尺寸	T02	
		7	精车 $\phi 40_{-0.06}^{0}$mm 和 $\phi 36_{-0.05}^{0}$mm 外圆至尺寸	T03	
3	检验				

2）切削用量及刀具选择，见表 3-5。

表 3-5　切削用量及刀具选择

刀具号	刀具规格及名称	数量	加工内容	主轴转速 /(r/min)	进给速度 /(mm/r)	备注
T01	45°外圆车刀	1	车端面	500	0.2	
T02	90°外圆粗车刀	1	粗车外轮廓	600	0.3	
T03	90°外圆精车刀	1	精车外轮廓	800	0.1	

（3）编写加工程序　复杂台阶轴的加工程序见表 3-6。

表 3-6　复杂台阶轴的加工程序

零件左端加工程序	
程序	说明
O0002；	程序号
N10 M03 T0101 S500；	以 500r/min 起动主轴正转，选择 1 号刀，执行 1 号刀补
N20 G00 X50.0 Z2.0；	快速移到起刀点
N30 G94 X0 Z0 F0.2；	加工端面
N40 G01 Z1.0 F0.2；	退刀
N50 G00 X100.0 Z100.0；	退刀
N60 T0202 S600；	换 2 号刀粗加工外圆
N70 G00 X50.0 Z2；	快速移到起刀点
N80 G90 X43.5 Z-110.0 F0.3；	粗加工 $\phi 43_{-0.05}^{0}$mm 的外圆
N90 X40.5 Z-40.0；	粗加工 $\phi 40_{-0.06}^{0}$mm 的外圆
N100 X36.5 Z-20.0；	粗加工 $\phi 36_{-0.05}^{0}$mm 的外圆
N110 G00 X100.0 Z100.0；	退刀
N120 T0303 S800；	换 3 号刀精加工外圆
N130 G00 X50.0 Z2.0；	快速移到起刀点
N140 G01 X36.0 F0.1；	进刀准备精加工

（续）

零件左端加工程序	
程序	说明
N150 Z-20.0;	精加工 $\phi 36_{-0.05}^{0}$mm 的外圆
N160 X40.0;	精车端面
N170 Z-40.0;	精加工 $\phi 40_{-0.06}^{0}$mm 的外圆
N180 X43.0;	精车端面
N190 Z-111.0;	精加工 $\phi 43_{-0.05}^{0}$mm 的外圆
N200 X50.0;	退刀
N210 G00 X100.0 Z100.0;	退刀
N220 M05;	主轴停止
N230 M30;	程序结束并返回程序头
零件右端加工程序	
程序	说明
O0003;	程序号
N10 M03 T0101 S500;	以 500r/min 起动主轴正转，选择 1 号刀及 1 号刀补
N20 G00 X50.0 Z2.0;	快速移到起刀点
N30 G94 X0 Z0 F0.2;	加工端面，保证尺寸（149±0.1）mm
N40 G01 Z1.0 F0.2;	进刀准备粗加工
N50 G00 X100.0 Z100.0	退刀
N60 T0202 S600;	换 2 号刀粗加工外圆
N70 G00 X50.0 Z2.0;	快速移到起刀点
N80 G90 X40.5 Z-40.0 F0.3;	粗加工 $\phi 40_{-0.06}^{0}$mm 的外圆
N90 X36.5 Z-20.0;	粗加工 $\phi 36_{-0.05}^{0}$mm 的外圆
N100 G00 X100.0 Z100.0;	退刀
N110 T0303 S800;	换 3 号刀精加工外圆
N120 G00 X50.0 Z2.0;	快速移到起刀点
N130 G01 X36.0 F0.1;	进刀准备精加工
N140 Z-20.0;	精加工 $\phi 36_{-0.05}^{0}$mm 的外圆
N150 X40.0;	精车端面
N160 Z-40.0;	精加工 $\phi 40_{-0.06}^{0}$mm 的外圆
N170 X45.0;	精车端面并退刀
N180 G00 X100.0 Z100.0;	退刀
N190 M05;	主轴停止
N200 M30;	程序结束并返回程序头

3. 外圆加工质量分析

外圆加工常见问题的产生原因和解决办法见表 3-7。

表 3-7　外圆加工常见问题的产生原因和解决方法

常见问题	产生原因	解决方法
工件外圆尺寸超差 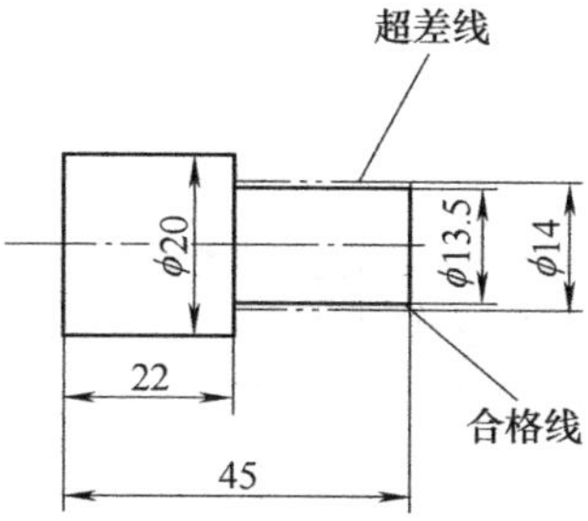	1. 刀具数据不准确 2. 切削用量选择不当，产生让刀现象 3. 程序错误 4. 工件尺寸计算错误	1. 调整或重新设定刀具数据 2. 合理选择切削用量 3. 检查、修改加工程序 4. 正确计算工件尺寸
外圆表面粗糙度值太大 	1. 切削速度过低 2. 车刀刀尖中心过高 3. 切屑形状控制较差 4. 刀尖处产生积屑瘤 5. 切削液选用不合理	1. 调高切削速度 2. 调整车刀中心高度 3. 选择合理的进给方式及背吃刀量 4. 选择合适的切削速度 5. 选择正确的切削液并充分浇注
台阶处不清根或呈圆角 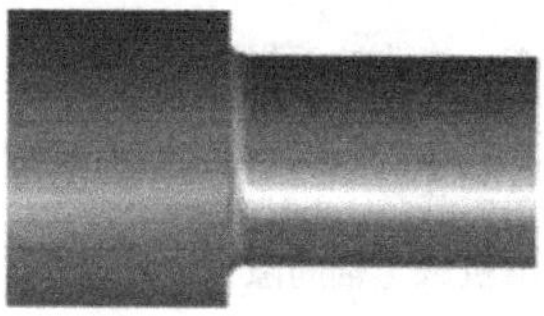	1. 程序错误 2. 刀具选择错误 3. 刀具损坏	1. 检查、修改加工程序 2. 正确选择刀具 3. 更换刀片
加工过程中扎刀 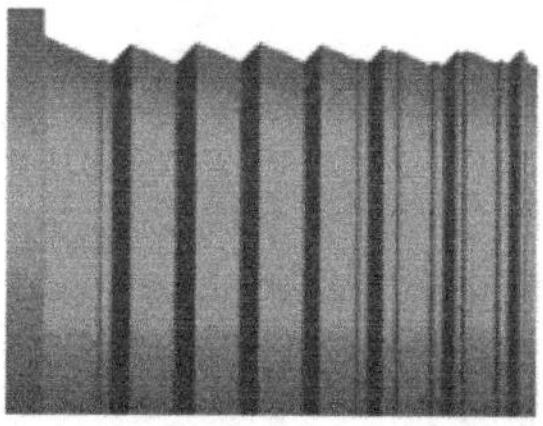	1. 进给量过大 2. 切屑堵塞 3. 工件装夹不合理 4. 刀具角度选择不合理	1. 降低进给速度 2. 采用断屑、排屑方式切入 3. 检查工件装夹情况，提高装夹刚度 4. 正确选择刀具角度
工件圆度超差或产生锥度 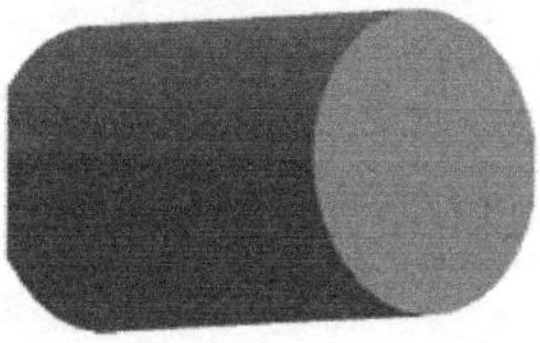	1. 车床主轴间隙过大 2. 程序错误 3. 工件没有夹紧	1. 调整车床主轴间隙 2. 检查、修改加工程序 3. 检查工件装夹情况，提高装夹刚度

4. 端面加工质量分析

端面加工常见问题的产生原因和解决办法见表 3-8。

表 3-8 端面加工常见问题的产生原因和解决方法

常见问题	产生原因	解决方案
端面加工时长度尺寸超差 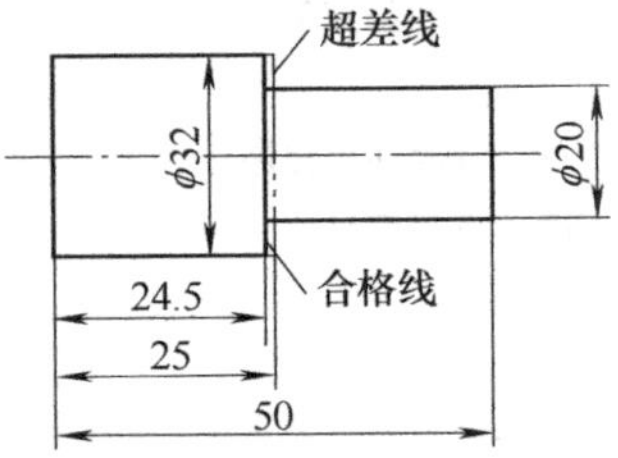	1. 刀具数据不准确 2. 尺寸计算错误 3. 程序错误	1. 调整或重新设定刀具数据 2. 正确进行尺寸计算 3. 检查、修改加工程序
端面表面粗糙度值太大 	1. 切削速度过低 2. 刀尖过高 3. 切屑形状控制较差 4. 刀尖处产生积屑瘤 5. 切削液选用不合理	1. 调高切削速度 2. 调整刀尖高度 3. 选择合理的进给方式及背吃刀量 4. 选择合适的切削速度 5. 选择正确的切削液并充分浇注
端面中心处有凸台或凹凸不平 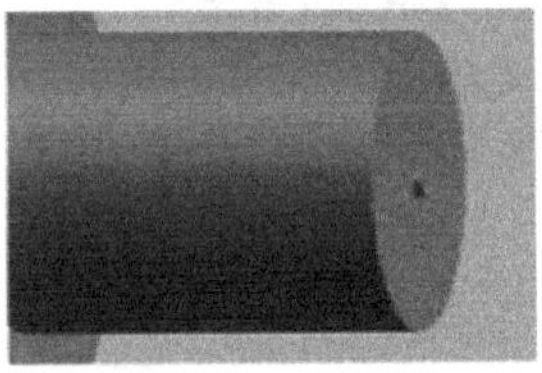	1. 程序错误 2. 刀尖中心过高或过低 3. 刀具损坏 4. 机床主轴间隙过大 切削用量选择不当	1. 检查、修改加工程序 2. 调整刀尖中心高度 3. 更换刀片 4. 调整机床主轴间隙 5. 合理选择切削用量
台阶处不清根或呈圆角 	1. 程序错误 2. 刀具选择错误 3. 刀具损坏	1. 检查、修改加工程序 2. 正确选择加工刀具 3. 更换刀片

四、圆锥面加工

1. 圆锥面零件工艺分析

（1）圆锥面加工路线　常用圆锥面加工路线如图 3-34 所示。

（2）常用圆锥面加工指令　FANUC 0i 系统有关的圆锥面加工切削指令见表 3-9。

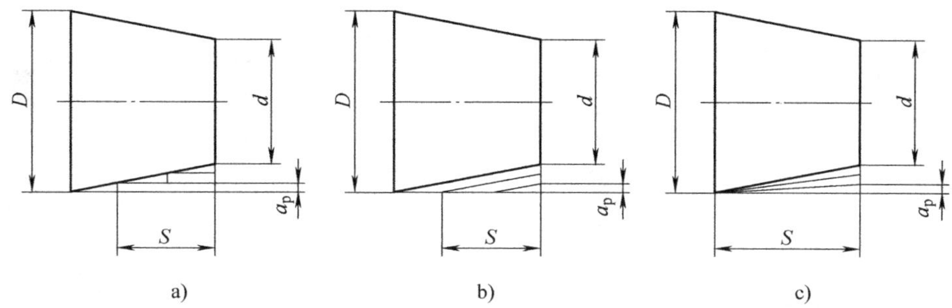

图 3-34　常用圆锥面加工路线

表 3-9　FANUC 0i 系统有关的圆锥面加工切削指令

指令名称	应用格式
直线补插（G01）	G01 X __ Z __ F __;
外圆单一形状固定循环（G90）	G90 X __ Z __ R __ F __;
端面单一形状固定循环（G94）	G94 X __ Z __ K __ F __;

1）直线插补加工圆锥面实例如图 3-35 所示。

加工程序见表 3-10。

表 3-10　加工程序

程　序	说　明
O0001;	程序号
N10 S500 M03 T0101;	主轴正转，转速为 500r/min，选择 1 号刀并调用 1 号刀补
N20 G42 G00 X41.0 Z1.0;	快速进刀至起刀点
N30 G01 X35.0 Z0 F0.2;	进刀至切入点
N40 G01 40.0 Z-40.0 F0.2;	第一刀粗车，进给速度为 0.2mm/r
N50 G00 X4.0 Z1.0;	退回起刀点
N60 G01 X30.5 Z0 F0.2;	进刀至切入点，*X* 向留双边 0.5mm 的精加工余量
N70 G01 X40.0 Z-40.0 F0.2;	第二刀粗车
N80 G00 X41.0 Z1.0;	退回起刀点
N90 S1000;	主轴变速
N100 G01 X30.0 Z0 F0.2;	进刀至精加工切入点
N110 G01 X40.0 Z-40.0 F0.1;	精车，进给速度为 0.1mm/r
N120 X45.0	退刀
N130 G40 G100.0 Z100.0	退刀
N140 M30;	程序结束并返回程序头

2）外圆循环加工圆锥面（G90）如图 3-36 所示。

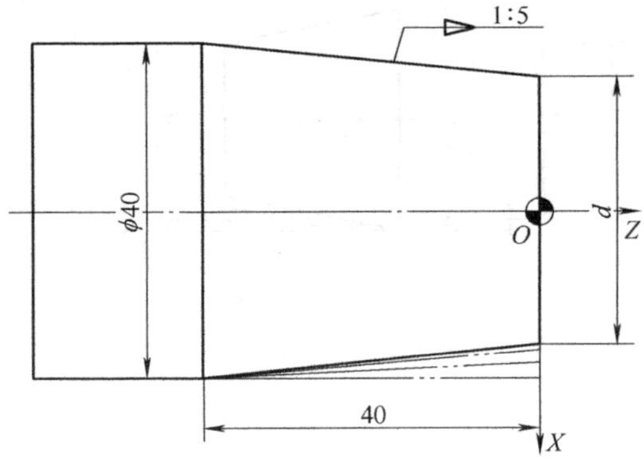

图 3-35　直线插补加工圆锥面实例

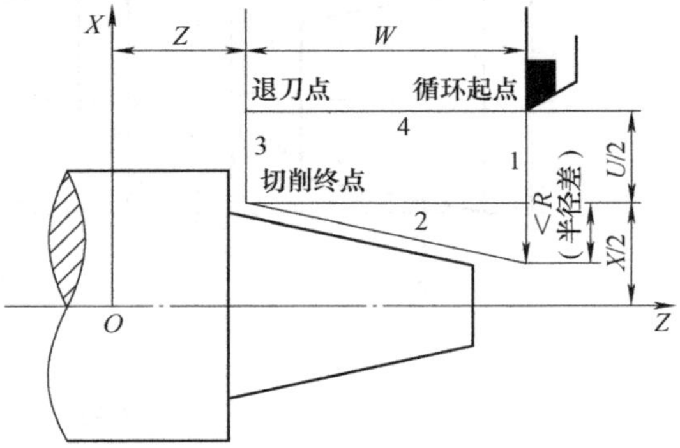

图 3-36　外圆循环加工圆锥面

圆锥面切削循环加工实例如图 3-37 所示。

圆锥面切削循环加工程序见表 3-11。

表 3-11　圆锥面切削循环加工程序

程　　序	说　　明
O0001;	程序号
N10 M03 S600 T0101;	主轴正转，转速为 600r/min，选择 1 号刀并调用 1 号刀补
N20 G42 G00 X60.0 Z2.0;	快速达到循环起点
N30 G90 X40.0 Z-40.0 R-5.0 F0.3;	圆锥面切削循环第一次
N40 X35.0;	圆锥面切削循环第二次
N50 X30.0	圆锥面切削循环第三次
N60 G40 G00 X100.0 Z100.0;	快速返回起刀点
N70 M05;	主轴停
N80 M30;	程序结束并返回程序头

完成加工后的圆锥面零件实物图如图 3-38 所示。

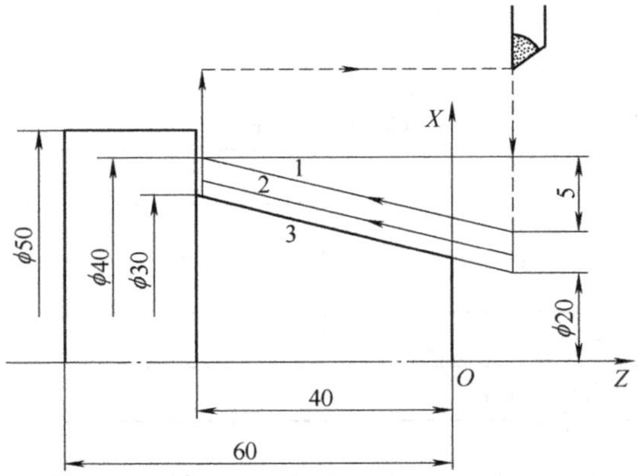

图 3-37　圆锥面切削循环加工实例

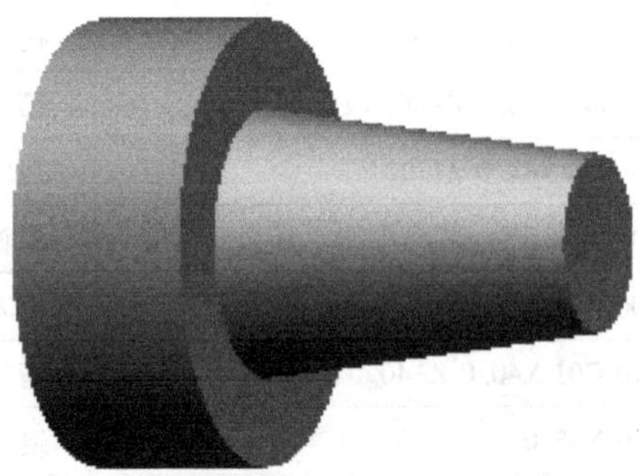

图 3-38　圆锥面零件实物图

3）端面循环加工圆锥面（G94）如图 3-39 所示。

端面循环加工圆锥面实例如图 3-40 所示。

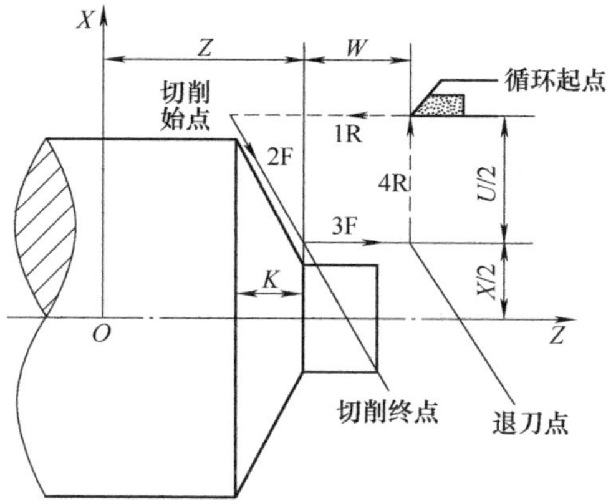

图 3-39　端面循环加工圆锥面

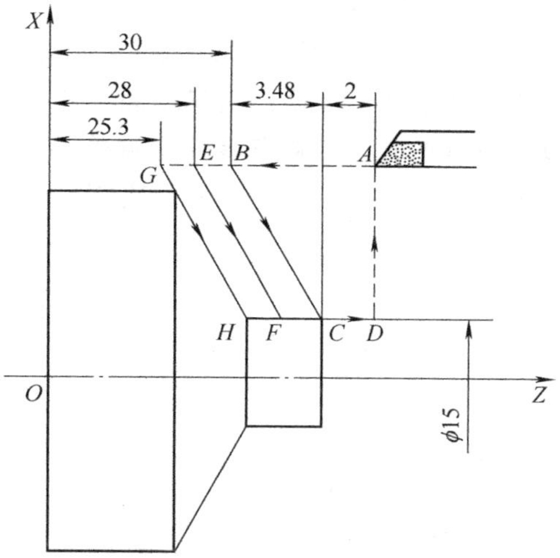

图 3-40　端面循环加工圆锥面实例

端面循环加工圆锥面加工程序见表 3-12。

表 3-12　端面循环加工圆锥面加工程序

程　序	说　明
O0001;	程序号
N10 M03 T0101 S600;	主轴正转，转速为 600r/min，调用 1 号刀及 1 号刀补
N20 G42 G00 X55.0 Z35.48;	快速达到循环起点
N30 G94 X15.0 Z33.48 K-3.48 F0.3;	圆锥面切削循环第一次
N40 Z31.48;	圆锥面切削循环第二次
N50 Z28.78;	圆锥面切削循环第三次
N60 G40 G00 X100.0 Z100.0;	快速返回起刀点
N70 M05;	主轴停
N80 M30;	程序结束并返回程序头

完成加工后的带锥度端面零件实物图如图 3-41 所示。

2. 圆锥面零件加工

带外圆锥面的零件如图 3-42 所示。本书只讨论距右端面 60mm 部分的加工。

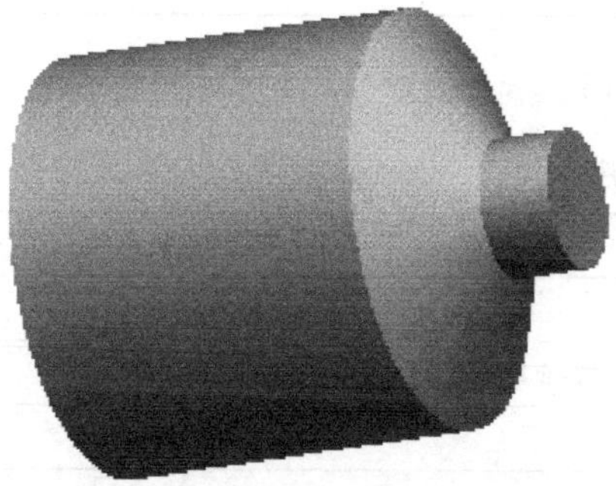

图 3-41　带锥度端面零件实物图

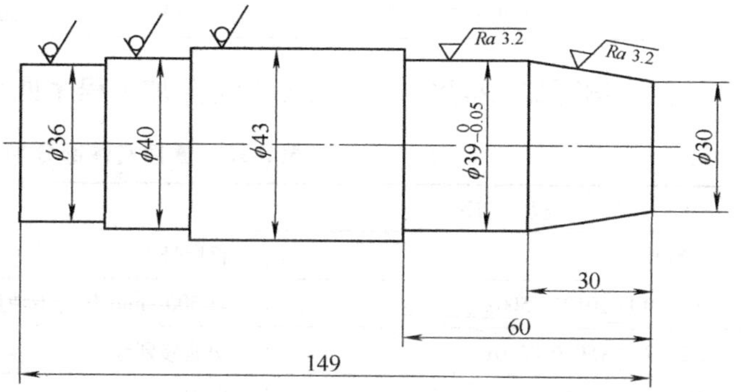

图 3-42　带外圆锥面的零件

（1）加工工艺分析

1）编程原点的确定。以工件右端面与轴线的交点为编程原点。

2）制订加工路线。先车端面→粗车 $\phi39_{-0.05}^{0}$mm 的外圆→粗车零件右端外圆锥面→精车零件右端外圆锥面，控制长度 30mm→精车 $\phi39_{-0.05}^{0}$mm 的外圆并控制长度 60mm。

（2）工件的装夹　工件的装夹如图 3-43 所示。

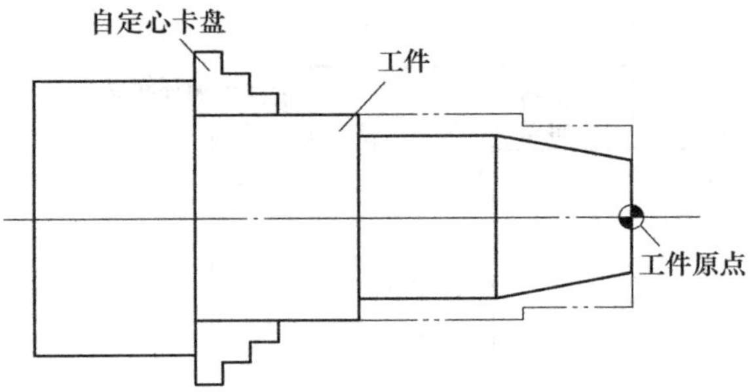

图 3-43　工件的装夹

（3）填写工艺卡片

1）确定加工工艺，填写数控加工工艺卡，见表 3-13。

表 3-13　数控加工工艺卡

工序	名称	工艺要求		操作者	备注
1	下料	ϕ45mm×150mm			
2	数控车	工步	工步内容	刀具号	
		1	车端面	T01	
		2	粗车 $\phi39_{-0.05}^{0}$mm 的外圆	T02	
		3	粗车外圆锥面	T02	
		4	精车外圆锥面	T02	
		5	精车 $\phi39_{-0.05}^{0}$mm 的外圆	T02	
3	检验				

2）切削用量及刀具选择，见表 3-14。

表 3-14　切削用量及刀具选择

刀具号	刀具规格及名称	数量	加工内容	主轴转速/(r/min)	进给速度/(mm/r)	备注
T01	45°外圆车刀	1	车端面	500	0.2	
T02	90°外圆车刀	1	车工件外轮廓	600	0.3、0.1	

（4）编写加工程序　该零件右端部分加工程序见表 3-15。

表 3-15　零件右端部分加工程序

程　序	说　明
O0001;	程序号
N10 M03 T0101 S500;	以 500r/min 起动主轴正转，选择 1 号刀及 1 号刀补
N20 G00 X50.0 Z2.0;	快速移到起刀点
N30 G01 Z0 F0.3;	进刀
N40 G01 X0 F0.2;	加工端面

（续）

程　序	说　明
N50 Z2.0;	退刀
N60 G00 X100.0 Z100.0;	退刀
N70 T0202 S600;	换 2 号刀加工外圆
N80 G00 X50.0 Z2.0;	快速移到起刀点
N90 G00 X42.0;	进刀
N100 G01 Z-60.0F0.3;	粗加工 $\phi 39_{-0.05}^{0}$mm 的外圆
N110 X50.0	退刀
N120 G00 Z2.0;	快速退刀
N130 G01 X39.5 F0.3;	进刀
N140 Z-60.0;	精加工 $\phi 39_{-0.05}^{0}$mm 的外圆
N150 X50.0;	退刀
N160 G00 Z5.0;	退刀
N170 G42 G01 X36.0 Z0 F0.3;	调用刀尖圆弧半径右补偿，粗加工圆锥面第一刀
N180 X40.0 Z-15.0;	
N190 X45.0;	
N200 G00 Z5.0;	
N210 G01 X31.0 Z0 F0.3;	
N220 X40.0 Z-30.0;	粗加工圆锥面第二刀
N230 X45.0;	
N240 G00 Z5.0;	
N250 G01 X30.0 Z0 F0.3;	移到精加工起刀点
N260 X39.0 Z-30.0 F0.1;	精车圆锥面
N270 Z-60.0;	精车 $\phi 39_{-0.05}^{0}$mm 的外圆
N280 X50.0;	退刀
N290 G40 G00 X100.0 Z100.0;	取消刀尖圆弧半径右补偿并退刀
N300 M05;	主轴停
N310 M30;	程序结束并返回程序头

3. 圆锥面加工质量分析

圆锥面加工常见问题的产生原因和解决方法见表 3-16。

表 3-16　圆锥面加工常见问题的产生原因和解决方法

常见问题	产生原因	解决方法
锥度不符合要求或产生双曲线误差 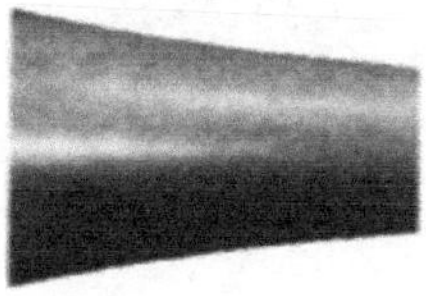	1. 程序错误 2. 工件装夹不正确 3. 车刀刀尖过高或过低	1. 检查、修改加工程序 2. 检查工件装夹情况，提高装夹刚度 3. 调整车刀刀尖，使其与工件轴线等高

（续）

常见问题	产生原因	解决方法
切削过程出现振动 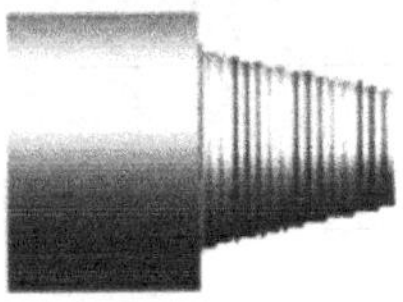	1. 工件装夹不正确 2. 刀具安装不正确 3. 切削参数不正确	1. 正确装夹工件 2. 正确安装刀具 3. 编程时合理选择切削参数
锥面径向尺寸不符合要求 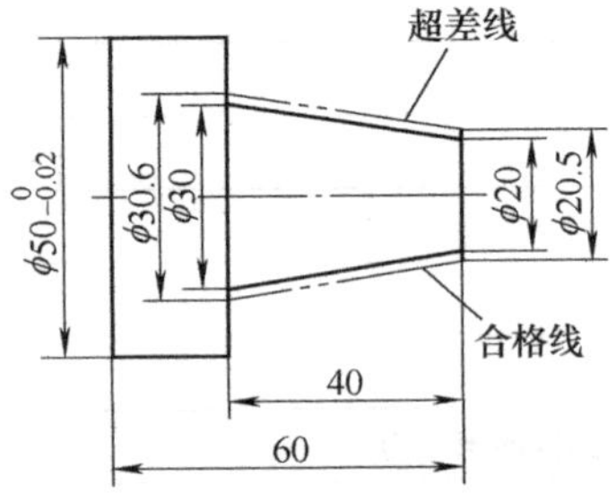 	1. 程序错误 2. 刀具磨损 3. 未考虑刀尖圆弧半径补偿	1. 检查、修改加工程序 2. 及时更换磨损大的刀具 3. 考虑刀具补偿
切削过程出现干涉现象 	工作斜度大于刀具后角	正确选择刀具和改变切削方式

五、圆弧面加工

1. 圆弧面工艺路线

（1）车削圆弧的加工路线　车削圆弧的加工路线如图 3-44 所示。

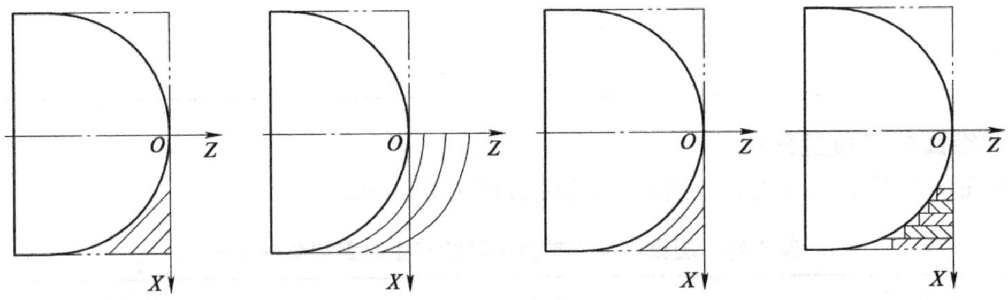

a) 车锥法　b) 移圆法　c) 车圆法　d) 台阶车削法

图 3-44　车削圆弧的加工路线

（2）编程实例

1）车锥法加工圆弧如图 3-45 所示。

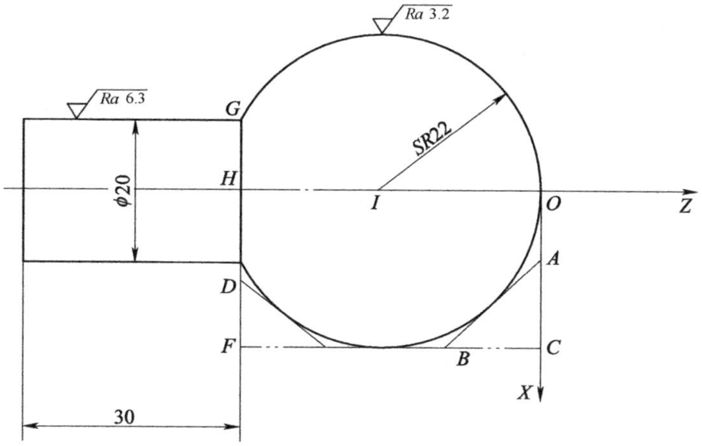

图 3-45　车锥法加工圆弧

① 相关计算。确定 A、B 两点的坐标，经平面几何的推算，得出一简单公式：

$$CA = CB = \frac{SR}{2},\ 即\ CA = CB = \frac{22}{2}\text{mm} = 11\text{mm}$$

所以 A 点坐标为（X22，Z0），B 点坐标为（X44，Z−11）。

② 编制程序。用车锥法车掉以 AB 为母线的圆锥面外的余量，加工程序见表 3-17。

表 3-17　零件加工程序

程　　序	说　　明
O0001；	程序号
……；	
N50 G42 G01 X46.0 Z0 F0.3；	车刀右补偿
N60 U−4.0；	进刀，准备车第一刀
N70 X44.0 Z−11.0；	车第一刀锥面
N80 G00 Z0；	退刀
N90 G01 U−8.0 F0.3；	进刀，准备车第二刀
N100 X44.0 Z−11.0；	车第二刀锥面
N110 G00 Z0；	退刀
N120 G01 U−12.0 F0.3；	进刀，准备车第三刀
N130 X44.0 Z−11.0；	车第三刀锥面
N140 G00 Z0；	退刀
N150 G01 U−16.0 F0.3；	进刀，准备车第四刀
N160 X44.0 Z−11.0；	车第四刀锥面
N170 G00 Z0；	退刀
N180 G01 U−20.0 F0.3；	进刀，准备车第五刀
N190 X44.0 Z−11.0；	车第五刀
N200 G00 Z0；	退刀

（续）

程　序	说　明
N210 G01 U-24.0 F0.3；	进刀，准备车第六刀
N220 X44.0 Z-11.0；	车第六刀锥面
N230 G00 Z0；	退刀
N240 G01 X0 F0.3；	退刀
N250 G03 X44.0 Z-22.0 R22.0 F0.2；	圆弧插补右半球
N260 G00 X100.0；	退刀
N270 G40 G00 Z50.0；	退刀
……；	

2）车圆法加工圆弧。用车圆法加工圆弧时，圆心不变，圆弧插补半径依次减小（车凹形圆弧时圆弧插补半径依次增大）一个背吃刀量，直到达到尺寸要求为止，如图 3-46 所示。

① 相关计算。圆弧 *BC* 的起点坐标为（X20.0，Z0），终点坐标为（X44.0，Z-12.0），半径为 12mm；以此类推，可知同心圆的起点、终点及半径分别为：

（X20.0，Z2），（X48.0，Z-12.0），*R*14mm；

（X20.0，Z4），（X52.0，Z-12.0），*R*16mm；

（X20.0，Z6），（X56.0，Z-12.0），*R*18mm；

（X20.0，Z8），（X60.0，Z-12.0），*R*20mm。

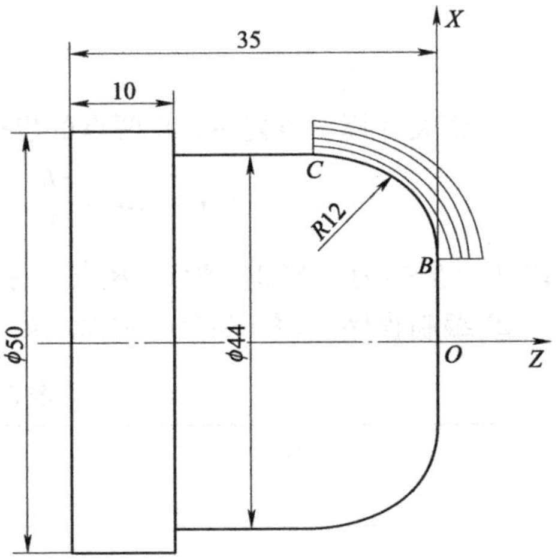

图 3-46　车圆法加工圆弧

② 编制程序，见表 3-18。

表 3-18　零件加工程序

程　序	说　明
O0002；	程序号
……；	
N130 N42 G01 X20.0 Z8.0 F0.2；	
N140 G03 X60.0 Z-12.0 R20.0 F0.1；	圆弧插补第一刀
N150 G00 Z6.0；	退刀
N160 X20.0；	进刀，准备车第二刀
N170 G03 X56.0 Z-12.0 R18.0 F0.1；	圆弧插补第二刀
N180 G00 Z4.0；	退刀
N190 X20.0；	进刀，准备车第三刀
N200 G03 X52.0 Z-12.0 R16.0 F0.1；	圆弧插补第三刀
N210 G00 Z2.0；	退刀
N220 X20.0；	进刀，准备车第四刀

（续）

程　　序	说　　明
N230 G03 X48.0 Z-12.0 R14.0 F0.1;	圆弧插补第四刀
N240 G00 Z0;	退刀
N250 X20.0;	进刀，准备车第五刀
N260 G03 X44.0 Z-12.0 R12.0 F0.1;	圆弧插补至尺寸要求
N270 G01 Z-25.0 F0.2;	
……;	

3）移圆法加工圆弧如图 3-47 所示。

① 相关计算。

A 点坐标为（X38.0，Z-13.0），*B* 点坐标为（X38.0，Z-47.0）；

C 点坐标为（X42.0，Z-13.0），*D* 点坐标为（X42.0，Z-47.0）；

E 点坐标为（X46.0，Z-13.0），*F* 点坐标为（X46.0，Z-47.0）。

② 编制程序，见表 3-19。

2. 圆弧面零件加工

编制图 3-48 所示带圆弧零件的加工程序并进行加工。采用 ϕ45mm×150mm 的棒料，材料为 45 钢。

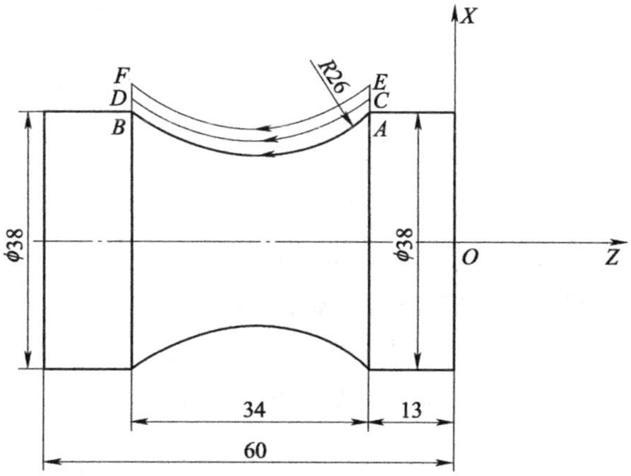

图 3-47　移圆法加工圆弧

表 3-19　零件加工程序

程　　序	说　　明
O3004;	
……;	
N90 G42 G00 Z-13.0;	
N100 G01 X46.0 F0.3;	进刀
N110 G02 X46.0 X-47.0 R26.0 F0.2;	圆弧插补第一刀
N120 G01 Z-13.0 F0.2;	退刀
N130 G01 X42.0;	圆心沿 *X* 方向偏移一个背吃刀量
N140 G02 X42.0 Z-47.0 R26.0 F0.2;	圆弧插补第二刀
N150 G01 Z-13.0 F0.2;	退刀
N160 G01 X38.0 F0.3;	圆心沿 *X* 方向偏移一个背吃刀量
N170 G02 X38.0 Z-47.0 R26.0 F0.2;	圆弧插补第三刀至尺寸要求
……;	

（1）加工工艺分析

1）编程原点的确定。将编程原点设在工件右端面与轴线的交点处。

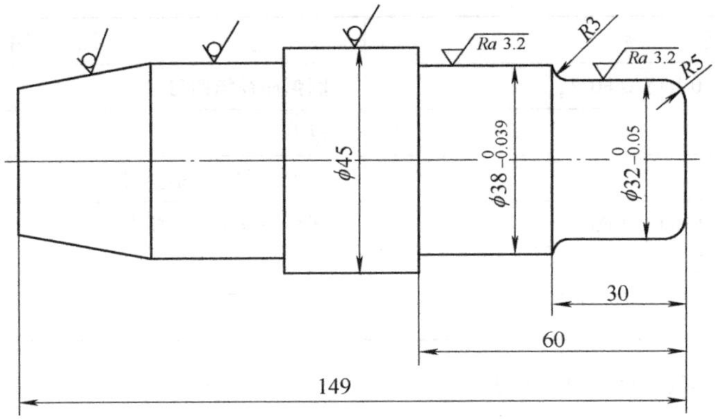

图 3-48 带圆弧的零件

2）制订加工路线。先车端面→粗车 $\phi38_{-0.039}^{0}$mm 和 $\phi32_{-0.05}^{0}$mm 的外圆→粗车零件右端 R5mm 的圆弧→精车零件右端 R5mm 的圆弧→精车 $\phi32_{-0.05}^{0}$mm 的外圆至尺寸→精车 R3mm 的过渡圆弧→精车 $\phi38_{-0.039}^{0}$mm 的外圆至尺寸。

（2）工件的装夹 工件的装夹如图 3-49 所示。

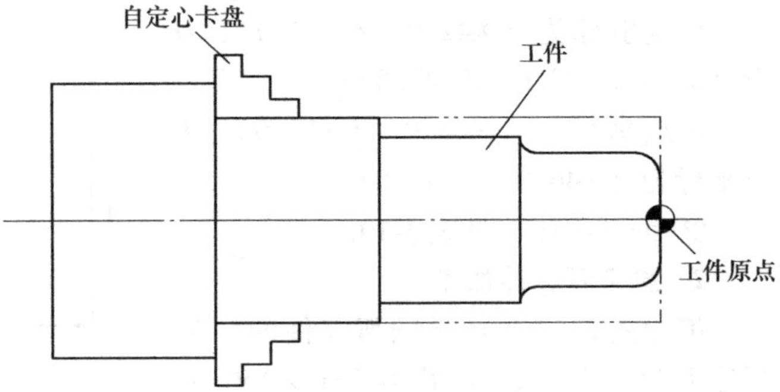

图 3-49 工件的装夹

（3）填写工艺卡片

1）确定加工工艺，填写数控加工工艺卡，见表 3-20。

表 3-20 数控加工工艺卡

工序	名称	工艺要求		操作者	备注
1	下料	ϕ45mm×150mm			
2	数控车	工步	工步内容	刀具号	
		1	车端面	T01	
		2	粗车 $\phi38_{-0.039}^{0}$mm 的外圆	T02	
		3	粗车 $\phi32_{-0.05}^{0}$mm 的外圆	T02	
		4	粗车 R5mm 的圆弧	T02	
		5	精车 R5mm 的圆弧	T02	
		6	精车 $\phi32_{-0.05}^{0}$mm 的外圆	T02	
		7	精车 R3mm 的圆弧	T02	
		8	精车 $\phi38_{-0.039}^{0}$mm 的外圆	T02	
3	检验				

2）切削用量及刀具选择，见表 3-21。

表 3-21　切削用量及刀具选择

刀具号	刀具规格及名称	数量	加工内容	主轴转速 /(r/min)	进给速度 /(mm/r)	备注
T01	45°外圆车刀	1	车端面	500	0.2	
T02	90°外圆车刀	1	车工件外轮廓	600	0.3、0.1	

（4）编写加工程序　零件加工程序见表 3-22。

表 3-22　零件加工程序

程　　序	说　　明
O0001;	程序号
N10 M03 T0101 S500;	以 500r/min 的转速起动主轴正转，选择 1 号刀及 1 号刀补
N20 G00 X50.0 Z2.0;	快速移到起刀点
N30 G01 Z0 F0.2;	进刀
N40 G01 X0;	加工端面
N50 Z2.0	退刀
N60 G00 X100.0 Z100.0	退刀
N70 T0202 S600;	换 2 号刀加工外圆
N80 G42 G00 X50.0 Z2.0;	快速移到起刀点并调用刀尖圆弧半径右补偿
N90 G00 X42.0;	进刀
N100 G01 Z-60.0 F0.3;	粗加工 $\phi 38_{-0.039}^{0}$mm 的外圆
N110 X48.0;	退刀
N120 G00 Z2.0;	快速退刀
N130 G00 X38.5 F0.3;	进刀
N140 G01 Z-60.0 F0.3;	粗加工 $\phi 38_{-0.039}^{0}$mm 的外圆
N150 X48.0;	退刀
N160 G00 Z5.0;	快速退刀
N170 X36.0;	进刀
N180 G01 Z-27.0 F0.3;	粗加工 $\phi 32_{-0.05}^{0}$mm 的外圆
N190 X40.0;	退刀
N200 G00 Z5.0;	快速退刀
N210 X32.5;	进刀
N220 G01 Z-27.0 F0.3;	粗加工 $\phi 32_{-0.05}^{0}$mm 的外圆
N230 X40.0;	退刀
N240 G00 Z5.0;	快速退刀
N250 G01 X26.0 Z0 F0.3;	进刀
N260 G03 X33.0 Z-3.0 R5.0 F0.3;	粗加工 $R5$mm 的圆弧
N270 X35.0;	退刀
N280 G00 Z2.0;	快速退刀
N290 G01 X22.0 Z0 F0.1;	进刀
N300 G03 X32.0 Z-5.0 R5.0 F0.1;	精加工 $R5$mm 的圆弧

（续）

程　序	说　明
N310 G01 Z-27.0；	精加工 $\phi 32^{\ 0}_{-0.05}$mm 的外圆
N320 G02 X38.0 Z-30.0 R3.0；	精加工 $R3$mm 的圆弧
N330 G01 Z-60.0；	精加工 $\phi 38^{\ 0}_{-0.039}$mm 的外圆
N340 X50.0；	退刀
N350 G00 X100.0；	退刀
N360 G40 G00 Z100.0；	退刀并取消刀尖圆弧半径右补偿
N370 M05；	主轴停
N380 M30；	程序结束并返回程序头

3. 圆弧加工质量分析

圆弧加工常见问题的产生原因和解决方法见表 3-23。

表 3-23　圆弧加工常见问题的产生原因和解决方法

常见问题	产生原因	解决方法
切削过程出现干涉现象 	1. 刀具参数不正确 2. 刀具安装不正确	1. 正确编制程序 2. 正确安装刀具
圆弧凹凸方向不对 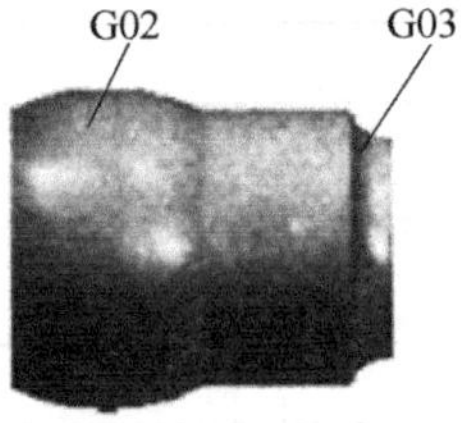	程序不正确	正确编制程序
圆弧尺寸不符合要求 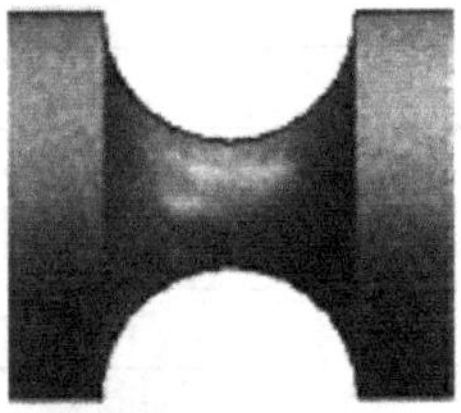	1. 程序不正确 2. 刀具磨损 3. 刀尖圆弧半径没有补偿	1. 正确编制程序 2. 及时更换刀具 3. 考虑刀尖圆弧半径补偿
表面粗糙度达不到要求 	1. 车刀刚度不足或伸出太长引起振动 2. 刀具参数选择不合理，如前角过小或后角过大等 3. 切削用量选择不当	1. 正确安装刀具，提高刀具刚度 2. 合理选择刀具角度 3. 进给量不宜选择过大，合理选择精加工余量

项目四　螺纹零件的加工编程

【背景导入】

在数控加工中，螺纹切削是需要掌握的一项基本技能。加工过程中要认真严谨，保证螺纹加工的正确性。从简单的普通三角形螺纹到复杂的多线螺纹，都是加工中能够或多或少碰上的，所以必须加强螺纹切削训练。

【课程重点】

1）了解螺纹的种类、加工工艺及各种标注和尺寸计算。

2）学会螺纹零件的加工编程过程，以及将加工程序上机试加工。

3）学会看图样，了解各种标注的含义。

【建议学时】

课堂学时：老师自定。

任务七　螺纹零件的加工

一、螺纹基础知识

1. 螺纹的分类

螺纹主要应用在连接件和传动件上，在机器设备中用途十分广泛。螺纹是在圆柱或圆锥表面上，沿着螺旋线所形成的具有规定牙型的连续凸起。凸起是指螺纹两侧面的实体部分，又称牙。螺纹的种类很多，螺纹按其母体形状分为圆柱螺纹和圆锥螺纹；按其在母体所处位置分为外螺纹、内螺纹，按其截面形状（牙型）分为三角形螺纹、矩形螺纹、梯形螺纹、锯齿形螺纹及其他特殊形状螺纹，三角形螺纹主要用于连接，矩形、梯形和锯齿形螺纹主要用于传动；按螺旋线方向分为左旋螺纹和右旋螺纹，一般用右旋螺纹；按螺旋线的数量分为单线螺纹、双线螺纹及多线螺纹；连接用的多为单线，传动用的采用双线或多线；按牙的大小分为粗牙螺纹和细牙螺纹等；按使用场合和功能不同，可分为紧固螺纹、管螺纹、传动螺纹、专用螺纹等，如图 4-1 所示。

2. 普通螺纹的加工方法

以下仅介绍右旋螺纹，左旋螺纹只是定位点在左侧，刀片型号有区别，往右开始加工，请读者自行研究学习。

（1）直进法　车削时，螺纹车刀沿 X 方向间歇进给切削至牙底槽处，同时达到所要求的尺寸和表面粗糙度，这种方法叫直进法，如图 4-2a 所示。直进法车螺纹可以得到比较准确的牙型，但是车刀刀尖全部参加切削，切削力较大，而且排屑困难。因此，在切削时，两侧切削刃易磨损，螺纹不易车光，容易产生“扎刀”现象，从而造成螺纹中径误差过大。直进法一般多用于小螺距螺纹的加工。

（2）斜进法　车削时，螺纹车刀沿牙型角斜向间歇进给切削至牙底槽处，同时达到所

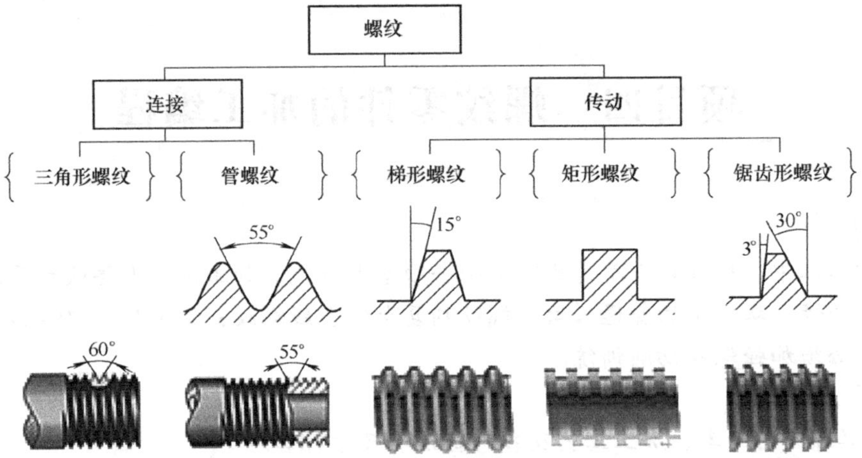

图 4-1 螺纹的分类

要求的尺寸和表面粗糙度，这种方法叫斜进法，如图 4-2b 所示。由于斜进法为单侧刃加工，切削刃容易损伤和磨损，使加工的螺纹面不直，另外刀尖角易发生变化，从而造成牙型精度误差过大。但由于其为单侧刃工作，刀具负载较小，排屑容易，并且背吃刀量为递减式，故此加工方法一般适用于大螺距螺纹的加工。斜进法粗车螺纹后，必须用左右切削法精车螺纹才能使螺纹的两侧都获得较小的表面粗糙度值。

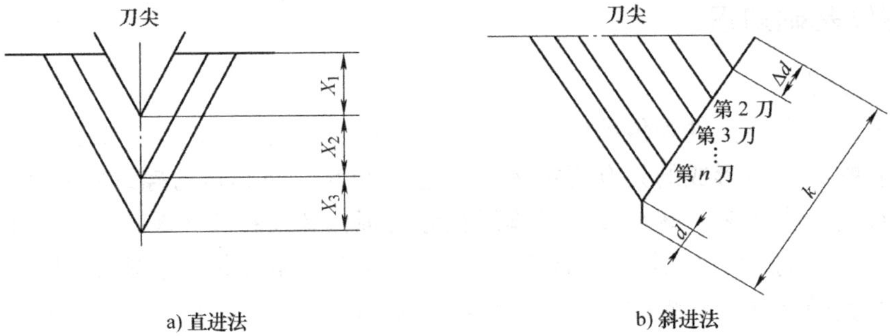

图 4-2 普通螺纹的加工方法

3. 螺纹的基本要素及标注方法

（1）螺纹的基本要素

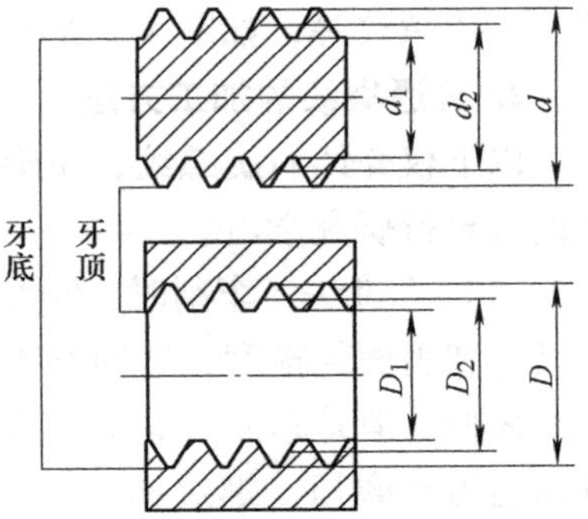

图 4-3 螺纹标注示意图

1）大径（d、D）。如图 4-3 所示，螺纹大径是指外螺纹牙顶或内螺纹牙底的直径，其公称尺寸与螺纹公称直径相等。对于内螺纹，螺纹大径是编制螺纹加工程序的依据，而对于外螺纹是确定螺纹毛坯直径的依据，在螺纹加工前，由车削加工的外圆直径决定。

2）中径（d_2、D_2）。如图 4-3 所示，中径是螺纹尺寸检测的标准和调试螺纹程序的依据。在数控车床上，螺纹的中径是通过螺纹的削平高度（由螺纹车刀的刀尖体现）、牙型高度、牙型角和底径来综合控制的。

3）小径（d_1、D_1）。如图 4-3 所示，螺纹小径是指外螺纹牙底或内螺纹牙顶的直径。对于外螺纹，小径是编制螺纹加工程序的依据。对于内螺纹，在螺纹加工前，由车削加工的内孔直径来保证。

4）螺距（P）。螺距是螺纹上相邻两牙在中径线上对应两点间的轴向距离，如图 4-4 所示。

5）导程（P_h）。导程是沿同一条螺旋线形成的螺纹上相邻两牙在中径线上对应两点间的轴向距离，如图 4-5 所示。导程与螺距之间的关系为

$$导程 = 螺距 \times 线数$$

6）牙型角（α）。在通过螺纹轴向的剖面上，螺纹的轮廓形状称为螺纹牙型，相邻两牙侧之间的夹角即为牙型角，如图 4-6 所示。

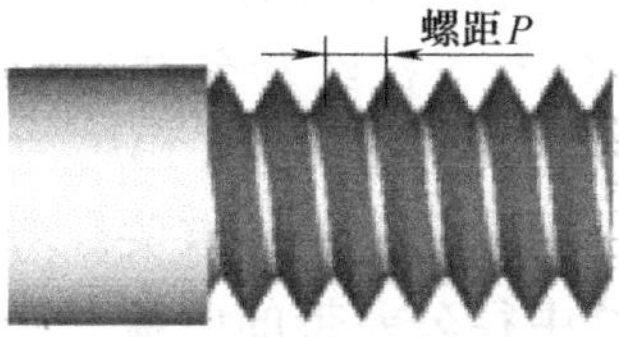

图 4-4　螺距示意图

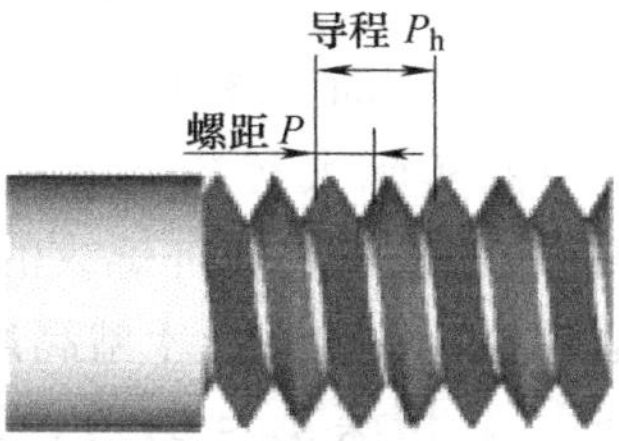

图 4-5　导程示意图

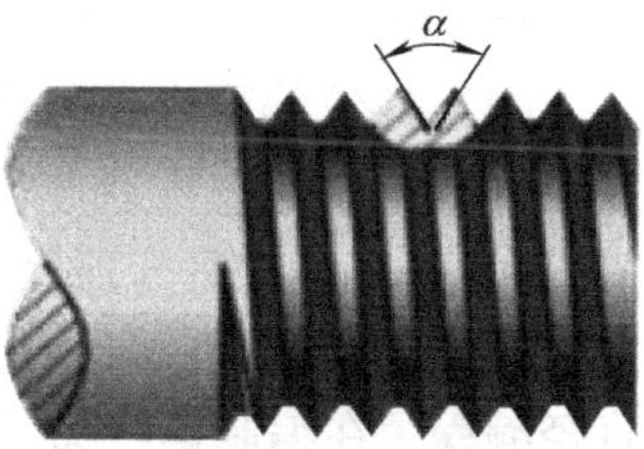

图 4-6　牙型角示意图

7）螺纹牙型高度（h）。在编制螺纹加工程序以及车削加工螺纹时，其牙型高度是控制螺纹中径以及确定螺纹实际径向终点（指螺纹底径，即内螺纹大径和外螺纹小径）尺寸的重要参数。

由于受螺纹车刀刀尖形状及其尺寸的影响，为保证螺纹中径达到要求，在编程和车削过程中应根据实际情况对螺纹牙型高度进行调整，计算后得到螺纹底径尺寸。

（2）螺纹的标注　普通螺纹的标注如图 4-7 所示。

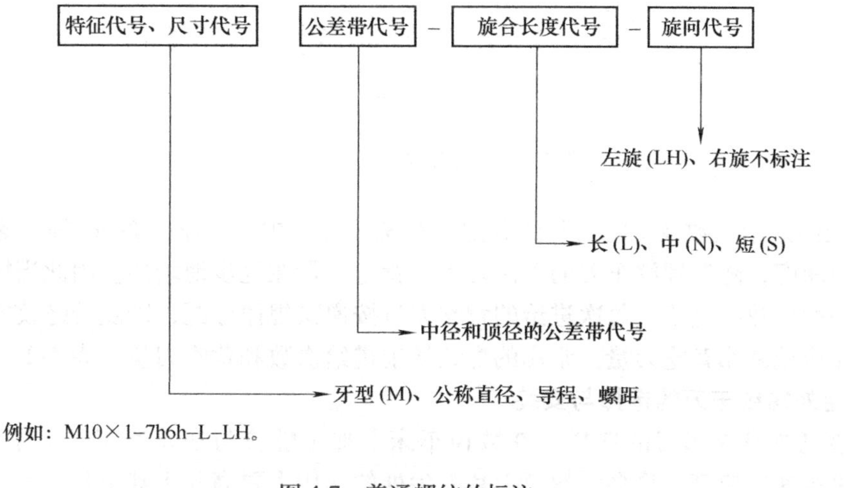

图 4-7　普通螺纹的标注

4. 普通螺纹牙型及尺寸计算

（1）普通螺纹切削径向尺寸计算　普通螺纹代号用“M 公称直径×螺距”表示，单位均

为 mm，例如 M36×1.5 等。普通螺纹主要参数的计算公式见表 4-1。

表 4-1 普通螺纹主要参数的计算公式

名　称		计 算 公 式
牙型角 α		$\alpha=60°$
原始三角形高度 H		$H=0.866P$
内（外）螺纹	大径（D，d）	D，d=公称直径
	中径（D_2，d_2）	$D_2(d_2)=D(d)-0.6495P$
	小径（D_1，d_1）	$D_1(d_1)=D(d)-1.0825P$
	牙型高度 h	$h=5H/8=0.5413P$
螺纹升角 φ		$\tan\varphi=nP/(\pi d_2)$

（2）螺纹编程直径的确定　车外螺纹时，考虑螺纹的公差要求和螺纹切削过程中对大径的挤压作用，编程或车削过程中的实际大径应比其公称直径略小，按经验公式取值约 $0.13P$，车好螺纹后牙顶处有 $0.125P$ 的顶宽。即外螺纹的实际编程大径 $d_{大}\approx d-0.13P$。

（3）螺纹总切深的确定　螺纹总切深与螺纹牙型高度及螺纹中径的公差带有关。考虑直径编程，在编制螺纹加工程序时，总切深 $h_{总}=2h+T$，T 为螺纹中径公差带的中值。在实际加工中，螺纹中径会受到螺纹车刀刀尖形状、尺寸及刃磨精度等影响，为了保证螺纹中径达到要求，一般要根据实际做一些调整，通常取总切深 $h_{总}=1.3P$，如图 4-8 所示。

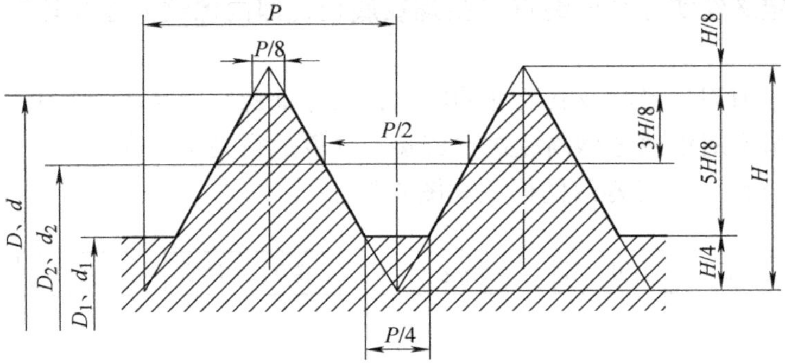

图 4-8　普通螺纹尺寸计算示意图

（4）径向进给次数及背吃刀量的分配　在螺纹加工中，背吃刀量 a_p 等于螺纹车刀切入工件表面的深度，随着螺纹车刀的每次切入，背吃刀量在逐步地增加。因此当螺纹牙型高度较大时，一般分数次进给，每次进给的背吃刀量按递减规律分配，即随着螺纹的牙型高度的加大，要相应地减小背吃刀量。常用的螺纹切削进给次数和背吃刀量见表 4-2。

5. 普通外螺纹车刀的选择与安装

（1）普通外螺纹车刀的选择　在数控车床上加工螺纹与在普通车床上车削螺纹相比，车削时的进给速度要高出许多，螺纹刀片刀尖处的作用力要高几十甚至几百倍。切削速度较快，切削力较大，因此数控车削加工普通螺纹时一般采用可转位普通螺纹车刀，如图 4-9 所示，该车刀使用全牙型螺纹刀片。

表 4-2　常用的螺纹切削进给次数和背吃刀量　（单位：mm）

普通螺纹：牙型高度=0.6495P，P是螺纹螺距								
螺距		1	1.5	2.0	2.5	3	3.5	4
牙型高度（半径量）		0.650	0.974	1.299	1.624	1.949	2.273	2.598
进给次数和背吃刀量（直径量）	1次	0.7	0.8	0.9	1.0	1.2	1.5	1.5
	2次	0.4	0.6	0.6	0.7	0.7	0.7	0.8
	3次	0.2	0.4	0.6	0.6	0.6	0.6	0.6
	4次		0.16	0.4	0.4	0.4	0.6	0.6
	5次			0.1	0.4	0.4	0.4	0.4
	6次				0.15	0.4	0.4	0.4
	7次					0.2	0.2	0.4
	8次						0.15	0.3
	9次							0.2

注：表中给出的背吃刀量及进给次数为推荐值，编程者可以根据自己的经验和实际情况进行选择。

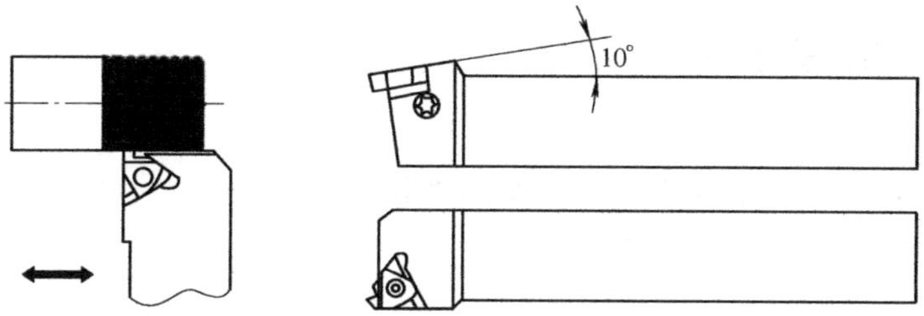

图 4-9　螺纹切削刀具选择

（2）普通外螺纹车刀的安装　车削普通螺纹时，为了保证牙型角正确，对螺纹车刀的安装要求是很严格的，有如下几点要求：

1）牙型对称中心线垂直于工件轴线。

2）车刀伸出刀座的长度不应超过刀杆截面高度的 1.5 倍。

3）刀尖高度必须对准工件中心。

为了保证牙型角正确，通常用带有 V 形块的螺纹角度样板安装螺纹车刀。带有 V 形块的螺纹角度样板后面有一个 V 形角尺面，装刀时将其靠在螺纹外圆面上作为基准，以保证螺纹车刀的刀尖角的中心线相对于螺纹工件轴线垂直，如图 4-10 所示。

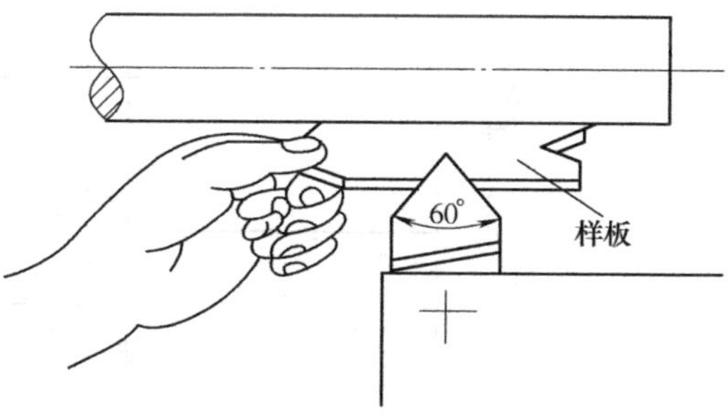

图 4-10　用 V 形块安装螺纹车刀

6. 螺纹加工注意事项

1）在螺纹切削过程中，进给速度倍率无效。

2）在螺纹切削过程中，进给暂停功能无效，如果在螺纹切削过程中按了“进给暂停”按钮，刀具将在执行完非螺纹切削的程序段后停止。

3）在螺纹切削过程中，主轴速度倍率功能失效。

4）在螺纹切削过程中，不宜使用恒表面切削速度控制功能，而应采用恒转速控制功能较为合适。

5）粗磨有径向前角的螺纹车刀时，应使刀尖角略大于牙型角，待磨好前角后，再修磨两刃夹角。

6）刃磨高速钢螺纹车刀时，应选用细粒度砂轮（如粒度代号为 F80 的氧化铝砂轮）。

7）刃磨时车刀对砂轮的压力应小于一般车刀，并常浸水冷却，以防过热引起退火。螺纹车刀在刃磨过程中，应在砂轮表面水平方向缓慢移动，这样容易使车刀刃口刃磨平直，且表面粗糙度值小。

8）刃磨车削窄槽或高台阶螺纹的螺纹车刀时，应将螺纹车刀进给方向一侧的切削刃磨短些，以有利于车削时退刀，如图 4-11 所示。

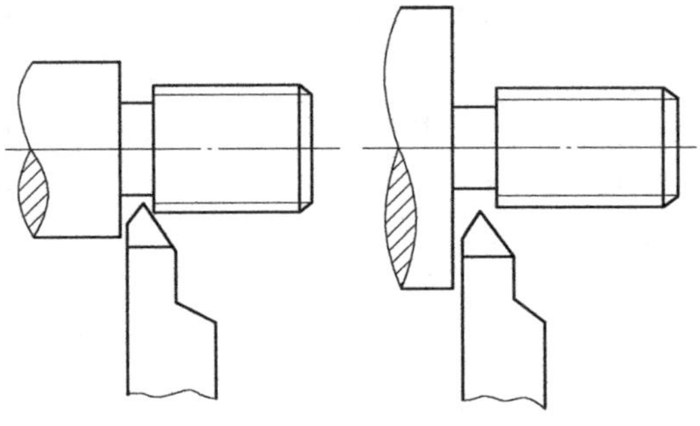

图 4-11　车削窄槽、高台阶螺纹的车刀

二、普通外螺纹零件加工

1. 案例内容

数控车削三角形外螺纹零件，其实物图如图 4-12 所示。

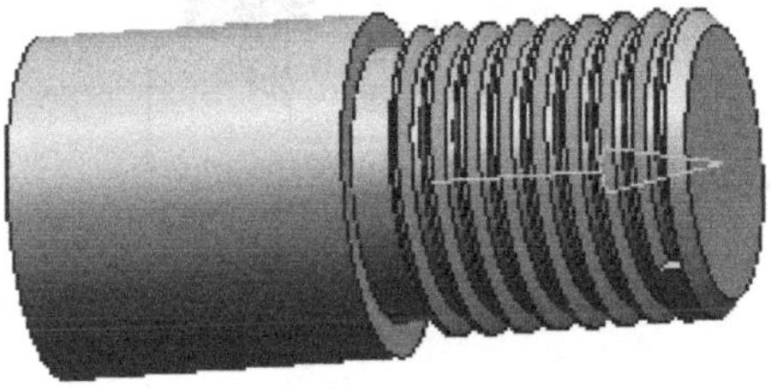

图 4-12　三角形外螺纹零件实物图

2. 案例要求

（1）加工要求　如图 4-13 所示，要求计算出外螺纹的相关尺寸，能利用数控车床进行该零件的外螺纹车削，并能利用螺纹环规对外螺纹进行检验。

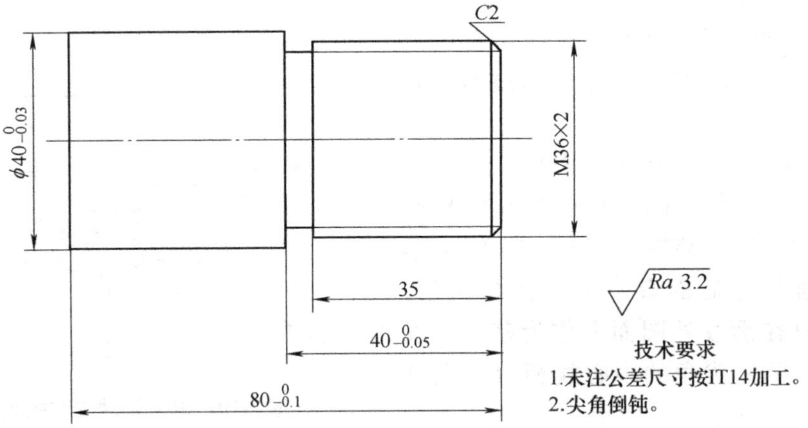

图 4-13　三角形外螺纹零件图

1）确定加工顺序。

2）说明使用的夹具、刀具类型，以及加工工艺和数控粗、精加工的内容。

3）画出数控加工走刀路线图，注意刀具切入和切出的方法。

4）标注轮廓节点。

5）编制数控加工程序。

6）掌握刀具、夹具的装夹与数控加工对刀等实际操作技能。

（2）案例加工使用的设备、辅具与材料

1）使用设备：CK6140 数控车床。

2）夹具：自定心卡盘。

3）刀具：93°正偏刀、60°外螺纹车刀。

4）量具：钢直尺、游标卡尺、外径千分尺、螺纹环规。

5）材料：2A12，毛坯尺寸 ϕ40mm×85mm。

（3）案例解析

1）零件加工工艺分析。该零件由外圆柱面和三角形外螺纹面组成。零件材料为硬铝，可加工性较好，无热处理和硬度要求。

加工刀具为 93°正偏刀、4mm 宽切槽刀和 60°外螺纹车刀。

零件结构简单，采用自定心卡盘装夹进行零件加工。

定位基准：以圆柱体右端面中心为基准。

2）数控车削加工工艺与工艺文件。

数控加工工序卡和切削用量选择见表 4-3。

表 4-3　数控加工工序卡和切削用量选择

数控加工工序卡				零件代号		材料名称	零件数量
				底座		2A12	1
设备名称	数控车床	系统型号	FANUC 0i	夹具名称	自定心卡盘	毛坯尺寸	ϕ40mm×85mm
工步号	工步内容			刀具号	主轴转速/(r/min)	进给速度/(mm/r)	背吃刀量/mm	备注
1	用自定心卡盘夹持右端，加工左端面			T01	800	0.2	0.5	
2	调头，夹持左端，加工右端面			T01	1000	0.2、0.1	0.5	
3	以工件右端面中心为原点建立工件坐标系，加工端面			T01	1000	0.3、0.1	0.5	
4	加工外圆至 ϕ35.8mm			T01	1000	0.1	1	
5	加工退刀槽			T02	800	0.1		
6	用 60°螺纹车刀车削螺纹 M36×2			T03	800	2		

数控刀具卡见表 4-4。

表 4-4　数控刀具卡

序号	刀具号	刀具名称	刀片/刀具规格	刀尖圆弧半径	刀具材料	备注
1	T01	93°正偏刀	25mm×25mm	0.4mm	硬质合金	
2	T02	切槽刀	刀宽 4mm	0.4mm	硬质合金	
3	T03	60°外螺纹车刀	60°	0.4mm	硬质合金	

3. 编写程序

1）用 G32 指令编写加工程序，见表 4-5。

表 4-5　加工程序（G32）

程　序	注　释
O0032;	程序名
N10 T0303 G40 G97 G99;	调用 3 号 60°外螺纹车刀，设定工件坐标系
N20 S600 M03 F0.2;	主轴正转，转速为 600r/min
N30 G00 X38. Z5. M08;	刀具快速定位，打开切削液
N40 X34.6;	螺纹第 1 刀的 *X* 向切削位置
N50 G32 Z-37. F2.;	螺纹第 1 刀切削，背吃刀量 1.2mm，螺距 2mm
N60 G00X38.;	*X* 向快速退出
N70 Z5.;	*Z* 向快速退出
N80 X34.;	螺纹第 2 刀的 *X* 向切削位置
N90 G32 Z-37. F2.;	螺纹第 2 刀切削，背吃刀量 0.6mm
N100 G00X38.;	*X* 向快速退出
N110 Z5.;	*Z* 向快速退出
N120 X33.6;	螺纹第 3 刀的 *X* 向切削位置
N130 G32 Z-37. F2.;	螺纹第 3 刀切削，背吃刀量 0.4mm
N140 G00 X38.;	*X* 向快速退出
N150 Z5.;	*Z* 向快速退出
N160 X33.5;	螺纹第 4 刀的 *X* 向切削位置
N170 G32 Z-37. F2.;	螺纹第 4 刀切削，背吃刀量 0.1mm
N180 G00 X38.;	*X* 向快速退出
N190 Z5.;	*Z* 向快速退出
N200 X33.4;	螺纹第 5 刀的 *X* 向切削位置
N210 G32 Z-37. F2.;	螺纹第 5 刀切削，背吃刀量 0.1mm
N220 G00 X38. M09;	*X* 向快速退出，关闭切削液
N230 Z50. M05;	*Z* 向快速退出，主轴停转
N240 M30;	程序结束并复位

2）用 G92 指令编写加工程序，见表 4-6。

表 4-6　加工程序（G92）

程　序	注　释
O0092;	程序名
N10 T0303 G40 G97 G99;	调用 3 号 60°外螺纹车刀，设定工件坐标系
N11 S600 M03 F0.2;	主轴正转，转速为 600r/min
N12 G00 X38. Z5. M08;	刀具快速定位至循环起点，打开切削液
N13 G92 X34.6 Z-37. F2.;	螺纹第 1 次切削循环，背吃刀量 1.2mm，螺距 2mm

（续）

程　　序	注　　释
N14 X34.；	螺纹第 2 次切削循环，背吃刀量 0.6mm
N15 X33.6；	螺纹第 3 次切削循环，背吃刀量 0.4mm
N16 X33.5；	螺纹第 4 次切削循环，背吃刀量 0.1mm
N17 X33.4；	螺纹第 5 次切削循环，背吃刀量 0.1mm
N18 G00 X50. M09；	*X* 向快速退出，关闭切削液
N19 G00 Z5. M05；	*Z* 向快速退出，主轴停转
N20 M30；	程序结束并复位

3）用 G76 指令编写加工程序，见表 4-7。

表 4-7　加工程序（G76）

程　　序	注　　释
O0076；	程序名
N10 T0303 G40 G97 G99；	调用 3 号 60°外螺纹车刀，设定工件坐标系
N11 S600 M03 F0.2；	主轴正转，转速为 600r/min
N12 G00 X38. Z5. M08；	刀具快速定位至循环起点，打开切削液
N13 G76 P011060 Q100 R0.1；	调用螺纹切削复合循环，设置相关参数
N14 G76 X33.4 Z-37. R0. P1300 Q500 F2.0；	螺距 2mm
N15 G00 X50. M09；	*X* 向快速退出，关闭切削液
N16 G00 Z5. M05；	*Z* 向快速退出，主轴停转
N17 M30；	程序结束并复位

4. 案例总结

如果加工完成后的工件中螺纹表面粗糙，产生原因可能是车刀刃口不光洁，切削液不适当，切削参数和工件材料不匹配，以及系统刚性不足切削过程产生振动等造成的。此时，应更换刀片，选择适当的切削速度和切削液，调整车床滚珠丝杠间隙，保证各导轨间隙的准确性，防止切削时产生振动。另外，在高速切削螺纹时，切屑厚度太小或切屑向斜方向排出等原因易造成拉毛已加工表面。一般在高速切削螺纹时，最后一刀切削厚度要大于 0.1mm，切屑要垂直于轴线方向排出。对于因刀杆刚性不够、切削时引起振动造成的螺纹表面粗糙，可以减小刀杆伸出量，稍降低切削速度。切削过程是比较复杂的，有多种原因会导致相同的后果。

三、梯形外螺纹零件加工

梯形螺纹在工业中运用较为广泛，常见的有车床上的丝杠，还有一些梯形螺纹的接头。在采用数控车床加工梯形螺纹时，需要对梯形螺纹加工工艺进行合理的分析，正确选择加工刀具以及注重加工方法的选择。合理的工艺、正确的刀具和好的加工方法能直接保证梯形螺纹的加工质量。

1. 梯形螺纹的参数及代号

梯形螺纹的代号：梯形螺纹的代号用字母“Tr”及公称直径×螺距表示，单位均为 mm。

左旋螺纹需在尺寸规格之后加注“LH”，右旋则不用标注。

梯形螺纹的牙型和基本尺寸如图 4-14 所示。梯形螺纹的基本要素、代号及计算公式见表 4-8。

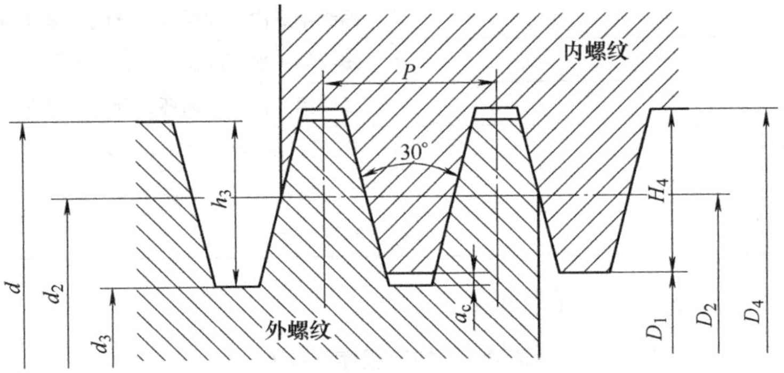

图 4-14　梯形螺纹的牙型和基本尺寸

表 4-8　梯形螺纹的基本要素、代号及计算公式

名　称	代　号	计　算　公　式			
螺距	P	P/mm	1.5~5	6~12	14~44
牙顶间隙	a_c	a_c/mm	0.25	0.5	1
大径	d、D_4	d=公称直径，$D_4 = d + 2a_c$			
中径	d_2、D_2	$d_2=d-0.5P$，$D_2=d_2$			
小径	d_3、D_1	$d_3=d-2h_3$，$D_1=d-P$			
牙高	h_3、H_4	$h_3=0.5P+a_c$，$H_4=h_3$			
牙顶宽	f、f'	$f=f'=0.366P$			
牙槽底宽	w、w'	$w=w'=0.366P-0.536a_c$			

2. 梯形螺纹的刀具选择

（1）硬质合金螺纹车刀　为了提高生产效率，可以使用硬质合金螺纹车刀粗车梯形螺纹，刀头宽度要小于牙槽底宽。

（2）高速钢螺纹车刀　高速钢螺纹车刀能车削出较高精度和较小表面粗糙度值的螺纹，可用于精车。

3. 梯形螺纹在数控车床上的加工方法

（1）直进法　螺纹车刀沿 X 向间歇进给至牙深处（图 4-15a）。采用此种方法加工梯形螺纹时，车刀的三个加工面同时受力，散热条件比较差，车刀很容易磨损，当进刀量过大时还可能产生“扎刀”，把牙形表面多切去一块，甚至能够折断车刀。

（2）斜进法　螺纹车刀沿牙型角方向斜向间歇进给至牙深处（图 4-15b）。采用此种方法加工梯形螺纹时，只有一侧切削刃参与切削，从而使排屑比较顺利，刀尖的受力和受热情况有所改善，在车削中不易引起“扎刀”现象。

在数控车床上加工梯形螺纹时，假如选用 G76 指令进行编程加工，采用直进法进行车削时，选好螺纹车刀、减小背吃刀量、选择适当的进给量，并加足切削液，可尽量减小扎刀现象。

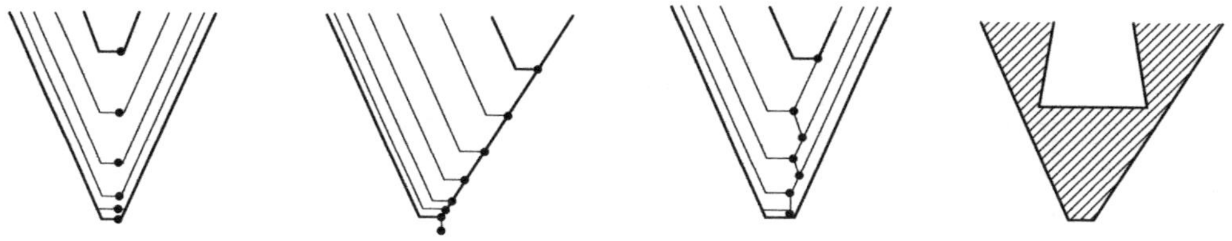

a) 直进法　b) 斜进法　c) 交错切削法　d) 切槽刀粗切槽法

图 4-15　梯形螺纹进刀方式

（3）交错切削法　螺纹车刀沿牙型角方向进给至牙深（图 4-15c）。此法基本同于斜进法。

（4）切槽刀粗切槽法　该方法先用切槽刀粗切出螺纹槽（图 4-15d），再用螺纹车刀加工螺纹两侧面。这种方法的编程与加工在数控车床上较难实现。

4. 梯形螺纹的测量方法

（1）塞规测量法　用标准螺纹环规进行综合性测量。

（2）单针测量法　只需使用一根量针，放置在螺旋槽中，用千分尺量出螺纹外径与量针顶点之间的距离。

（3）三针测量法　这种方法是测量螺纹中径的一种比较精密的方法。此方法在对梯形螺纹的精度有较高要求的时候使用。测量时，把三根直径相等的量针放在同一条螺旋槽中，用千分尺量出两侧量针顶点之间的距离。

5. 加工梯形螺纹的注意事项

1）车削梯形螺纹时，要加足切削液，以免刀具受热发生刀具损坏。

2）粗、精车梯形螺纹时车刀的刀头宽度相差要小，避免粗车后，精加工时发生刀具损坏的现象。

3）车削梯形螺纹时，切削刃应保证锋利，两侧切削刃应对称，刀体不能外斜。

4）在车削梯形螺纹的过程中不允许用手接触工件或用棉纱擦工件，以免发生安全事故。

5）车削梯形螺纹时应选择较小的切削用量，以减少工件的变形或者减小螺纹车刀不必要的磨损。

6. 加工案例

（1）零件图样分析　梯形螺纹零件图样如图 4-16 所示。

该零件表面是由外圆柱、外螺纹等表面组成。该零件材料为 45 钢，无热处理和硬度要求。该零件尺寸标注完整，轮廓描述清楚。其中螺纹两端需倒角 $C5$，其余未注倒角 $C1.5$。选毛坯尺寸为 ϕ50mm×130mm，对图样上的几个精度要求不高的尺寸，全部取其自由尺寸即可；对精度要求高的尺寸，保证在公差范围之内。

（2）选择设备

1）根据被加工零件的外形和材料等条件，选用 FANUC 系统 CKA6140 数控车床。

2）量具选择：25~50mm（0.01mm）、50~75mm（0.01mm）的外径千分尺，0~150mm（0.02mm）的游标卡尺。

常用的测量螺纹的量具有螺纹环规、螺纹塞规，以及采用单针测量法、三针测量法等。

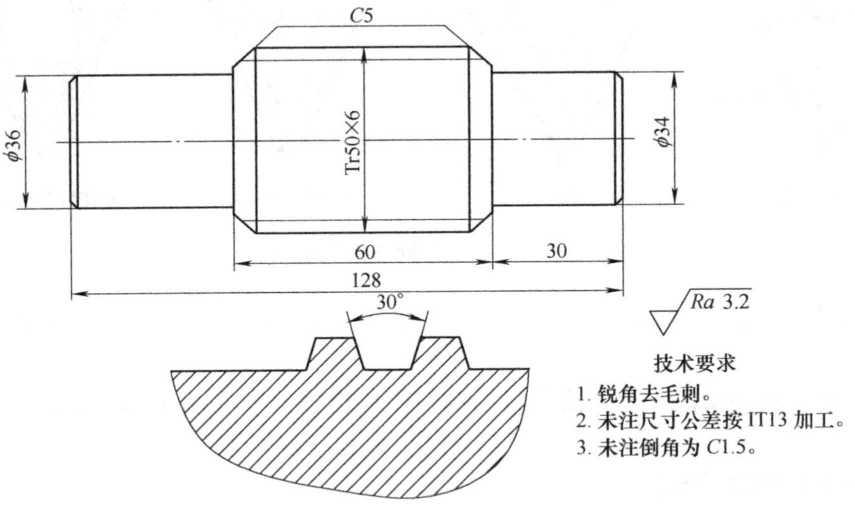

图 4-16　梯形螺纹零件图样

（3）确定零件的定位基准和装夹方式

1）定位基准。确定坯料轴线和左端面为定位基准。

2）装夹方式。首先采用自定心卡盘装夹毛坯左端，加工零件的右端外圆柱面，然后调头装夹加工外圆，车平左端面，最后加工螺纹部分。毛坯伸出长度应考虑安全加工距离，避免限位或者车削到卡盘。

（4）确定加工顺序及进给路线

1）加工顺序按由粗到精，由近到远（自左到右）的原则确定。即先从右到左进行粗车（留 1mm 精车余量），然后从右到左进行精车。CKA6140 数控车床具有粗车循环和精车循环功能，只要正确使用编程指令，机床数控系统就会自动确定其进给路线，因此，该零件的粗车循环不需要人为确定其进给路线（但精车的进给路线需人为确定）。该零件从右到左沿零件表面轮廓路线精车进给，以保证零件的各部分加工尺寸。

（5）刀具参数设置　数控工艺卡片见表 4-9。

表 4-9　数控工艺卡片

××××			数控车床工序卡片	零件名称	材料	零件图号			
				台阶轴	45 钢	4-15			
工序	程序编号		夹具名称	使用设备	生产单位				
数车加工			自定心卡盘	CAK6140	机加工分厂				
工序	刀具号	刀具规格	刀具名称	主轴转速/(r/min)	进给量/(mm/r)	背吃刀量/mm	刀尖圆弧半径/mm	刀补地址	刀尖方位
1	T01	25mm×25mm	外圆粗车刀	600	0.15	2	0.8	D01	3
2	T02	25mm×25mm	外圆精车刀	900	0.15	1	0.4	D02	3
3	T03	25mm×25mm	梯形外螺纹车刀	600		1	0.2	D03	
4									
编制		审核		批准		年　月　日		共　页	

（6）加工操作流程

1）开机、返回参考点。

2）检查毛坯尺寸。

3）装夹刀具、工件，并找正工件、夹紧。外圆粗车刀安装在 1 号刀位，外圆精车刀安装在 2 号刀位，梯形外螺纹车刀安装在 3 号刀位。

4）建立工件坐标系：根据编程原点的确定原则，外圆车刀加工时工件坐标系建立在该零件编程坐标系原点，即确定在零件右端面与轴线的交点处。

5）输入程序、校对程序后模拟加工。

6）设置加工参数。

7）自动粗加工工件左端外圆，修改参数精加工，以保证加工精度要求。

8）检测、拆卸工件。

9）调头装夹零件并找正加工外圆，车平左端面控制总长至图样要求。

10）加工梯形螺纹。

11）检测合格后拆卸工件。

12）整理工量具，并按“5S”管理。

（7）编制程序　加工程序见表 4-10。

表 4-10　加工程序

程　　序	注　　释
O0099;	程序名
N10 G40 G97 G99 T0101 S600 M03 F0.2;	机床初始化，换 1 号刀，补偿号为 1，转速为 600r/min，进给速度为 0.2mm/r
N20 X62.0 Z2.0;	加工循环起始点
N30 G71 U1.5 R0.3;	粗加工循环指令，单边背吃刀量为 1.5mm，退刀量为 0.3mm
N40 G71 P50 Q120 U0.2 W0.05;	设置循环开始行号和结束行号，径向留量为 0.2mm，*Z* 向留量为 0.05mm
N50 G01 G42 X33.0;	循环轨迹开始，设置右刀补
N60 Z0.0;	
N70 X34.0 W-1.5;	倒角 *C*1.5
N80 Z-30.0;	
N90 X40.0;	
N100 X50.0 W-5.0;	倒角 *C*5
N110 Z-92.0;	
N120 G01 G40 X62.0;	循环轨迹结束，取消刀补
N130 G00 X200.0 Z100.0;	回到换刀点
N140 M05;	主轴停转
N150 M00;	程序停止
N160 N2;	第 2 个工步
N170 G00 G40 G97 G99 T0202 S900 M03 F0.08;	机床初始化，换 2 号刀，补偿号为 2，转速为 900r/min，进给速度为 0.08mm/r

（续）

程　　序	注　　释
N180 X62.0 Z2.0;	加工起始点
N190 G70 P50 Q120;	精加工循环指令，开始行号为 N10，结束行号为 N11
N200 M05;	主轴停转
N210 M00;	程序停止
N220 N3;	第 3 个工步
N230 G00 G40 G97 G99 T0303 S600;	机床初始化，换 3 号刀，补偿号为 3，转速为 600r/min
N240 M03;	
N250 X52.0 Z5.0;	加工起始点
N260 G76 P030630 Q200 R100;	
N270 G76 X43.5 Z-90.0 P3250 Q500 F5.0;	螺纹切削循环
N280 G00 X200.0 Z100.0;	回到换刀点
N290 M05;	主轴停转
N300 M00;	程序停止-

四、内螺纹零件加工

1. 内螺纹加工方法

加工内螺纹可以采用几种不同的方式。在传统的攻螺纹加工中，可以使用螺纹丝锥，以手动或机动方式，在预先钻出的孔中切出内螺纹。

与此相比，冷挤压成形丝锥则被用于内螺纹的无屑加工。在这种加工中，螺纹不是通过切削成形的，而是通过冷挤压成形的，将工件材料挤压成所需要的螺纹牙型。

随着数控机床的发展，螺纹铣削作为另一种可选工艺被引入内螺纹加工。加工时，利用刀具特定的圆周运动和进给运动，螺纹在孔中被铣削成形。

这三种加工方法分别适用于不同的加工条件。

（1）“传统”加工方法：攻螺纹　在传统的攻螺纹加工中，工件材料通过连续切削被去除。当工件材料的硬度大于 60HRC 时，以及在深孔螺纹加工中，由于可能出现因排屑困难而引起的尺寸精度和刀具破损问题，攻螺纹加工的应用受到很大的限制。

（2）无屑加工方法：冷挤压成形　螺纹的冷挤压成形加工适用于强度小于 1200MPa、断后伸长率大于 8%的工件材料。由于冷挤压的作用，这种无屑工艺加工出的螺纹可以达到更高的静态和动态强度，以及更好的表面质量。然而，冷挤压螺纹成形需要比传统攻螺纹加工更大的转矩，以及需要高品质的润滑剂。

（3）高效而精密的加工方法：螺纹铣削　螺纹铣削几乎适用于所有工件材料，并具有最好的加工灵活性和最高的生产率。其加工出的螺纹面干净光滑，而且不会发生轴向误切。对于难加工材料，螺纹铣削往往是最佳加工方式。螺纹铣削另一个被低估的优势是：当刀具折断后，很容易从孔中取出。螺纹铣削的局限性与螺纹深度有关，一般来说，它能加工不超过 3 倍螺纹直径的螺纹深度。

无论采用哪种螺纹加工方法，可以确定的是：利用当今先进的数控软件模块中的螺纹循环，可以快速而容易地编制加工程序。

（4）内螺纹加工循环　内螺纹的实际编程要求比较复杂，因为必须考虑许多参数值。先进的数控系统螺纹循环能以一种有效方式处理这种复杂性。这些加工循环要求输入一些要素，包括所需刀具、螺纹深度和切削速度，以及特定程序参数。这些特定程序输入考虑了特定攻螺纹加工的独特特点，例如，这种传统攻螺纹是通过一次切削完成的，还是需要经过断屑才能完成加工。如果需要断屑，就可以将退刀运动和旋转变向自动编入加工程序中。

（5）加工步骤的连接　内螺纹加工通常也需要分离加工步骤。例如，在加工内螺纹之前，首先要钻中心孔和预钻孔。如果工件上需要加工几个相同的内螺纹，那么就必须在每个加工位置重复这些加工步骤。为了减少相关的编程工作量，可以创建能在不同位置调用的子程序。

事实上，如果利用恰当的数控软件，可以更高效地完成这些加工步骤的编程工作。只需一次编好所有加工步骤的程序，然后通过一种位置模式将其连接起来。钻中心孔、钻孔和攻螺纹的编程可以一次完成，并适用于该模式的所有加工位置。这些位置模式可利用对直线、孔圆、网格、框架和特殊位置的可组合加工循环。

2. 内螺纹加工案例

（1）案例内容　对图 4-17 所示 M40×2 内螺纹进行加工编程。根据表 2-8 可知，螺距为 2mm，牙深为 1.299mm，其他尺寸如图中所示。用五次走刀，每次背吃刀量（直径值）分别为 0.9mm、0.6mm、0.6mm、0.4mm、0.1mm，螺纹车刀刀尖角为 60°。

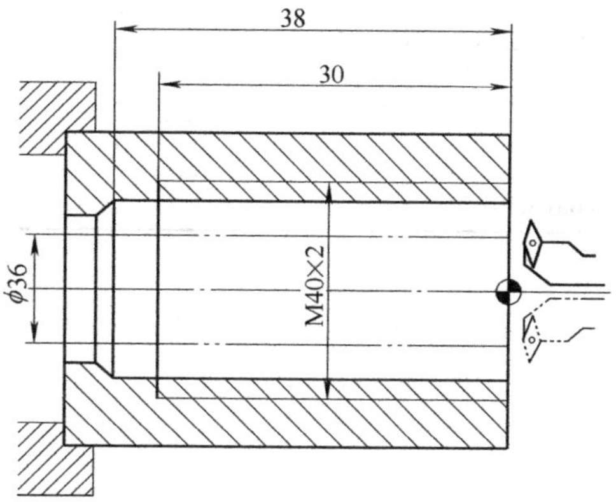

图 4-17　内螺纹零件图样

（2）工艺分析　根据图 4-18 所示图样进行工艺分析，在此基础上选定机床刀具与夹具，确定零件加工的工艺路线、工步顺序及切削用量等工艺参数。

1）对刀点。确定机床坐标系与工件坐标系之间的关系。

2）加工路线。

3）确定工艺指令。

4）确定编程误差。

5）数控加工工艺卡片见表 4-11。

表 4-11　数控加工工艺卡片

工步号	工步内容	刀具号	刀具名称	刀具规格	主轴转速/(r/min)	进给速度/(mm/min)	切削深度/mm
1	手动钻孔		钻头	ϕ30mm	300		15
2	车内轮廓	T01	93°硬质合金外圆车刀	93°	500	120	1.5
3	车削内螺纹	T02	60°硬质合金三角形螺纹车刀	60°	500	80	

（3）编写程序　加工程序见表 4-12。

表 4-12 加工程序

程　序	注　释
O0001;	程序名
N10 T0101 G40 G97 G99;	换一号外圆车刀，确定其坐标系
N20 M03 S500;	主轴以 500r/min 的速度正转
N30 G00 X100.0 Z100.0;	到程序起点或换刀点位置
N40 X34.0 Z4.0;	到简单外圆循环起点位置
N50 G90 X37.35 Z-38.0 F0.1;	加工螺纹外径
N60 G00 X100.0 Z100.0;	到换刀点位置
N70 T0202;	换 2 号螺纹车刀，确定其坐标系
N80 G00 X40.0 Z4.0;	到螺纹简单循环起点位置
N90 G92 X38.25 Z-30.0 F2;	加工螺纹，背吃刀量为 0.9mm
N100 G92 X38.85 Z-30.0 F2;	加工螺纹，背吃刀量为 0.6mm
N110 G92 X39.45 Z-30.0 F2;	加工螺纹，背吃刀量为 0.6mm
N120 G92 X39.85 Z-30.0 F2;	加工螺纹，背吃刀量为 0.4mm
N130 G92 X39.95 Z-30.0 F2;	加工螺纹，背吃刀量为 0.1mm
N140 G00 X100.0 Z100.0;	到程序起点或换刀点位置
N150 M05;	主轴停止
N160 M30;	主程序结束并复位

项目五　套类零件的加工编程

【背景导入】

在数控车削中时常会碰到一些需要进行轴套配合的零件，这是就需要对图样和配合间隙进行分析确认，对零件的内外轮廓的尺寸公差进行确认。本项目将介绍套类零件的加工及编程方式方法。

【课程重点】

1）学习识读零件图样。

2）掌握配合公差及配合类型。

3）学会对套类零件的编程加工。

【建议学时】

课堂学时：4 学时。

任务八　套类零件的加工

一、孔加工刀具

1. 麻花钻

麻花钻是常用的钻孔工具。钻孔属于粗加工，尺寸公差等级达到 IT11～IT12，表面粗糙度 Ra 值为 12.5～25μm。

（1）麻花钻的主要组成　如图 5-1 所示，麻花钻主要由工作部分、颈部和尾部组成。

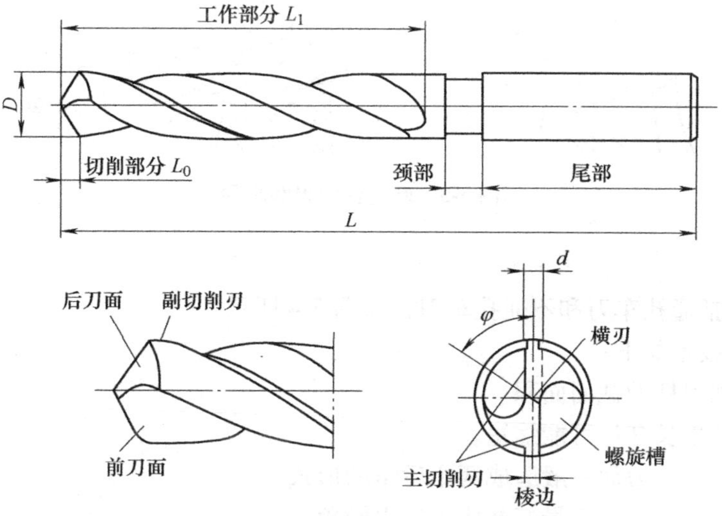

图 5-1　麻花钻的组成

（2）麻花钻切削部分的几何角度　麻花钻的切削部分如同正反两把车刀。其切削部分的几何角度和外形如图 5-2 所示。

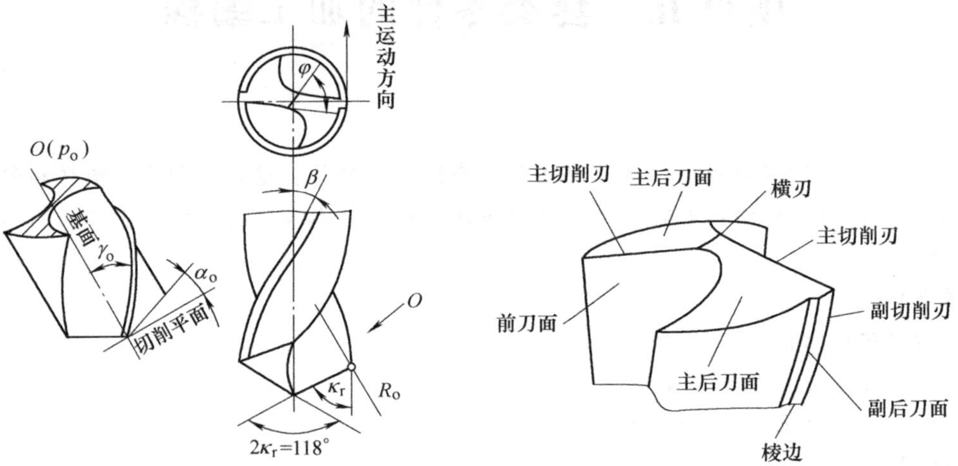

a) 几何角度　　b) 外形

图 5-2　麻花钻切削部分的几何角度和外形

（3）麻花钻的刃磨　麻花钻的刃磨是车工的基本功，其刃磨步骤如图 5-3 所示。

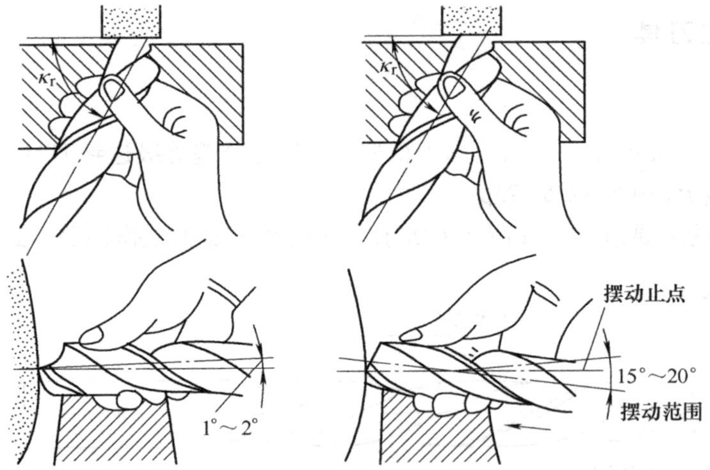

图 5-3　麻花钻的刃磨步骤

2. 内孔车刀

内孔车刀包括通孔车刀和不通孔车刀，如图 5-4 所示。

车孔的关键技术如下：

1）尽量增加刀杆的截面面积。

2）刀杆的伸出长度尽可能缩短。

3）内孔车刀的后刀面一般磨成两个后角的形式。

4）加工通孔的内孔车刀最好磨成正的刃倾角。

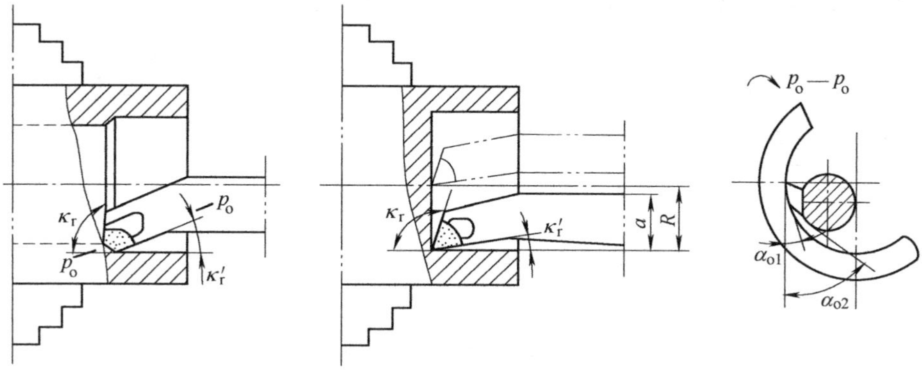

a) 通孔车刀　　b) 不通孔车刀　　c) 两个后角

图 5-4　内孔车刀

3. 扩孔钻

扩孔钻是扩大孔径、提高孔加工质量的刀具，可用于孔的最终加工或铰孔、磨孔前的预加工，如图 5-5 所示。

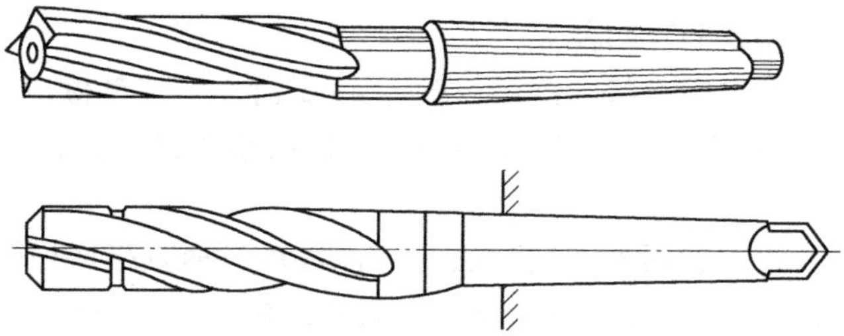

图 5-5　扩孔钻

4. 锪钻

锪钻用于加工各种埋头螺钉沉孔、锥孔和凸台面等，如图 5-6 所示。

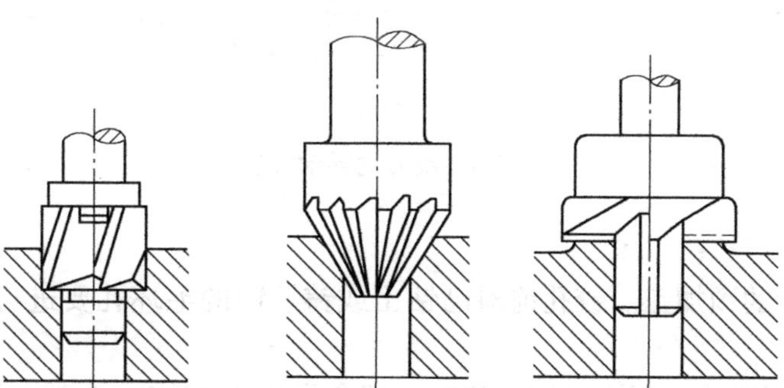

图 5-6　锪钻及其应用

5. 铰刀

铰刀用于中、小直径孔的半精加工和精加工，其尺寸公差等级可达 IT7~IT9，表面粗糙度 Ra 值可达 0.4~1.6μm，可加工圆柱孔、圆锥孔、通孔和不通孔。

（1）铰刀的几何形状　铰刀的几何形状如图 5-7 所示。

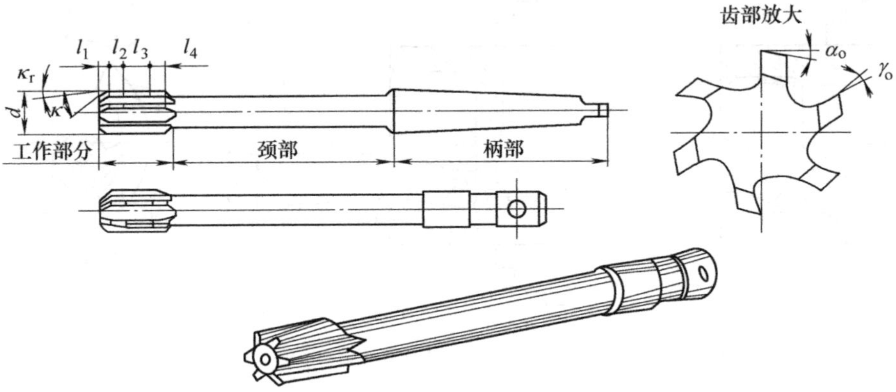

图 5-7　铰刀的几何形状

（2）工作部分　工作部分由锥形导引部分、锥形切削部分、圆柱形修光部分和倒锥组成。

（3）柄部　柄部是铰刀的夹持部分，机用铰刀有圆柱柄（直柄用在小直径的铰刀上）和锥柄（用在大直径的铰刀上）两种。

（4）铰刀的齿数和齿槽的形状　铰刀一般为 4～8 齿，一般都做成偶数齿。铰刀的齿槽一般做成直槽。直径较小的铰刀（直径 $d<32$mm）做成整体式。直径较大的铰刀（$d=25\sim75$mm）做成插柄式。

（5）铰刀的安装　铰刀有两种安装方法，一种是将刀柄直接或通过钻夹头（对直柄铰刀）、过渡套筒（对锥柄铰刀）插入车床尾座套筒的锥孔中；另一种是将铰刀通过浮动套筒插入尾座套筒的锥孔中，如图 5-8 所示。

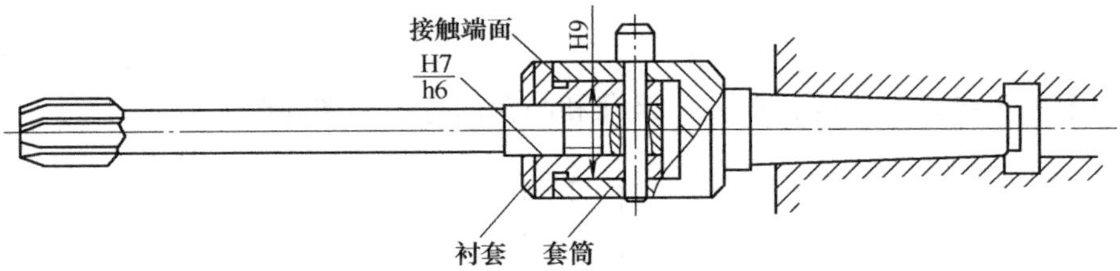

图 5-8　铰刀的浮动安装

（6）铰孔方法

1）铰孔前对孔的预加工。铰孔前对已钻出或铸、锻的毛坯孔要进行预加工——车孔或扩孔。

比较适合的铰削余量：用高速钢铰刀时，留余量为 0.08～0.12mm；用硬质合金铰刀时，留余量为 0.15～0.20mm。

2）铰刀尺寸的选择。铰刀的公称直径尺寸和孔的公称直径尺寸相同，只是需要确定铰刀的公差。

3）铰孔时的切削用量。一般推荐 $v_c<5$m/min。铰削钢件时，$f=0.2\sim1.0$mm/r，铰削铸铁或有色金属时，进给量还可以再大一些。背吃刀量是铰孔余量的一半。

4）冷却、润滑。在不加切削液或加水溶性切削液时，铰出来的孔径略有些扩大，不加切削液时，扩大量最大。用水溶性切削液（乳化液）时，铰出来的孔径比铰刀的实际直径略小。

用水溶性切削液可以得到较小的表面粗糙度值，油类切削液次之，不用切削液时最差。

5）铰孔时应该注意的问题。

① 尽可能用浮动安装的铰刀铰孔。

② 铰孔结束后，最好从孔的另一端取出铰刀。

6. 群钻

如图 5-9 所示，群钻有七条主切削刃，外形上呈现出三个尖，即外直刃、圆弧刃和内直刃。

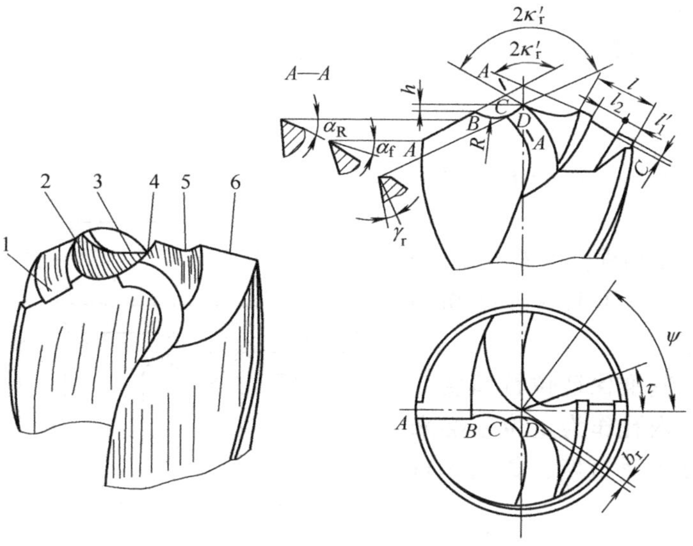

a) 切削刃　　b) 几何参数

图 5-9　群钻

1—分屑槽　2—月牙槽　3—横刃　4—内直刃　5—圆弧刃　6—外直刃

7. 内孔加工工艺分析

（1）内孔加工工艺方法　内孔加工方法有钻孔、扩孔、数控铣、铰孔、镗孔、拉孔、磨孔和光整加工。

（2）孔加工工艺路线方案　选择表面加工方法时，一般先根据表面的加工精度和表面粗糙度要求，选定最终加工方法，然后再确定精加工前的准备工序的加工方法，即确定加工方案。选择时要从生产率、经济性、零件的结构形状、尺寸大小、材料、热处理要求出发，并结合企业实际生产条件加以考虑。

（3）钻孔时的注意事项

1）在钻孔前，必须把端面车平。

2）钻头装入尾座套筒后，必须检查钻头轴线是否和工件的旋转轴线重合。

3）当使用细长钻头钻孔时，事前应该用中心钻钻出一个定心孔。

4）钻较深的孔时，要经常把钻头退出清除切屑。

5）钻通孔快要钻透时，要减小进给量。

6）钻钢料时，必须浇注充分的切削液。

7）钻出一段深度以后，应该把钻头退出，停机测量孔径。

8）把钻头引向工件端面时，引入力不可过大。

9）当钻长度较大但是要求不高的通孔时，可以调头钻孔。

（4）钻孔时的切削用量和切削液

1）背吃刀量（a_p）是钻头直径的一半。

2）切削速度（v_c）。用高速钢钻头钻钢料时，切削速度一般为20~40m/min。钻铸铁时，应稍低些。

3）进给量（f）。用直径30mm的钻头钻钢料时，进给量选0.1~0.35mm/r；钻铸铁时，进给量选0.15~0.4mm/r。

4）切削液一般用煤油；钻削铸铁、黄铜、青铜时，一般不用切削液；钻削镁合金时，切忌用切削液。

8. 工件的安装

车孔的工件一般用自定心卡盘或单动卡盘装夹。

（1）保证同轴度和垂直度的方法

1）在一次安装中加工内外圆和端面，如图5-10所示。

（2）以内孔为基准保证位置精度　一般可用心轴，以内孔作为定位基准来保证工件的同轴度和垂直度，如图5-11所示。

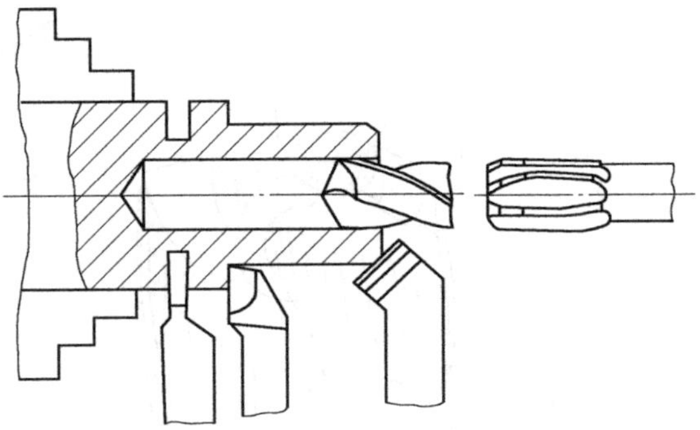

图5-10　一次装夹中加工内外圆和端面

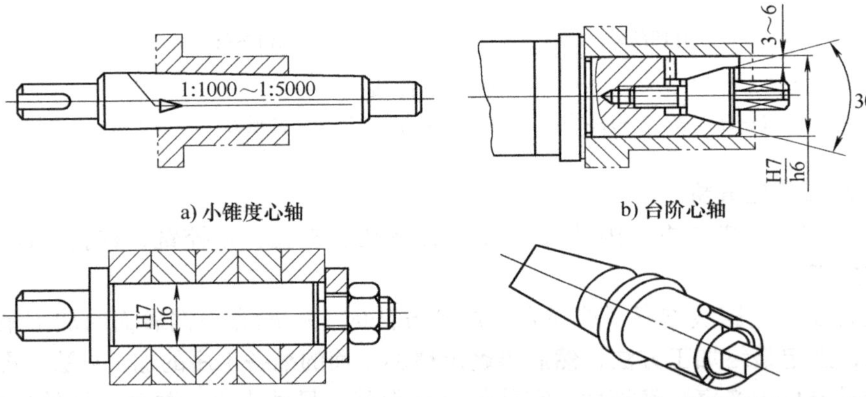

a) 小锥度心轴　b) 台阶心轴　c) 胀力心轴　d) 槽子做成三等分

图5-11　各种常用心轴

（3）以外圆为基准保证位置精度　以外圆为基准时，一般应用软卡爪装夹工件，如图5-12所示。

（4）薄壁套筒的安装　为减少薄壁零件的变形，一般采用下列方法：

1）工件分粗、精车。

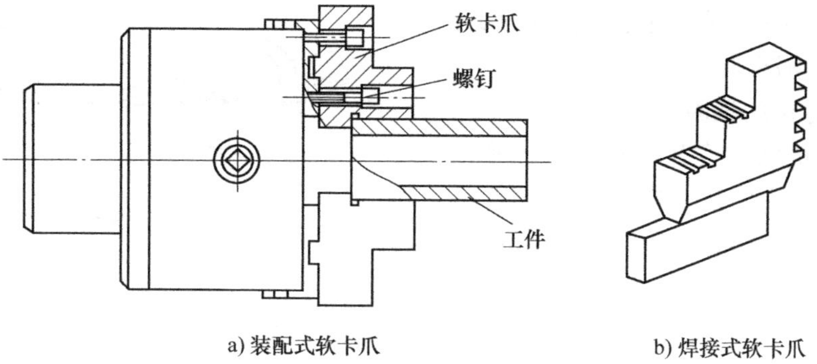

a) 装配式软卡爪　　b) 焊接式软卡爪

图 5-12　用软卡爪装夹工件

2）应用开缝套筒。

3）应用软爪卡盘。

9. 内孔的车削方法及车削内孔时常见的问题

要求较高的孔，可分粗车、半精车和精车。

车削内孔时常见的问题见表 5-1。

表 5-1　车削内孔时常见的问题

问题	产生原因	预防方法
内孔不圆	1. 主轴承间隙过大 2. 加工余量不均，没有分粗车、精车 3. 薄壁零件夹紧变形	1. 修理机床 2. 分粗车、精车 3. 改变装夹方法
内孔有锥度	1. 刀具磨损 2. 主轴轴线歪斜 3. 工件没有找正 4. 刀杆刚性差，产生让刀 5. 刀尖轨迹和主轴轴线不平行 6. 刀杆过粗和工件内壁相碰	1. 提高刀具寿命 2. 找正导轨和主轴轴线平行 3. 仔细找正工件 4. 选用较粗的刀杆 5. 大修机床导轨 6. 选小直径刀杆
内孔不光	1. 切削用量不当 2. 车刀磨损 3. 刀具振动 4. 车刀几何角度不合理 5. 刀尖低于工件中心	1. 重选切削用量 2. 重磨车刀 3. 加粗刀杆，降低切削速度 4. 合理选择车刀角度 5. 刀尖高于工件中心安装

10. 车削内沟槽

（1）内沟槽车刀　内沟槽车刀和外沟槽车刀通常都叫作车槽刀。整体式内沟槽车刀如图 5-13 所示。

（2）内沟槽车削方法　车内沟槽的方法和车削内孔相同，只是车内沟槽时的工作条件比车削内孔时更困难。

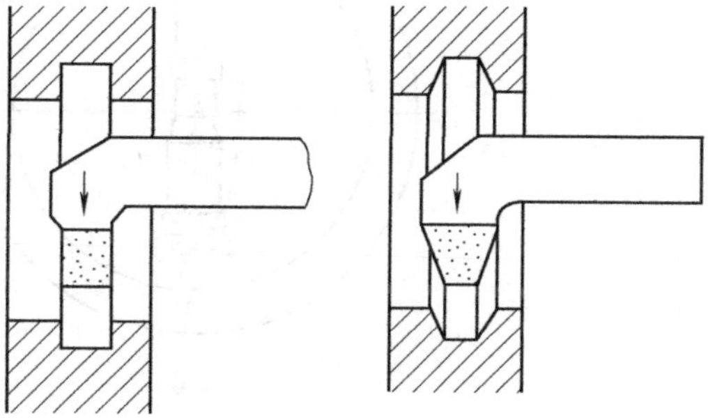

图 5-13　整体式内沟槽车刀

1）刀杆直径或刀体直径尺寸比车削内孔

时所用的尺寸要小，刚性更差，切削刃更长。

2）排屑更困难。

11. 套类零件的检验

（1）尺寸精度的检验　孔的尺寸精度要求较低时，可采用钢直尺、内卡钳或游标卡尺测量；精度要求较高时，可以用塞规或内径千分尺测量。用内卡钳测量孔径如图 5-14 所示。

（2）塞规　塞规及其使用如图 5-15 所示。当过端进入孔内，而止端不进入孔内，说明工件孔径合格。

（3）内径千分尺　如图 5-16 所示，测量时，内径千分尺应在孔内摆动，在直径方向应找出最大尺寸，轴向应找出最小尺寸，这两个重合尺寸，就是孔的实际尺寸。

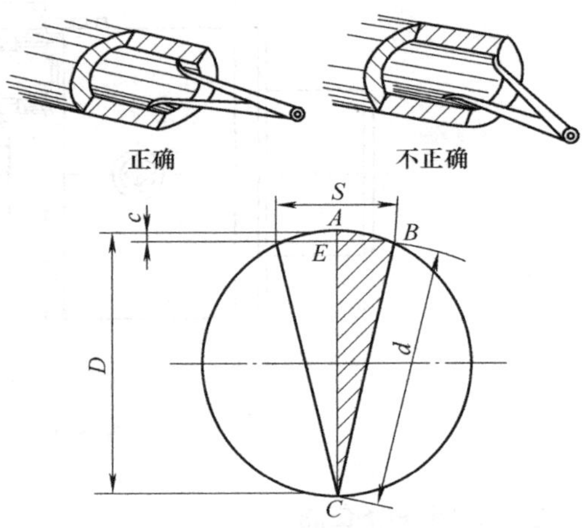

图 5-14　用内卡钳测量孔径

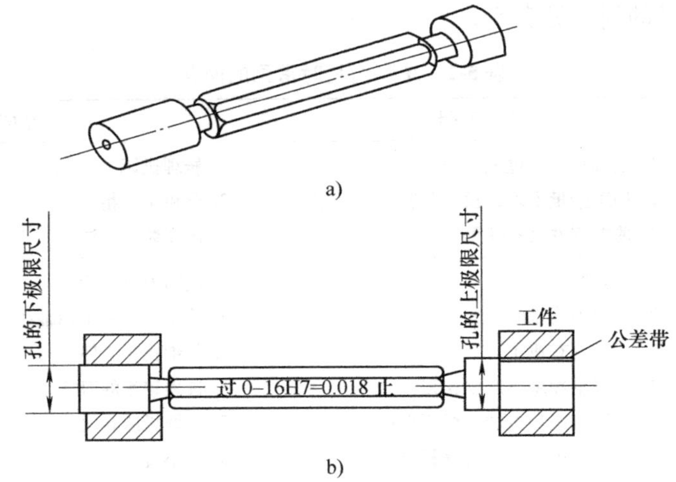

图 5-15　塞规及其使用

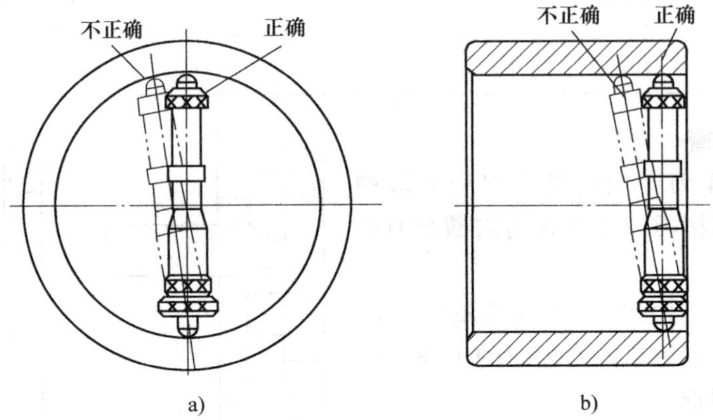

图 5-16　内径千分尺的使用方法

（4）形状精度的检验　在车床上加工的圆柱孔，其形状精度一般仅测量孔的圆度和圆柱度（一般测量锥度）两项形状偏差。当孔的圆度要求不高时，在生产现场可用内径百分（千分）表在孔的圆周上各个方向去测量，测量结果的最大值与最小值之差的一半即为圆度误差。

（5）位置精度的检验

1）径向圆跳动的检验方法。一般套类工件测量径向圆跳动时，都可以以内孔作为基准，把工件套在精度很高的心轴上，用百分表（或千分表）来检验，如图 5-17 所示。百分表在工件转一周中的读数差，就是径向圆跳动误差。

2）轴向圆跳动的检验方法。用百分表测量轴向圆跳动的方法如图 5-18 所示。先把工件安装在精度很高的心轴上，利用心轴上极小的锥度使工件轴向定位，然后把杠杆式百分表的圆测头靠在所需要测量的端面上，转动心轴，测得百分表的读数差，就是轴向圆跳动误差。

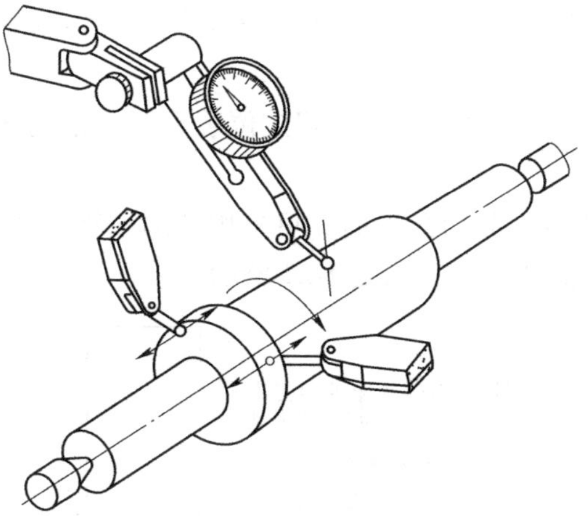

图 5-17　用百分表测量径向圆跳动的方法

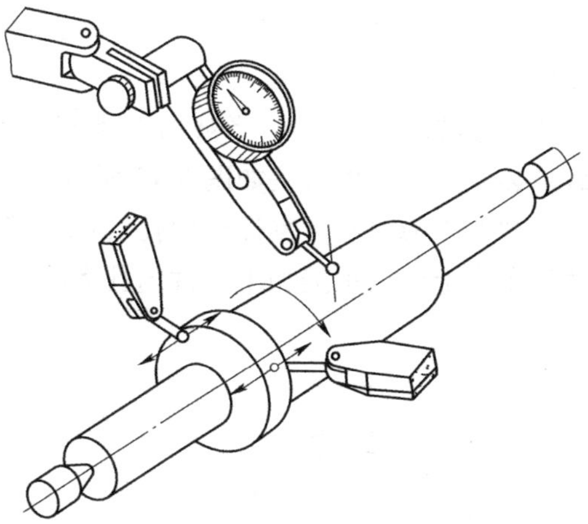

图 5-18　用百分表测量轴向圆跳动的方法

12. 套类零件的定位与装夹方案

（1）套类零件定位基准的选择　套类零件的主要定位基准为内外圆中心。

（2）套类零件的装夹方案

1）若套类零件的壁厚较大，零件以外圆定位时，可直接采用自定心卡盘装夹，工件较短时，可与已加工过的端面组合定位装夹，如采用反爪装夹；工件较长时可加顶尖装夹，再根据工件长度，是否再加中心架或跟刀架，采用“一夹一顶一托”法装夹。

2）套类零件以内孔定位时，可采用心轴装夹（圆柱心轴、可胀式心轴）；当零件的内、外圆同轴度要求较高时，可采用小锥度心轴装夹。当工件较长时，可在两端孔口各加工出一小段 60° 锥面，用两个圆锥对顶定位装夹。

3）当套类零件壁厚较小时，也即薄壁套类零件，直接采用自定心卡盘装夹会引起工件变形，可采用轴向装夹、刚性开缝套筒装夹和圆弧软爪装夹等办法。

① 轴向装夹法。轴向装夹法也就是将薄壁套类零件由径向夹紧改为轴向夹紧，如图 5-19 所示。

② 刚性开缝套筒装夹法。薄壁套类零件采用自定心卡盘装夹，如图 5-20 所示，零件只受到三个爪的夹紧力，夹紧接触面积小，夹紧力不均衡，容易使零件发生变形。

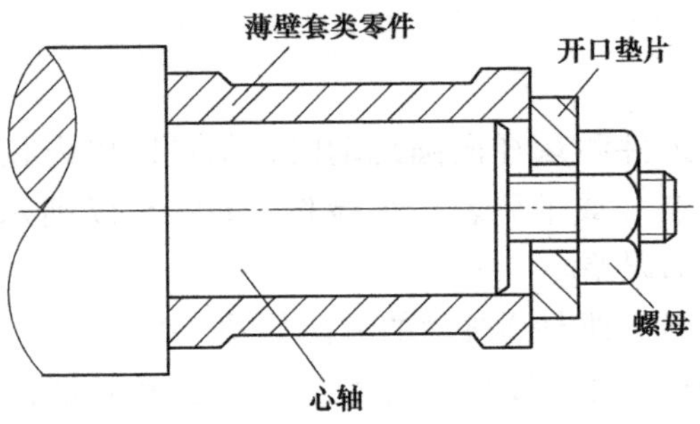

图 5-19　工件轴向夹紧示意图

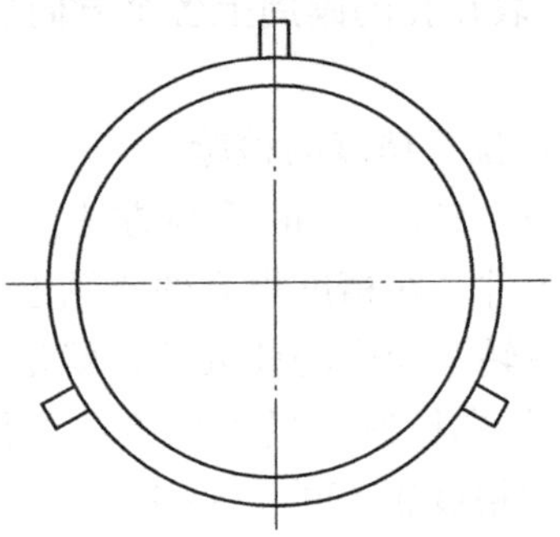

图 5-20　自定心卡盘装夹

采用图 5-21 所示的刚性开缝套筒装夹，夹紧接触面积大，夹紧力较均衡，不容易使零件发生变形。

③ 圆弧软爪装夹法。当被加工薄壁套类零件以自定心卡盘内圆定位装夹时，采用内圆弧软爪装夹定位工件方法如图 5-12 所示。

当被加工薄壁套类零件以内孔（圆）定位装夹（胀内孔）时，可采用外圆弧软爪装夹，在数控车床上装刀根据加工工件内孔大小自车外圆弧软爪，如图 5-22 所示。

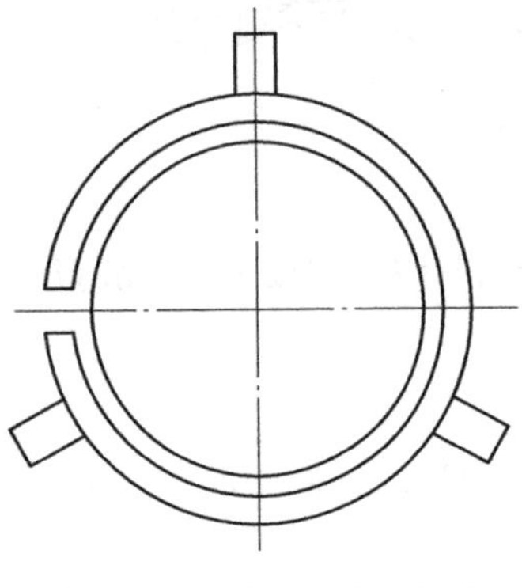

图 5-21　刚性开缝套筒装夹

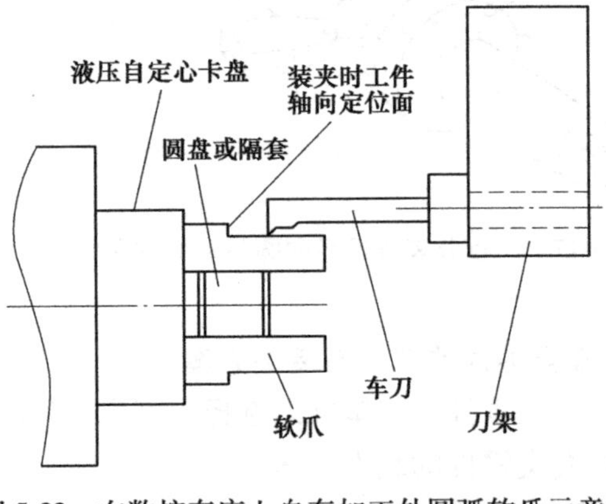

图 5-22　在数控车床上自车加工外圆弧软爪示意图

注意：加工软爪时要在与使用时相同的夹紧状态下进行车削，以免加工过程中松动和由于卡爪反向间隙而引起定心误差，车削时，要在靠近卡盘处夹适当的圆盘料，以消除卡盘端面螺纹的间隙。自车加工的三个外圆弧软爪所形成的外圆弧直径大小应比用来定心装夹的工件内孔直径略大一点。

二、简单内孔零件加工

编制图 5-23 所示带内孔的零件的加工程序并进行加工。毛坯采用 ϕ45mm×150mm 的棒料，材料为 45 钢。

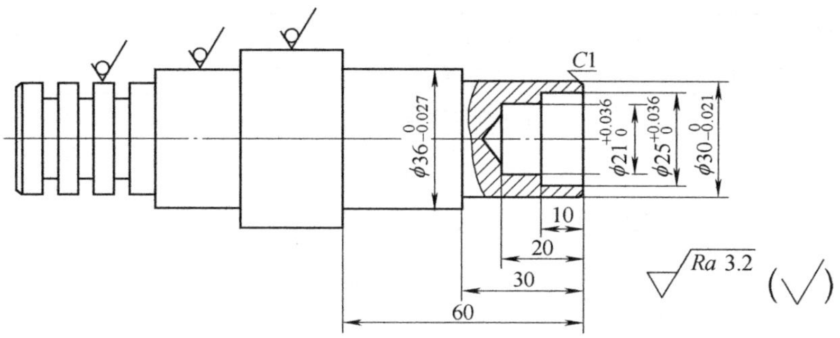

图 5-23　带内孔的零件

（1）加工工艺分析

1）编程原点的确定。以工件右端面与轴线的交点处作为编程原点。

2）制订加工路线。先车右端面→钻 ϕ19mm 的底孔→粗车 $\phi36_{-0.027}^{\ 0}$ mm 和 $\phi30_{-0.021}^{\ 0}$ mm 的外圆→精车倒角→精车 $\phi30_{-0.021}^{\ 0}$ mm 的外圆至尺寸→精车 $\phi36_{-0.027}^{\ 0}$ mm 的外圆至尺寸→粗、精车 $\phi21_{\ 0}^{+0.036}$mm 和 $\phi25_{\ 0}^{+0.036}$ mm 的内孔。

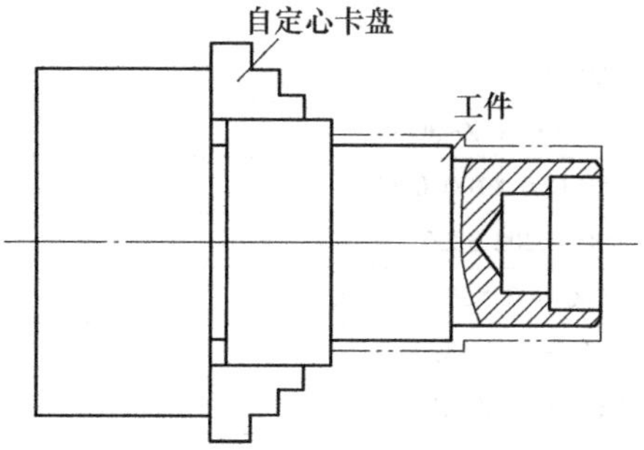

图 5-24　工件的装夹

（2）工件的装夹　工件的装夹如图 5-24 所示。

（3）填写工艺卡片

1）确定加工工艺，填写数控加工工艺卡片，见表 5-2。

表 5-2　数控加工工艺卡片

工序	名称	工艺要求			操作者	备注
1	下料	ϕ45mm×150mm				
2	数控车	工步	工步内容	刀具号		
		1	车右端面	T01		
		2	钻孔	钻头		
		3	粗车 $\phi36_{-0.027}^{\ 0}$ mm 的外圆	T02		
		4	粗车 $\phi30_{-0.021}^{\ 0}$ mm 的外圆	T02		
		5	倒角	T02		
		6	精车 $\phi30_{-0.021}^{\ 0}$ mm 的外圆	T02		
		7	精车 $\phi36_{-0.027}^{\ 0}$ mm 的外圆	T02		
		8	粗车 $\phi21_{\ 0}^{+0.036}$ mm 和 $\phi25_{\ 0}^{+0.036}$ mm 的内孔	T03		
		9	精车 $\phi21_{\ 0}^{+0.036}$ mm 和 $\phi25_{\ 0}^{+0.036}$ mm 的内孔	T03		
3	检验					

2）切削用量及刀具选择，见表 5-3。

表 5-3 切削用量及刀具选择

刀具号	刀具规格及名称	数量	加工内容	主轴转速/(r/min)	进给速度/(mm/r)	备注
T01	90°端面车刀	1	车端面	500	0.1	
T02	90°外圆车刀	1	车工件外轮廓	800	0.2	
T03	内孔车刀	1	车内孔	500	0.15、0.1	

（4）编写加工程序 数控加工程序见表 5-4。

表 5-4 数控加工程序

程　　序	说　　明
00001;	程序名
N10 G40 G97 G99;	程序头
N20 M03 S500 T0101 F0.2;	主轴正转，转速为 500r/min，选择 1 号刀及 1 号刀补
N30 G00 X50.0 Z2.0;	车端面起刀点
N40 G94 X0 Z0 F0.1;	端面循环车削
N50 G00 X45.0 Z2.0;	移到粗车起刀点
N60 G90 X37.0 Z-60.0 F0.2;	粗车循环
N70 X31.0 Z-30.0;	
N80 G00 X100.0 Z100.0;	快速移到换刀点
N90 T0202 S800;	换 2 号刀及 2 号刀补，准备精车
N100 G00 X50.0 Z5.0;	快速移到定刀点
N110 G00 X28.0;	
N120 G01 Z0 F0.1;	移到精车起刀点
N130 X30.0 Z-1.0;	倒角
N140 Z-30.0;	精加工 $\phi36_{-0.021}^{0}$ mm 的外圆
N150 X36.0;	退刀
N160 Z-60.0;	精加工 $\phi36_{-0.027}^{0}$ mm 的外圆
N170 X45.0;	退刀
N180 G00 X100.0 Z100.0;	快速退刀
N190 T0303 S500;	换 3 号刀及 3 号刀补，准备车孔
N200 G00 X15.0 Z10.0;	快速移到起刀点
N210 X18.0 Z5.0;	移到循环起始点
N220 G90 X20.5 Z-20.0 F0.15;	车孔循环
N230 X24.5 Z-10.0;	精加工余量 0.05mm
N240 G00 X25.0;	移到精加工定刀点
N250 G01 Z-10.0 F0.1;	精加工 $\phi25_{0}^{+0.036}$ mm 的内孔
N260 X21.0;	退刀
N270 Z-20.0;	精加工 $\phi21_{0}^{+0.036}$ mm 的内孔
N280 X19.0;	退刀
N290 G00 Z10.0;	退刀
N300 G00 X100.0 Z100.0;	快速退刀
N310 M05;	主轴停
N320 M30;	程序结束并返回程序头

（5）内孔加工质量分析　内孔加工质量分析见表 5-5。

表 5-5　内孔加工质量分析

现象	产生原因	解决方法
孔径尺寸超差 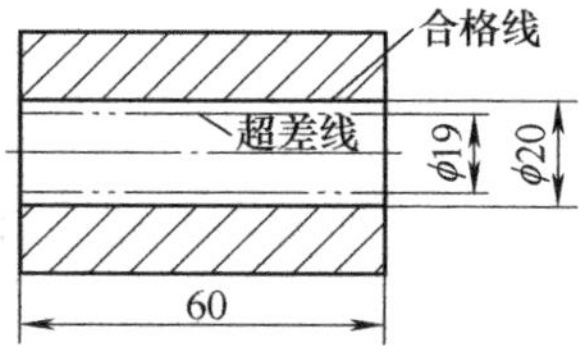	1. 刀具数据不准确 2. 切削用量选择不当 3. 产生让刀现象 4. 加工程序错误 5. 工件尺寸计算错误	1. 调整或重新设定刀具数据 2. 合理选择切削用量 3. 检查、修改加工程序 4. 正确计算工件尺寸
内孔形状精度达不到要求 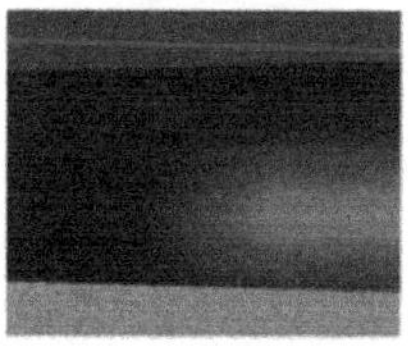	1. 主轴本身间隙过大 2. 加工程序错误 3. 装夹时把工件夹扁 4. 车刀磨损	1. 调整主轴间隙 2. 检查、修改加工程序 3. 正确装夹工件 4. 修磨车刀
内孔端面相互位置精度达不到要求 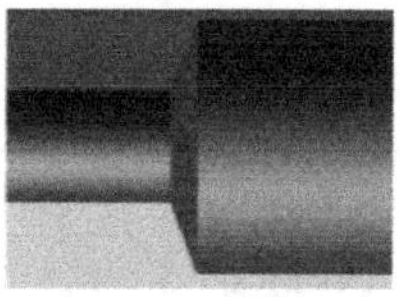	1. 中滑板导轨与主轴中心线不垂直 2. 主轴径向窜动 3. 修磨、更换刀具 4. 加工程序错误	1. 调整机床 2. 调整主轴 3. 刀具磨损，切削力增大 4. 检查、修改加工程序
内孔表面粗糙度达不到要求 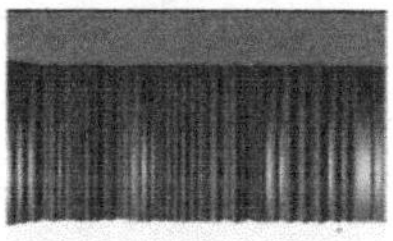	1. 车刀磨损 2. 切削速度选用不当 3. 切削液选用不当 4. 产生积屑瘤 5. 刀具中心过高 6. 被切屑划伤	1. 修磨车刀 2. 合理选择切削用量 3. 合理选择切削液 4. 选择合适的切削速度 5. 正确装夹车刀 6. 合理排屑

三、直通孔和台阶孔的加工

1. 直通孔的加工

编制图 5-25 所示带内孔的零件的加工程序并进行加工，毛坯为 ϕ40mm × 65mm 的棒料，材料为 45 钢。

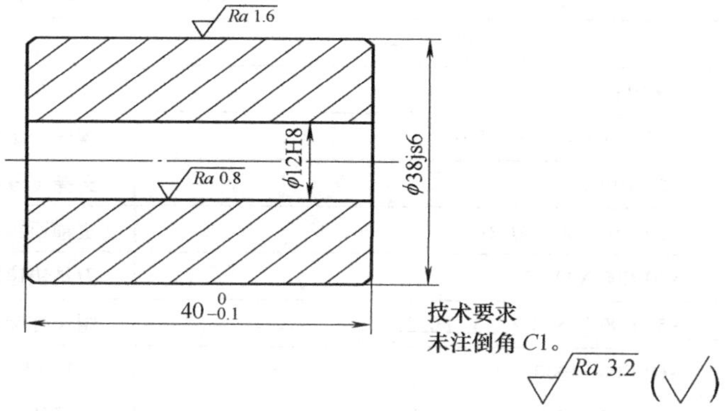

图 5-25　加工实例

（1）加工工艺分析　根据图样可知，该小孔径套筒孔径偏小为 ϕ12mm，孔的尺寸公差等级为 IT8，基孔制，表面粗糙度 Ra 值为 0.8μm。外径尺寸为 ϕ38mm，尺寸公差为 js6，为过渡配合尺寸，表面粗糙度 Ra 值为 1.6μm。零件总长为 40mm，两端面的表面粗糙度 Ra 值为 3.2μm。轴 ϕ38js6 和孔 ϕ12H8 查相关公差带表可知尺寸及公差分别为 ϕ(38±0.008)mm 和 $\phi 12_{0}^{0.027}$mm。毛坯为 ϕ40mm×65mm 的棒料，材料为 45 钢。

（2）选择刀具、夹具

1）该零件选用数控车床通用夹具——自定心卡盘。

2）根据该零件形状及加工精度，选择刀具如下：

① 外圆及端面。该零件的外圆加工余量较小，故选择一把焊接式 90°外圆车刀完成外圆及端面的加工，刀具材料为硬质合金。

② 孔加工。该零件孔径偏小，用车削的方法难度较大，故选择钻和铰的方法完成，为此选择以下刀具：B2.5（或 A2.5）中心钻一支，用于钻中心孔；ϕ11.5mm 麻花钻一支，用于钻孔；ϕ11.8mm 麻花钻一支，用于扩孔；ϕ12H8 铰刀一支，用于铰孔。以上刀具材料均为高速钢。

③ 切断。焊接式 4mm 切断刀一把，刀具材料为硬质合金。

（3）编排加工工艺，填写工序卡　数控加工工艺卡见表 5-6。

表 5-6　数控加工工艺卡

工序	名称	工艺要求		操作者	备注
1	下料	ϕ40mm×65mm			
2	数控车	工步	工步内容	刀具规格及名称（刀具号）	
		1	钻中心孔	B2.5（或 A2.5）中心钻	
		2	钻孔	ϕ11.5mm 麻花钻（T01）	
		3	扩孔	ϕ11.8mm 麻花钻	
		4	铰孔	ϕ12H8 铰刀	
		5	切断工件	焊接式 4mm 切断刀（T02）	
		6	调头车端面控制总长		

（4）编写加工程序　数控加工程序见表 5-7。

表 5-7　数控加工程序

程　序	说　明
O0001;	外圆及端面加工程序
N10 G21 G40 G97 G99;	程序初始化
N20 T0101;	选择 1 号刀及 1 号刀补
N30 M03 S600 F0.2;	主轴正转，设定粗车转速为 600r/min
N40 G00 X42 Z2;	刀具快速定位到工件附近
N50 G90 X38.5 Z-43. F0.2;	粗车外圆至 ϕ38.5mm，进给量为 0.2mm/r
N60 G00 S1000;	结束 G90 循环，设定精车转速为 1000r/min
N70 G00 X42 Z2;	刀具快速定位到工件附近
N80 G94 X-1 Z0 F0.1;	精车端面

（续）

程　　序	说　　明
N90 G00 X32；	X 向进刀
N100 G01 X38 Z-1 F0.1；	倒角
N110 G01 Z-43；	车 φ38mm 外圆至长 43mm
N120 X40；	X 向退刀至 φ40mm
N130 G00 X100 Z100；	快速退刀远离工件
N140 M05；	主轴停止
N150 M30；	程序结束

零件切断加工程序见表 5-8。

表 5-8　零件切断加工程序

程　　序	说　　明
O0002；	切断程序
N10 G40 G97 G99；	程序初始化
N20 T0202；	选择 2 号刀及 2 号刀补
N30 M03 S400 F0.2；	主轴正转，设定粗车转速为 400r/min
N40 G00 X42 Z-44.5；	刀具快速定位到工件附近
N50 G01 X10. F0.06；	切断工件，进给量为 0.06mm/r
N60 G00 X100；	X 向快速退刀
N70 Z100；	Z 向快速退刀远离工件
N80 M05；	主轴停止
N90 M30；	程序结束

2. 台阶孔的加工

编制图 5-26 所示带台阶孔的零件的加工程序并进行加工，毛坯为 φ60mm×38mm 的棒料，材料为 45 钢。

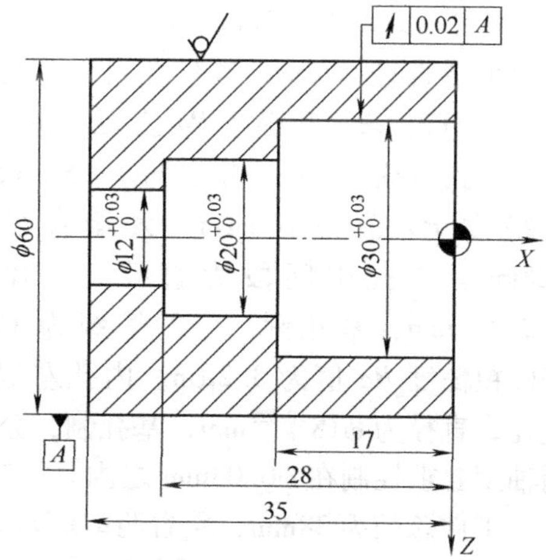

图 5-26　台阶孔

（1）刀具选择

1）有断屑槽的 90°内孔机夹镗刀。

2）45°端面车刀。

3）φ10mm 麻花钻。

（2）工艺分析

1）用自定心卡盘夹持 φ60mm 毛坯，车左端面。

2）调头装夹 φ60mm 工件毛坯外圆，车右端面并保证总长。

3）用尾座手动钻 φ10mm 通孔。

4）用 90°内镗孔刀粗、精车台阶孔。

(3) 参考程序　参考加工程序如下:

```
O2011;
N10 G40 G97 G99;
N20 M03 S600;
N30 T0101;
N40 G00 X30 Z2;
N50 G71 U1.5 R0.5 P60 Q120 X-0.5 W0.1 F0.2;
N60 G01 Z0 F0.1;
N70 Z-17;
N80 X20;
N90 Z-28;
N100 X12;
N110 Z-36;
N120 G01 X11;
N130 G00 Z100;
N140 X100;
N150 M05;
N160 M30;
```

四、内沟槽的加工

完成图5-27所示轴套类零件的加工。单件生产,材料为45钢。

1. 加工工艺分析

该轴套零件为典型的套类零件,有较高的加工精度要求。

外圆大端直径 ϕ38mm 为已加工尺寸;外圆小端直径 ϕ34mm 是基准尺寸,公差等级为IT7,表面粗糙度 *Ra* 值为1.6μm。

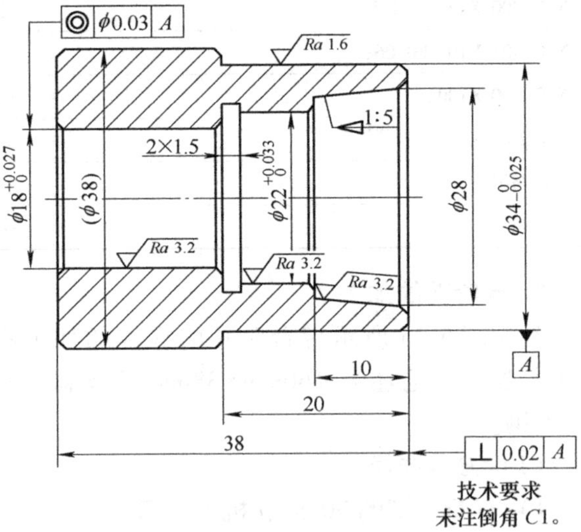

图5-27　加工实例

内孔右端为锥孔,锥度为1∶5,表面粗糙度 *Ra* 值为3.2μm,大端直径为 ϕ28mm。内孔中间段为直孔,直径为 $\phi22^{+0.033}_{0}$mm,基孔制,公差等级为IT8,表面粗糙度 *Ra* 值为3.2μm。内孔左端为直孔,直径为 $\phi18^{+0.027}_{0}$mm,基孔制,公差等级为IT8,该段内孔轴线与 ϕ34mm 外圆轴线的同轴度要求控制在 ϕ0.03mm 之内。

工件总长为38mm,左右两端面与 ϕ34mm 外圆轴线的垂直度要求控制在0.02mm之内。毛坯材料为45钢。

2. 选择刀具、夹具

夹具选用数控车床通用夹具——自定心卡盘。

该零件外圆加工选择95°夹固式外圆车刀,刀具型号为SCLCR2020K09,主要参数如下:

压紧方式为螺钉压紧式，刀具主偏角为 95°，刀杆截面尺寸为 20mm×20mm，刀杆长度为 125mm。刀片型号为 CCMG09T308EN，主要参数如下：刀片角度为 80°，刀片后角为 7°，刀片厚度为 3.97mm，刀尖圆弧半径为 0.8mm。刀片材料为涂层硬质合金。

内孔加工选择 ϕ16mm 麻花钻，材料为高速钢。

内孔车刀选择 95°圆刀杆夹固式内孔车刀，刀具型号为 S12M-SCLCR 06，主要参数如下：刀杆为实心式，直径为 12mm，长度为 150mm，螺钉压紧式，主偏角为 95°。刀片型号为 CCMT060204EN，主要参数如下：刀片角度为 80°，后角为 7°，刀片厚度为 2.38mm，刀尖圆弧半径为 0.4mm。刀片材料为涂层硬质合金。

3. 制订加工工艺，填写工序卡

由于该零件有同轴度和垂直度要求，而且 ϕ38mm 外圆已加工为精加工表面，因此加工时考虑夹住 ϕ38mm 外圆表面，将除左端面以外的所有表面一次装夹加工成形。一方面，加工时先将内孔扩孔至 ϕ16mm，减少加工余量，同时避免内孔车刀加工时与内孔壁相干涉。另一方面，为了减少内孔加工对外圆尺寸的影响，加工时先安排外圆表面和内孔表面的粗加工，然后再安排端面、外圆表面和内孔表面的精加工，最后调头加工左端面。

外圆面形状相对简单，外圆的粗加工可以采用 95°外圆车刀，运用 G90 外圆循环指令一刀完成，主轴转速设定为 800r/min，进给量设定为 0.2mm/r，X 向留 0.5mm 余量，Z 向留 0.2mm 余量。零件内表面既有锥孔也有直孔，而且孔的精度要求较高，故内表面加工可以采用 95°内孔车刀，运用 G71 内径复合循环进行粗车，主轴转速设定为 400～500r/min，进给量设定为 0.15～0.2mm/r，背吃刀量设定为 1mm，X 向留 0.5mm 余量，Z 向留 0.2mm 余量。

精车时，先采用 95°外圆车刀用 G01 完成端面和外圆表面的精车，主轴转速设定为 1500r/min，进给量设定为 0.1mm/r。然后用 95°内孔车刀运用 G70 精车循环进行内表面的精车，主轴转速设定为 600r/min，进给量为 0.05～0.1mm/r。

车削内沟槽时，设定主轴转速为 600r/min，进给量为 0.2～0.3mm/r。由于内沟槽车刀宽度为 2mm，因此该内沟槽可以一次进给车削成形。

由于零件右端较薄，因此调头后先用开缝套筒套住零件，通过 ϕ18mm 内孔间接找正，然后夹紧零件。车端面（车总长）采用 95°车刀，考虑此时可装夹部分较薄而且长度偏短，所以安排两刀粗车和一刀精车。端面粗车时主轴转速设定为 600r/min，进给量设定为 0.15mm/r，精车时主轴转速设定为 1200r/min，进给量设定为 0.1mm/r。

4. 编写加工程序

数控加工程序见表 5-9。

表 5-9　数控加工程序

程　序	说　明
O0002;	程序名
N10 G21 G40 G97 G99;	程序初始化
N20 M03 S800 T0101 F0.2;	主轴正转，转速为 800r/min，选择外圆车刀
N30 G00 X40. Z2.;	刀具快速定位到工件附近
N40 G90 X34.5 Z-19.8 F0.2;	粗车外圆至 ϕ34.5mm、长 19.8mm，进给量为 0.2mm/r
N50 X100. Z150;	刀具快速返回到换刀点

（续）

程　序	说　明
N60 T0303 S400；	换内孔车刀，主轴转速设定为400r/min
N70 G00 X16 Z2；	刀具快速定位到工件附近
N80 G71 U1 R0.5	内孔粗车循环，背吃刀量为1mm，退刀量为0.5mm
N90 G71 P100 Q170 U-0.5 W0.2；	粗车循环从N100开始到N180结束，*X*向留余量0.5mm，*Z*向留余量0.2mm
N100 G00 X38.；	刀具*X*向进刀
N110 G41 G01 X28.4 Z2 C1 F0.08；	车*C*1倒角，并设定刀具半径左补偿
N120 X26 Z-10；	车1：5锥度
N130 X22.5 C1；	车台阶面并倒角
N140 Z-20.；	车ϕ22.5mm至深20mm
N150 X18. C1.；	车台阶面并倒角
N160 Z-40.；	车ϕ18mm至深40mm
N170 G40 X16.；	*X*向退刀并取消刀具半径补偿
N180 G00 X100. Z150.；	刀具快速返回到换刀点
N190 M03 S1500 T0101；	主轴转速为1500r/min，选择外圆车刀
N200 G00 X26.　Z2.；	刀具快速定位到工件附近
N210 G01 Z0 F0.08；	*Z*向进刀
N220 X34. C1.；	车右端面并倒角
N230 Z-20.；	车ϕ34mm至长20mm
N240 X36.；	车台阶面至ϕ36mm
N250 U6. W-3.；	倒角
N260 G00 X100.0 Z150.0；	刀具快速返回到换刀点
N270 M03 S600 T0303；	主轴转速为600r/min，选择内孔车刀
N280 G00 X16.　Z2.；	刀具快速定位到工件附近
N290 G70 P100 Q170；	精车内表面
N300 G00 X100. Z150.；	刀具快速返回到换刀点
N310 T0404；	换内沟槽车刀
N320 G00 X20.　Z2.；	刀具快速定位
N330 G01 Z-20.　F0.3；	进刀
N340 X25.5；	车槽
N350 X20 F0.2；	退刀
N360 G00 Z100.；	*Z*向退刀
N370 X100.；	*X*向退刀
N380 M05；	主轴停止
N390 M30；	程序结束

五、套类零件的综合加工

完成图 5-28 所示套零件的加工。毛坯尺寸为 ϕ60mm×70mm，单件生产，材料为 45 钢。

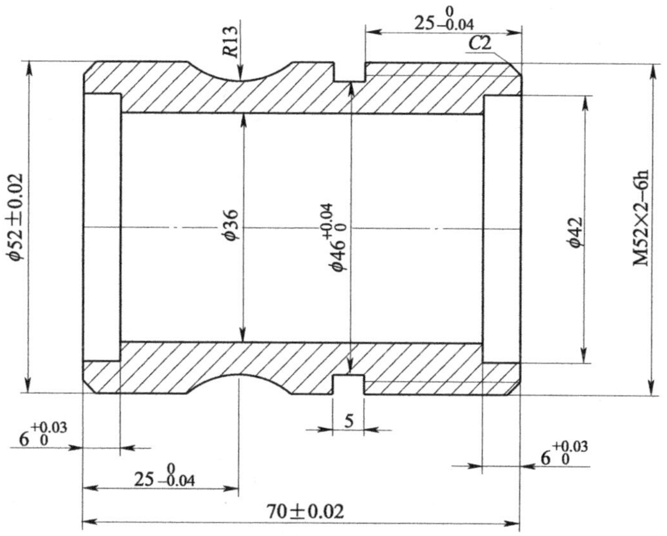

图 5-28　加工实例

1. 走刀路线

走刀路线是刀具在整个加工工序中相对于工件的运动轨迹，不但包括了工步的内容，而且也反映出工步的顺序。走刀路线是编写程序的依据之一。在确定走刀路线时，主要遵循以下原则：

1）保证零件的加工精度和表面粗糙度。加工位置精度要求较高的孔系时，应特别注意安排孔的加工顺序。若安排不当，就可能将坐标轴的反向间隙带入，直接影响位置精度。

2）使走刀路线最短，减少刀具空行程时间，提高加工效率。

3）最终轮廓一次走刀完成。

2. 加工工步

1）工序 1 第 1 步：装夹 ϕ60mm 表面，粗车毛坯左端面，倒角 $C2$，加工 R13mm 圆弧。

2）工序 1 第 2 步：钻中心孔，钻通孔。

3）工序 1 第 3 步：粗加工 ϕ36mm 和 ϕ42mm 的内孔。

4）工序 2 第 1 步：精加工左端面，倒角 $C2$，ϕ52mm 外圆，以及 R13mm 圆弧。

5）工序 2 第 2 步：精车 ϕ36mm 和 ϕ42mm 的内孔。

6）工序 3 第 1 步：工件调头装夹，加工工件右端面，装夹 ϕ52mm 的外圆柱面，保证工件伸出长度大于 60mm。粗车右端面，倒角 $C2$，以及 ϕ52mm 外圆。

7）工序 3 第 2 步：粗车 ϕ36mm、ϕ42mm 内孔。

8）工序 3 第 3 步：精车右端面，倒角 $C2$，以及 ϕ52mm 外圆。

9）工序 3 第 4 步：精车 ϕ36mm、ϕ42mm 内孔。

10）工序 4：切退刀槽。

11）工序 5：切螺纹。

3. 加工程序

具体程序的编制方法很多，本例中因零件形状相对简单，采用手工编程。有一点要注意，手工编程一般要求编制的程序规范，可读性强，修改方便，本例参考加工程序见表 5-10（使用 FANUC-0i-MA 数控系统）。

表 5-10　参考加工程序

左端加工程序	
O0001;	程序名
N10 T0101 G40 G97 G99;	使用外圆车刀
N20 M03 S600 F0.2;	
N30 G00 X56.0 Z5.0;	
N40 G71 R1.5 U0.5;	
N50 G71 P60 Q130 U0.5 W0 F0.2;	用 G71 粗车循环指令
N60 G00 X0;	
N70 G01 Z0 F0.05;	平左端面
N80 X52.0 C2.0;	倒角
N90 Z-16.693;	粗车外圆至 16.693mm 处
N100 G02 X52.0 Z-33.307;	加工 $R13$mm 圆弧
N110 G01 Z-41.0;	粗车外圆至 41mm 处
N120 G00 Z100.0;	
N130 X56.0;	退刀至（56，100）
N140 M03 S400;	
N150 T0404;	
N160 G00 X0;	
N170 Z5.0;	
N180 G74 R2.0;	
N190 G74 X0 Z-70.0 P0 Q10 F0;	用端面深孔钻削循环指令 G74 加工通孔
N200 G00 Z100.0;	
N210 M03 S800;	
N220 T0202;	换内孔车刀
N230 G00 X34.0 Z2.0;	
N240 G71 U1.5 R0.5;	
N250 G71 P260 Q310 U-0.5 W0 F0.2;	用 G71 粗车循环指令加工阶梯孔
N260 G00 X42.015;	
N270 G01 Z-6.015 F0.05;	粗加工 $\phi42$mm 内孔
N280 X36.015	
N290 Z-70.0;	粗加工 $\phi36$mm 内孔
N300 G00 X34.0;	

（续）

左端加工程序	
N310 Z2.0;	
N320 M03 S1000;	
N330 G70 P260 Q310;	精车阶梯孔
N340 G00 Z100.0;	
N350 T0101;	
N360 M03 S800;	
N370 G00 X56.0 Z2.0;	
N380 G70 P60 Q130;	精车端面、倒角、外圆、圆弧
N390 M05;	
N400 M30;	
右端加工程序	
O0002;	程序名
N10 T0101 G40 G97 G99;	外圆车刀
N20 M03 S600 F0.2;	
N30 G00 X58.0 Z3.0;	
N40 G90 X53.0 Z-30.0 F0.1;	粗车外圆至 30mm 处
N50 X52.0;	精车外圆至要求的尺寸
N60 G00 Z0.5;	
N70 G01 X33.0 F0.1;	
N80 Z0;	
N90 G01 X48.0;	
N100 X52.0 Z-2.0;	平右端面
N110 G00 X53.0;	
N120 Z100;	
N130 T0505;	换刀宽为 5mm 切槽刀
N140 M03 S400;	
N150 G00 X54.0;	
N160 Z-29.98;	
N170 G01 X46 F0.05;	切槽
N180 G04 P2000;	切槽刀在工件上暂停 2s
N190 G01 X53.0;	
N200 G00 Z100.0;	
N210 T0202;	换内孔车刀
N220 M03 S400;	
N230 G00 X34.0 Z2.0;	

（续）

右端加工程序	
N240 G90 Z-5.9 F0.1;	
N250 X41.9;	粗加工 ϕ42mm 内孔
N260 M03 S1000;	
N270 G00 Z-6.015;	
N280 G01 X42.015 F0.05;	精加工 ϕ42mm 内孔
N290 Z1.0;	
N300 G00 Z100.0;	
N310 T0606;	换螺纹车刀
N320 M03 S300 F0.2;	
N330 G00 X53.0 Z2.0;	
N340 G76 P60 Q50 R100;	
N350 G76 X49.4 Z-28.0 P800 Q600 F2;	用 G76 螺纹切削复循环加工螺纹
N360 G00 Z200.0;	
N370 M05;	
N380 M30;	

项目六　复杂零件（综合零件）的加工编程

【背景导入】

经过前面各项目的学习，已熟悉了数控车削各种类型零件的加工，最后需要熟悉综合类零件的加工编程，能保证在数控车削中遇到的所有零件都能够进行加工制作。要勤于思考新技术、新工艺等内容，有安全意识和产品质量意识，按企业的要求规范自己的加工习惯，保证零件尺寸在图样要求的范围内。

【课程重点】

1）熟悉掌握综合类零件的加工编程。

2）学会分析复杂零件的加工工艺。

【建议学时】

课堂学时：4学时。

任务九　综合零件的加工编程

一、复杂阶梯轴零件的加工编程

1. 阶梯轴零件1

阶梯轴零件1如图6-1所示，试编写数控加工程序。

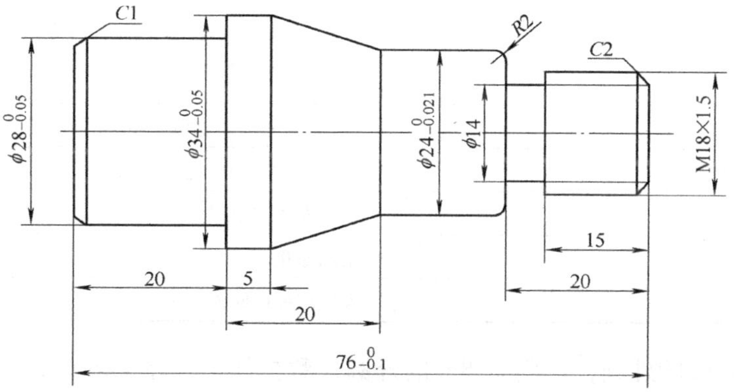

图6-1　阶梯轴零件1

（1）零件分析　该零件为阶梯轴零件，其成品最大直径为ϕ34mm，由于直径较小，毛坯可以采用ϕ36mm的圆柱棒料，加工后切断即可，这样可以节省装夹料头，并保证各加工表面间具有较高的相互位置精度。装夹时应注意控制毛坯外伸量，以提高装夹刚性。

（2）工艺分析和加工工序

1）夹持毛坯左端外圆，车削右边的各外圆至尺寸要求。

2）换刀，切退刀槽至尺寸要求。

3）换刀，车削螺纹至尺寸要求。

4）调头，夹持 ϕ24mm 外圆，车削 ϕ28mm 外圆。

5）检验。

（3）加工程序　数控加工程序见表 6-1~表 6-4。

1）工件坐标系原点：工件右端面回转中心。

2）刀具：T01 为菱形外圆车刀：T02 为 5m 宽切槽刀；T03 为外螺纹车刀。

加工右端轮廓加工程序见表 6-1。

表 6-1　数控加工程序（一）

程　序	说　明
O0001;	程序名
N10 G40 G97 G99;	程序头
N20 M03 S800 T0101 F0.2;	换 1 号菱形外圆车刀，主轴正转，转速 n=800r/min
N30 G00 X40.0 Z5.0;	快速点定位
N40 G71 U1.5 R1;	外径粗加工循环
N50 G71 P60 Q130 U0.5 W0.03 F0.3;	外径粗加工循环
N60 G00 X0. F0.1;	精车路线
N70 G01 Z0;	
N80 X17.85 C2.0;	
N90 Z-20.0;	
N100 X24. R2.0;	
N110 W-16.0;	
N120 X34. W-15.0;	
N130 W-5.0;	
N140 X40.0;	
N150 M03 S1200;	主轴正转，n=1200r/min
N160 G70 P60 Q140;	用 G70 循环指令进行精加工
N170 G00 X100. Z100.0;	快速返回到换刀点
N180 M05;	主轴停止
N190 M30;	程序结束返回程序头

调头装夹 ϕ24m 的外圆，车削 ϕ28m 的外圆，数控加工程序见表 6-2。

表 6-2　数控加工程序（二）

程　序	说　明
O0002;	程序名
N10 G40 G97 G99;	
N20 M03 S800 T0101 F0.2;	换 1 号外圆车刀，主轴正转，转速 n=800r/min
N30 G00 X40. Z5.;	快速点定位
N40 G71 U1.5 R1;	外径粗加工循环
N50 G71 P60 Q100 U0.5 W0.03 F0.3;	外径粗加工循环

（续）

程 序	说 明
N60 G00 X0. F0. 1；	精车路线
N70 G01 Z0；	
N80 X28. C1. 0；	
N90 Z-20. 0；	
N100 X36；	
N110 M03 S1200；	主轴正转，n=1200r/min
N120 G70 P60 Q100；	用 G70 循环指令进行精加工
N130 G00 X100. Z100. 0；	快速返回到换刀点
N140 M05；	主轴停止
N150 M30；	程序结束返回程序头

切槽数控加工程序见表 6-3。

表 6-3 数控加工程序（三）

程 序	说 明
O0003；	程序名
N10 G40 G97 G99；	程序头
N20 M03 S600 T0202 F0. 2；	换 2 号 5mm 宽切槽刀，主轴正转，转速 n=600r/min
N30 G00 X28. Z-20. 0；	快速点定位
N40 G01 X14. F0. 1；	切槽
N50 X28. 0；	退刀
N60 G00 X100. Z100. 0；	快速返回到换刀点
N70 M05；	主轴停止
N80 M30；	程序结束返回到程序头

螺纹加工数控加工程序见表 6-4。

表 6-4 数控加工程序（四）

程 序	说 明
O0004；	程序名
N10 M03 S600 T0303；	换 3 号外螺纹车刀，主轴正转，转速 n=600r/min
N20 G00 X20. Z5. 0；	快速点定位到螺纹循环起点
N30 G92 X17. 2 Z-17. F1. 5；	第一刀进给 0. 8mm
N40 X16. 6；	第二刀进给 0. 6mm
N50 X16. 2；	第三刀进给 0. 4mm
N60 X16. 04；	第四刀进给 0. 16m
N70 X16. 04；	第五刀光整加工
N80 G00 X100. Z100. 0；	快速返回到换刀点
N90 M05；	主轴停止
N100 M30；	程序结束返回程序头

2. 阶梯轴零件 2

阶梯轴零件 2 如图 6-2 所示，试编写数控加工程序。

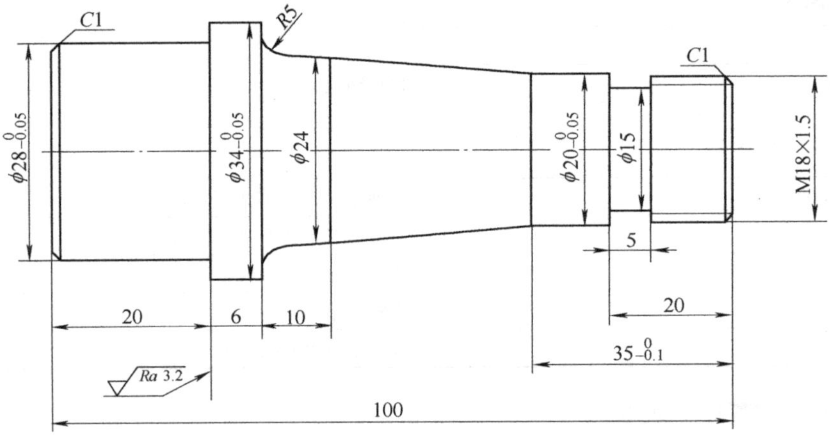

图 6-2　阶梯轴零件 2

（1）零件分析　该零件为阶梯轴零件，其成品最大直径为 ϕ34mm，由于直径较小，毛坯可以采用 ϕ36m 的圆柱棒料，加工后切断即可，这样可以节省装夹料头，并保证各加工表面间具有较高的相互位置精度。装夹时注意控制毛坯外伸量，以提高装夹刚性。

（2）工艺分析

1）夹持毛坯右端外圆，车削 ϕ28mm 外圆至尺寸要求。

2）调头，夹持 ϕ28m 外圆，车削右边的各外圆至尺寸要求。

3）换刀，切退刀槽至尺寸要求。

4）换刀，车削螺纹至尺寸要求。

5）检验。

（3）加工程序　数控加工程序见表 6-5~表 6-8。

1）工件坐标系原点：工件右端面回转中心。

2）刀具：T01 为菱形外圆车刀；T02 为 5mm 宽切槽刀；T03 为外螺纹车刀。

车削 ϕ28mm 外圆数控加工程序见表 6-5。

表 6-5　数控加工程序（一）

程　　序	说　　明
O0001；	程序名
N10 M03 S800 T0101；	换 1 号菱形外圆车刀，主轴正转，转速为 800r/min
N20 G00 X40 Z2.0；	快速点定位
N30 G90 X34.4 Z-28 F0.2；	单一形状固定循环加工
N40 X30 Z-20.0；	
N50 X28.4；	
N60 M03 S1100；	主轴正转，转速为 1100r/min
N70 G00 Z1.0；	快速点定位

（续）

程　　序	说　　明
N80 X24.0；	快速点定位
N90 X28 Z-1.0；	倒角
N100 Z-20.0；	
N110 X34.0；	
N120 Z-28.0；	
N130 X36.0；	退刀
N140 G00 X100 Z150.0；	快速返回到换刀点
N150 M05；	主轴停止
N160 M30；	程序结束返回程序头

调头，装夹 ϕ28mm 的外圆，车削右端的外圆，数控加工程序见表 6-6。

注意：装夹 ϕ28mm 的外圆时避免夹伤。

表 6-6　数控加工程序（二）

程　　序	说　　明
O0002；	程序名
N10 M03 S600 T0101；	换 1 号菱形外圆车刀，主轴正转，转速 n=600r/min
N20 G00 G40 G97 G99 F0.2；	切削进给速度设为 0.2mm/r
N30 X40.0 Z2.0；	
N40 G71 U1.5 R0.5；	外径粗加工循环
N50 G71 P60 Q150 U0.5 W0.03；	
N60 G42 G01 X0；	精车路线
N70 Z0；	
N80 X17.85 C2.0；	
N90 Z-20.0；	
N100 X20.　C0.3；	
N110 Z-35.0；	
N120 X24.　W-29.0；	
N130 W-5.0；	
N140 G02 X34.　W-5.0；R5.0；	
N150 G01 U2.0；	
N160 M03 S1200 F0.15；	主轴正转，n=1200r/min
N170 G70 P60 Q150；	精车，路线 N60~N150
N180 G00 G40 X100. Z100.0；	快速返回到换刀点
N190 M05；	主轴停止
N200 M30；	程序结束返回程序头

切退刀槽数控加工程序见表 6-7。

表 6-7 数控加工程序（三）

程 序	说 明
O0003；	程序名
N10 M03 S1200 T0202；	换 2 号切槽刀，主轴正转，转速 n=1200r/min
N20 G00 G40 G97 G99 F0.2；	切削进给速度设为 0.2mm/r
N30 X28. Z-20.0；	
N40 G01 X14.0；	切槽
N50 X28.0；	
N60 G00 X100.Z100.0；	快速返回到换刀点
N70 M05；	主轴停止
N80 M30；	程序结束返回程序头

螺纹加工数控加工程序见表 6-8。

表 6-8 数控加工程序（四）

程 序	说 明
O0004；	程序名
N10 M03 S600 T0303；	换 3 号外螺纹车刀，主轴正转，转速 n=600r/min
N20 G00 G40 G97 G99；	每转进给方式编程
N30 X18.75.0；	快速点定位到螺纹循环起点
N40 G92 X17.5 Z-17.F1.5；	加工螺纹，第一刀进给 0.5mm
N50 X17.2；	第二刀进给 0.3mm
N60 X16.9；	第三刀进给 0.3m
N70 X16.6；	第四刀进给 0.3m
N80 X16.4；	第五刀进给 0.2m
N90 X16.35；	第六刀进给 0.05m
N100 X16.35；	第七刀光整加工
N110 G00 X100.Z100.0；	快速返回到换刀点
N120 M05；	主轴停止
N130 M30；	程序结束返回程序头

二、圆弧成形面零件的加工编程

1. 圆弧成形面零件 1

圆弧成形面零件 1 如图 6-3 所示，试编写数控加工程序。

（1）零件分析 该零件为球面、圆弧面零件，其成品最大直径为 ϕ28mm，毛坯为 ϕ30mm×98mm 的圆柱棒料。装夹时应注意控制毛坯外伸量，以提高装夹刚性。

（2）工艺分析 先装夹左端，从右端开始车外圆轮廓，切螺纹退刀槽，车螺纹，然后调头装夹，加工左端的球面和圆弧面。粗加工每次背吃刀量为 1.5mm，粗加工进给量为

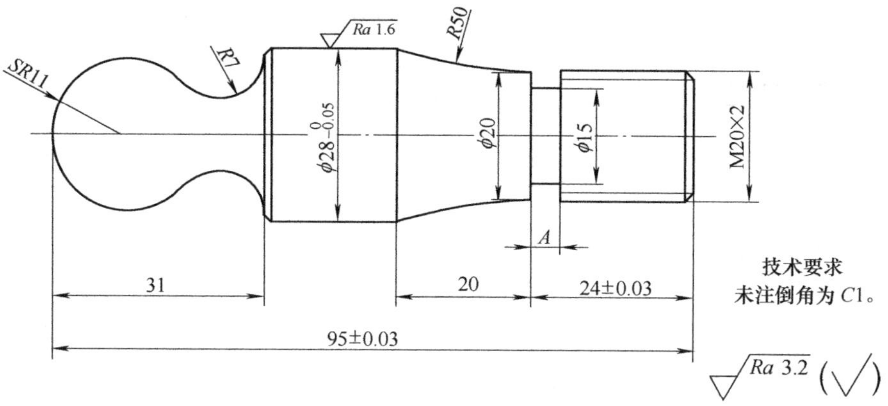

图 6-3　圆弧成形面零件 1

0.2mm/r，精加工进给量为 0.1mm/r，精加工余量为 0.5mm。

（3）加工工序

1）车右端面。毛坯用自定心卡盘找正、夹紧，平右端面，用试切法对刀。

2）从右至左粗加工 ϕ20mm、*R*50mm、ϕ28mm 外圆轮廓，留 0.5mm 精加工余量。

3）精加工外圆轮廓至图样要求尺寸。

4）切螺纹退刀槽。

5）加工螺纹至图样要求。

6）调头装夹，保证总长（95±0.03)mm。

7）粗加工 *SR*11mm 球面及 *R*7mm 圆弧面等外轮廓，留 0.5mm 精加工余量。

8）精加工外圆轮廓至图样要求尺寸。

9）去毛刺，检测工件各项尺寸要求。

（4）加工程序　数控加工程序见表 6-9 和表 6-10。

1）工件坐标系原点：分别以左、右端面回转中心为工件坐标系原点。

2）刀具 T01 为外圆车刀；T02 为外圆车刀（精车）；T03 为切槽刀（刀宽为 4mm）；T04 为外螺纹车刀。刀补号与刀号一一对应。

加工右端外轮廓程序，见表 6-9。

表 6-9　数控加工程序（一）

程　序	说　明
O0001;	程序名
N10 G99 G21 G40 G97;	定义米制输入、每转进给方式编程
N20 T0101;	换 1 号外圆车刀
N30 M03 S800 F0.2;	主轴正转，转速 n=800r/min
N40 G00 X32.0 Z2.0;	快速点定位
N50 G71 U1.5 R1.0;	外径粗加工循环
N60 G71 P70 Q130 U0.5 W0.1 F0.2 M08;	外径粗加工循环

（续）

程　　序	说　　明
N70 G00 X17. 8 S1500 F0. 1；	精车路线
N80 G01 Z0；	
N90 X19. 8. W-1. 0；	倒角
N100 Z-24. 0；	精车路线
N110 G02 X28. Z-44. R50. 0；	
N120 G00 Z-66. 0；	
N130 N130 X32. 0；	
N140 T0202；	换 2 号外圆车刀，并调用 2 号刀补
N150 G70 P70 Q130；	用 G70 循环指令进行精加工
N160 G00 X100. 0 Z100. 0；	快速返回到换刀点
N170 M03 S600；	主轴正转，n=600r/min
N180 G00 X22. 0 Z-24. 0；	快速点定位
N190 G01 X15. 0；	
N200 G04 X2. 0；	暂停 2s
N210 G01 X24. 0；	
N220 G00 X100. 0 Z100. 0；	快速返回到换刀点
N230 T0404；	换 4 号外螺纹车刀
N240 G00 X22. Z3. S700；	快速点定位，主轴正转，n=700r/min
N250 G92 X19. 1 Z-22. 0 F2. 0；	G92 指令螺纹循环加工
N260 X18. 5；	
N270 X17. 9；	
N280 X17. 5；	
N290 X17，4	
N300 G00 X100，Z100. M09；	快速返回到换刀点，切削液关
N310 M05；	主轴停止
N320 M30；	程序结束返回到程序头

加工左端外轮廓程序见表 6-10。

表 6-10　数控加工程序（二）

程　　序	说　　明
O0002；	程序名
N10 G99 G21；	定义米制输入、每转进给方式编程
N20 T0101；	换 1 号外圆车刀
N30 M03 S800；	主轴正转，转速 n=800r/min
N40 G00 X32. Z2. M08；	快速点定位，切削液开
N50 G73 U15. W0 R10. 0；	外轮廓粗加工循环

（续）

程　　序	说　　明
N60 G73 P70 Q110 U0.5 W0 F0.2；	外轮廓粗加工循环
N70 G00 X0 S1500 F0.1；	精车路线
N80 G03 X15.22 Z-18.94 R11.0；	
N90 G02 X24.9 Z-31. R7；	
N100 G01 X26.0；	
N110 U4.0 W-2.；	
N120 T0202；	换 2 号外圆车刀，并调用 2 号刀补
N130 G70 P70 Q110；	精车路线
N140 G00 X100. Z100. M09；	快速返回到换刀点，切削液关
N150 M05；	主轴停止
N160 M30；	程序结束返回程序头

2. 圆弧成形面零件 2

圆弧成形面零件 2 如图 6-4 所示，试编写数控加工程序。

（1）零件分析　该零件最大直径为 ϕ36mm，毛坯可以采用 ϕ40mm 的圆柱棒料，加工后切断即可，这样可以节省装夹料头，并保证各加工表面间具有较高的相互位置精度。装夹时应注意控制毛坯外伸量，以提高装夹刚性。

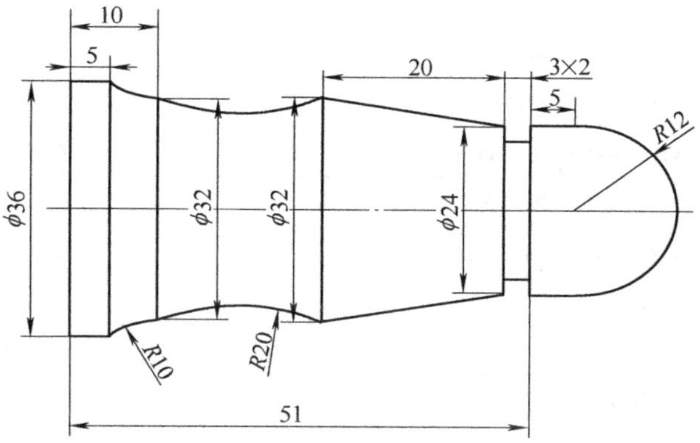

图 6-4　圆弧成形面零件 2

（2）工艺分析　由于该零件径向尺寸变化较大，可应用恒线速度切削功能，以提高加工质量和生产效率。从右端至左端轴向走刀车外圆轮廓，粗加工每次背吃刀量为 1mm，精加工余量为 0.5mm。

（3）加工工序

1）车端面。将毛坯找正、夹紧，用外圆端面车刀平右端面，并用试切法对刀。

2）从右至左粗加工外圆轮廓，留 0.5mm 精加工余量。

3）精加工外圆轮廓至图样要求尺寸。

4）切断并保证总长尺寸要求。

5）去毛刺，检测工件各项尺寸要求。

（4）加工程序　数控加工程序见表 6-11。

1）工件坐标系原点：工件右端面回转中心。

2）刀具：T01 为外圆车刀；T02 为切槽刀（刀宽为 4mm）。

表 6-11　数控加工程序

程　　序	说　明
O0001;	程序名
N10 G99 G21 G97 G40;	定义米制输入、每转进给方式编程
N20 T0101 M03 S700;	换 1 号外圆车刀，主轴正转，转速 n=700r/min
N30 G00 X42 Z2;	快速点定位
N40 G71 U2 R1;	外径粗加工循环
N50 G71 P60 Q130 U0.5 W0.02 F0.3;	外径粗加工循环
N60 G00 X0;	精车路线
N70 G01 Z0 F0.1;	
N80 G03 X24 Z-12 R12;	
N90 G01 Z-20;	
N100 G01 X32 Z-40;	
N110 G02 X32 Z-58 R20;	
N120 G02 X36 Z-63 R10;	
N130 G01 Z-68;	
N140 M03 S1000;	主轴正转，n=1000r/min
N150 G70 P60 Q130;	用 G70 循环指令进行精加工
N160 G00 X100 Z100;	快速返回到换刀点
N170 T0202 M03 S500 F0.2;	换 2 号切槽刀，主轴正转，n=500r/min
N180 G00 X26 Z-20;	快速点定位
N190 G01 X20 F0.15;	切槽
N200 G04 X3;	暂停 3s
N210 G01 X27;	
N220 G00 X100 Z100;	快速返回到换刀点
N230 S500;	主轴正转，n=500r/min
N240 G00 X45 Z-71;	快速点定位
N250 G01 X-1 F0.1;	切断
N260 G00 X100 Z100;	快速返回到换刀点
N270 M05;	主轴停止
N280 M30;	程序结束返回程序头

3. 圆弧成形面零件 3

圆弧成形面零件 3 如图 6-5 所示，试编写数控加工程序。

（1）零件分析　该零件最大直径为 ϕ45mm，毛坯可以采用 ϕ50mm 的棒料，加工后切断即可，这样可以节省装夹料头，并保证各加工表面间具有较高的相互位置精度。装夹时应注意控制毛坯外伸量，以提高装夹刚性。

（2）工艺分析　由于该零件径向尺寸变化较大，可应用恒线速度切削功能，以提高加工质量和生产效率。从右端至左端轴向走刀车外圆轮廓，切螺纹退刀槽，车螺纹，最后切断。粗加工每次单边背吃刀量为1.5mm，精加工余量为0.5mm。

（3）加工工序

1）车端面。将毛坯找正、夹紧，用外圆车刀车平右端面，并用试切法对刀。

2）从右端至左端粗加工外圆轮廓，留0.5mm精加工余量。

3）精加工外圆轮廓至图样要求尺寸。

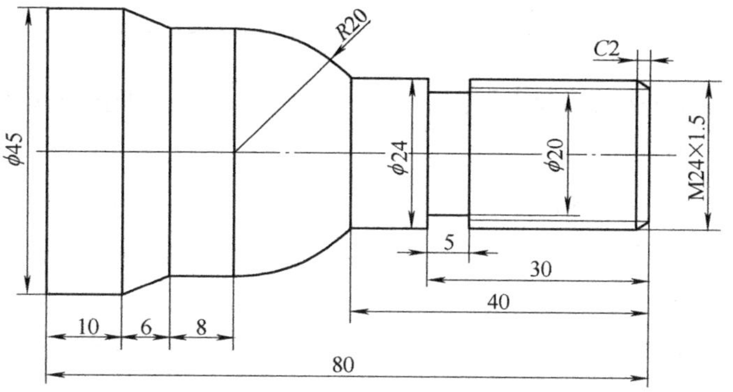

图6-5　圆弧成形面零件3

4）切螺纹退刀槽。

5）加工螺纹至图样要求。

6）切断并保证总长尺寸要求。

7）去毛刺，检测工件各项尺寸要求。

（4）加工程序　数控加工程序见表6-12。

1）工件坐标系原点：工件右端面回转中心。

2）刀具：T01为外圆车刀；T02为切槽刀（刀宽为5mm）；T03为外螺纹车刀。

表6-12　数控加工程序

程　　序	说　　明
O0003；	程序名
N10 G98 G21；	定义米制输入、每分钟进给方式编程
N20 T0101 M03 S700；	换1号外圆车刀，主轴正转，转速 $n=700$r/min
N30 G00 X52.0 Z2.0；	快速点定位
N40 G71 U1.5 R1；	用G71循环指令进行粗加工
N50 G71 P60 Q130 U0.5 W0.02 F150；	
N60 G00 X20.0；	
N70 G01 Z0.0；	
N80 X24 Z-2.0；	
N90 Z-40.0；	
N100 G03 X40 Z-56 R20；	
N110 G01 X40 Z-64；	
N120 X45 Z-70.0；	
N130 Z-85.0；	
N140 M03 S1100 F0.1；	主轴正转，$n=1100$r/min
N150 G70 P60 Q130；	用G70循环指令进行精加工
N160 G00 X100.0；	退刀
N170 Z100.0；	退刀
N180 T0202 S400；	换2号5mm宽切槽刀，并调用2号刀补

（续）

程　序	说　明
N190 G00 X26.0 Z-30.0;	快速点定位
N200 G01 X20 F80;	切槽
N210 G04 X3.0;	程序暂停 3s
N220 X26.0;	退刀
N230 G00 X100.Z100.;	快速返回到换刀点
N240 T0303 S300;	换 3 号外螺纹车刀，并调用 3 号刀补
N250 G00 X28 Z5.0;	快速点定位到螺纹循环起点
N260 G92 X23.2 Z-27.0 F1.5;	第一刀进给 0.8mm
N270 X22.6;	第二刀进给 0.6mm
N280 X22.2;	第三刀进给 0.4mn
N290 X22.05;	第四刀进给 0.15mm
N300 G00 X100.0 Z100.0;	快速返回到换刀点
N310 T0202 S500 G99;	换 2 号切槽刀，主轴正转，n=500r/min
N320 G00 X52 Z-85;	快速点定位
N330 G01 X-1 F0.05;	切断
N340 G00 X100.0;	退刀
N350 Z100.0;	退刀
N360 M05 M09;	主轴停止，切削液关
N370 M30;	程序结束返回程序头

三、槽类零件的加工编程

1. 槽类零件 1

槽类零件 1 如图 6-6 所示，试编写滑块槽的数控加工程序。

（1）零件分析　该零件为一个槽类零件，其成品最大直径为 ϕ60mm，可以采用 ϕ60mm 的棒料加工后切断即可。

（2）工艺分析　为保证槽的尺寸精度和表面质量，采用 G75 指令粗车，然后再用切槽刀加工槽底轮廓来完成精车的加工方式。精加工余量为 0.1mm。

（3）加工程序　数控加工程序见表 6-13。

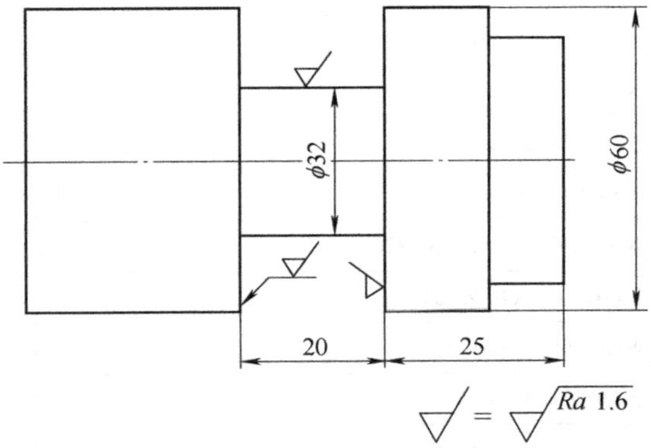

图 6-6　槽类零件 1

1）工件坐标系原点：工件右端面回转中心。

2）刀具：T01 为切槽刀（刀宽为 4mm）。

表 6-13　数控加工程序

程　　序	说　　明
O0005；	程序名
N10 G99 G21 G40 G97；	定义米制输入、每转进给方式编程
N20 M03 S600 F0.2；	主轴正转，转速为 600r/min
N30 T0101；	换 1 号切槽刀，并调用 1 号刀补
N40 G50 S1500；	最大主轴转速为 1500r/min
N50 G96 S180；	恒表面速度切削
N60 G00 X62 Z-29.1；	
N70 G75 R1.0；	用 G75 指令加工槽
N80 G75 X32.1 Z-44.9 P3000 Q3500；	
N90 F0.1；	
N100 G01 X62 Z-29 F0.3；	
N110 X32 F0.05；	
N120 Z-45；	
N130 X62；	
N140 G00 X100.；	*X* 向快速退刀
N150 Z100；	*Z* 向快速退刀
N160 M05；	主轴停止
N170 M30；	程序结束返回程序头

2. 槽类零件 2

槽类零件 2 如图 6-7 所示，试编写数控加工程序。

（1）零件分析　该零件最大直径为 ϕ48mm，毛坯可以采用 ϕ50mm 的棒料，加工后切断即可，这样可以节省装夹料头，并保证各加工表面间具有较高的相互位置精度。装夹时应注意控制毛坯外伸量，以提高装夹刚性。

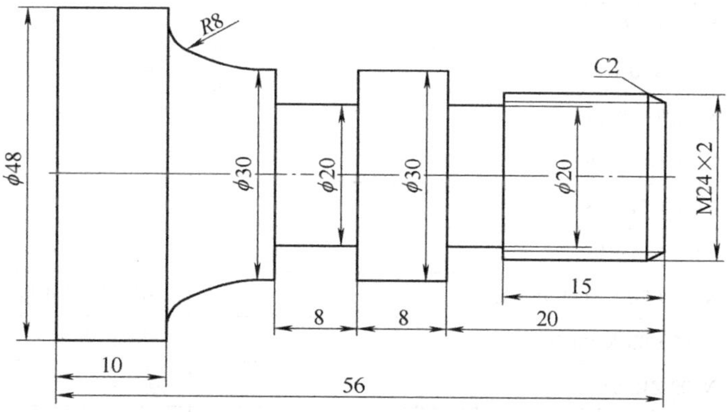

图 6-7　槽类零件 2

（2）工艺分析　由于该零件径向尺寸变化较大，可应用恒线速度切削功能，以提高加工质量和生产效率。

从右至左轴向走刀车外圆轮廓，切螺纹退刀槽，车螺纹，最后切断。粗加工每次背吃刀量为 1.5mm，粗加工进给量为 0.2m/r，精加工进给量为 0.1mm/r，精加工余量为 0.5mm。

（3）加工工序

1）车端面。用外圆车刀平右端面，用试切法对刀。

2）从右至左粗加工外圆轮廓，留 0.5mm 精加工余量。
3）精加工外圆轮廓至图样要求尺寸。
4）切螺纹退刀槽。
5）加工螺纹至图样要求。
6）切断并保证总长尺寸要求。
7）去毛刺，检测工件各项尺寸要求。
（4）加工程序　数控加工程序见表 6-14。

表 6-14　数控加工程序

程　　序	说　　明
O0006；	程序名
N10 G99 G21 G40 G97；	定义米制输入、每转进给方式编程
N20 M03 S600 F0.2；	主轴正转，n=600r/min
N30 T0101；	换 1 号外圆车刀，并调用 1 号刀补
N40 G50 S1500；	最大主轴转速为 1500r/min
N50 G96 S180；	恒表面速度切削
N60 G00 X52 Z2.0；	快速点定位
N70 G71 U1.5 R1；	用 G71 循环指令进行粗加工
N80 G71 P90 Q170 U0.5 W0.02 F0.2；	用 G71 循环指令进行粗加工
N90 G00 X20.0；	精车路线
N100 G01 Z0 F0.1；	
N110 X24 Z-2.0；	
N120 Z-20.0；	
N130 X30.0；	
N140 Z-38.0；	
N150 G02 X46 W-8.0 R8.0；	
N160 G01 X48.0；	
N170 Z-60.0；	
N180 G70 P90 Q170 S1200；	用 G70 循环指令进行粗加工
N190 G00 X100.0；	退刀
N200 Z100.0；	退刀
N210 M05；	主轴停止
N220 M00；	暂停
N230 T0202 S300 M03；	换 2 号切槽刀，并调用 2 号刀补
N240 G00 X32 Z-18；	
N250 G75 R1；	用 G75 指令加工槽
N260 G75 X20 Z-20 P3000 Q2800 F0.06；	用 G75 指令加工槽
N270 G00 X100 Z100；	快速返回换刀点
N280 T0303 S600 M03；	换 3 号外螺纹车刀，并调用 3 号刀补

（续）

程　　序	说　　明
N290 G00 X26 Z2.0;	快速定位到螺纹切削起点
N300 G92 X23.5 Z-17.0 F2;	用 G92 指令加工螺纹
N310 X23.0;	
N320 X22.5;	
N330 X22.0;	
N340 X21.6;	
N350 X21.4;	
N360 X21.4;	螺纹光整加工
N370 G00 X100 Z100.0;	快速定位到切断起始位置
N380 T0202 S400;	换 2 号切槽刀，并调用 2 号刀补
N390 G00 X65 Z-60.0;	
N400 G01 X-0.5;	
N410 G04 X3.0;	暂停 3s
N420 G00 X100.0;	退刀
N430 Z100;	退刀
N440 M05;	主轴停止
N450 M30;	程序结束返回程序头

四、螺纹类零件的加工编程

1. 螺纹类零件 1

螺纹类零件 1 如图 6-8 所示，试编写数控加工程序。

（1）零件分析　该零件轮廓已经加工好，只需加工 ϕ48mm 处 M48×2 螺纹部分。

（2）工艺分析　该零件主要保证螺纹的加工质量。这里采用 G32 指令加工。常见螺纹切削的背吃刀量见表 2-8。

（3）加工程序　数控加工程序见表 6-15。

1）工件坐标系原点：工件右端面回转中心。

2）刀具：T01 为外螺纹车刀。

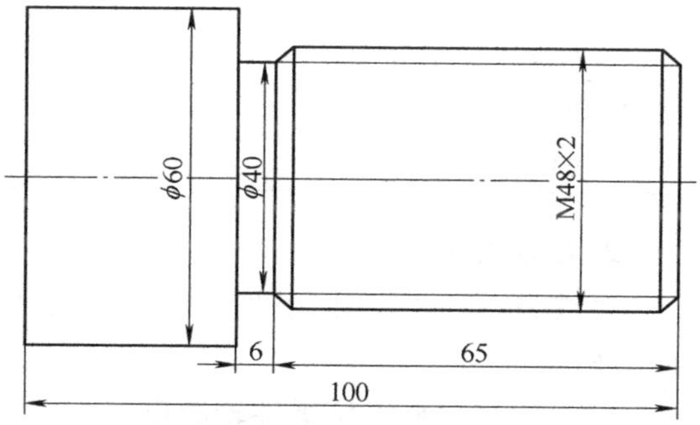

图 6-8　螺纹类零件 1

表 6-15　数控加工程序

程　　序	说　　明
O1001;	程序名
N10 G99 G21 G40 G97;	定义米制输入、每转进给方式编程
N20 M03 S600 F0.2;	主轴正转，转速 n=600r/min

（续）

程　　序	说　　明
N30 T0101；	换1号外螺纹车刀，并调用1号刀补
N40 G00 X60 Z6.0；	快速点定位
N50 X47.1；	第一次背吃刀量为0.9mm
N60 G32 Z-68.0 F2.0；	切削螺纹
N70 G00 X60.0；	退刀
N80 Z6.0；	返回进刀起点
N90 X46.5；	第二次背吃刀量为0.6mm
N100 G32 Z-68 F2.0；	切削螺纹
N110 G00 X60.0；	
N120 Z6.0；	
N130 X45.9；	第三次背吃刀量为0.6mm
N140 G32 Z-68 F2.0；	切削螺纹
N150 G00 X60.0；	
N160 Z6.0；	
N170 X45.5；	第四次背吃刀量为0.4mm
N180 G32 Z-68 P2.0；	切削螺纹
N190 G00 X60.0；	
N200 X45.4；	第五次背吃刀量为0.1mm
N210 G32 Z-68.0 P2.0；	切削螺纹
N220 G00 X100.0；	*X*轴返回
N230 Z100；	*Z*轴返回
N240 M05；	主轴停止
N250 M30；	程序结束

2. 螺纹类零件2

螺纹类零件2如图6-9所示，试编写数控加工程序。

（1）零件分析　该零件轮廓已经加工好，只需加工米制锥螺纹ZM40×2。

（2）工艺分析　该零件主要保证螺纹的加工质量。这里采用G32指令加工。螺纹切削参数见表6-16。

（3）加工程序　数控加工程序见表6-17。

1）工件坐标系原点：工件右端面回转中心。

2）刀具：T01为外螺纹车刀。

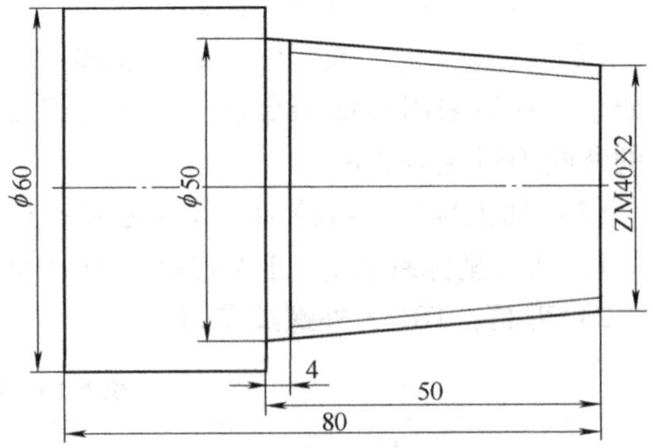

图6-9　螺纹类零件2

表 6-16　螺纹切削参数　　（单位：mm）

进刀次数	余量	小端径向尺寸	大端径向尺寸
1	0.9	40−0.9＝39.1	49.6−0.9＝48.7
2	0.6	39.1−0.6＝38.5	48.7−0.6＝48.1
3	0.6	38.5−0.6＝37.9	48.1−0.6＝47.5
4	0.4	37.9−0.4＝37.5	37.5−0.4＝37.1
5	0.1	37.5−0.1＝37.4	47.1−0.1＝47.0

表 6-17　数控加工程序

程　序	说　明
O1002;	程序名
N10 G99 G21 G40 G97;	定义米制输入、每转进给方式编程
N20 M03 S600 F0.2;	主轴正转，转速 $n=600$r/min
N30 T0101;	换 1 号外螺纹车刀，并调用 1 号刀补
N40 G00 X60 Z2.0;	进刀至起始点
N50 X39.1;	第一次进刀背吃刀量为 0.9mm
N60 G32 X48.7 Z−48 F2.0;	切削螺纹
N70 G00 X60.0;	退刀
N80 Z2.0;	返回进刀起点
N90 X38.5;	第二次进刀背吃刀量为 0.6m
N100 G32 X48.1 Z−48 F2.0;	切削螺纹
N110 G00 X60.0;	
N120 Z2.0;	
N130 X37.9;	第三次进刀背吃刀量为 0.6mm
N140 G32 X47.5 Z−48 F2.0;	切削螺纹
N150 G00 X60.0;	
N160 Z2.0;	
N170 X37.5;	第四次进刀背吃刀量为 0.4mm
N180 G32 X47.1 Z−48 F2.0;	切削螺纹
N190 G00 X60.0;	
N200 Z2.0;	
N210 X37.4;	第五次进刀背吃刀量为 0.1mm
N220 G32 X47.0 Z−48 F2.0;	切削螺纹
N230 G00 X100;	*X* 轴返回
N240 Z100.0;	*Z* 轴返回
N250 M05;	主轴停止
N260 M30;	程序结束

3. 螺纹类零件 3

螺纹类零件 3 如图 6-10 所示，试编写数控加工程序。

（1）零件分析　该零件轮廓已经加工好，只需加工 M48×2 螺纹部分。

（2）工艺分析　该零件主要保证螺纹的加工质量。这里采用 G92 指令加工。螺纹切削参数见表 6-18。

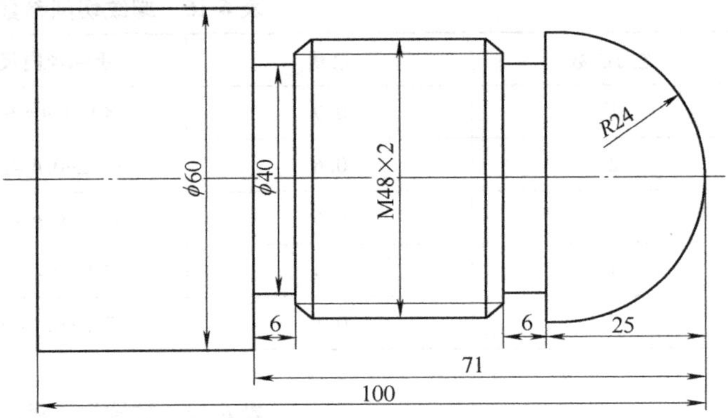

图 6-10　螺纹类零件 3

表 6-18　螺纹切削参数　（单位：mm）

进刀次数	余量	径向尺寸
1	0.9	48.0−0.9=47.1
2	0.6	47.1−0.6=46.5
3	0.6	46.5−0.6=45.9
4	0.4	45.9−0.4=45.5
5	0.1	45.5−0.1=45.4

（3）加工程序　数控加工程序见表 6-19。

1）工件坐标系原点：工件右端面回转中心。

2）刀具：T01 为外螺纹车刀。

表 6-19　数控加工程序

程　　序	说　　明
O1003;	程序名
N10 G99 G21 G40 G97;	定义米制输入、每转进给方式编程
N20 M03 S600 F0.2;	主轴正转，转速 n=600r/min
N30 T0101;	换 1 号外螺纹车刀，并调用 1 号刀补
N40 G00 X58 Z−28;	进刀至起始点
N50 G92 X47.1 Z−68 F2;	利用 G92 螺纹加工循环指令，第一次进刀背吃刀量为 0.9mm
N60 X46.5;	第二次进刀背吃刀量为 0.6mm
N70 X45.9;	第三次进刀背吃刀量为 0.6mm
N80 X45.5;	第四次进刀背吃刀量为 0.4mm
N90 X45.4;	第五次进刀背吃刀量为 0.1mm
N100 X45.4;	光整螺纹
N110 G00 X100;	X 轴返回
N120 Z100;	Z 轴返回
N130 M05;	主轴停止
N140 M30;	程序结束

4. 螺纹类零件 4

螺纹类零件 4 如图 6-11 所示，试编写数控加工程序。

（1）零件分析　该零件轮廓已经加工好，只需加工螺纹 M24×1.5。

（2）工艺分析　该零件主要保证螺纹的加工质量。这里采用 G92 指令加工。

（3）加工程序　数控加工程序见表 6-20。

1）工件坐标系原点：工件右端面回转中心。

2）刀具：T01 为外螺纹车刀。

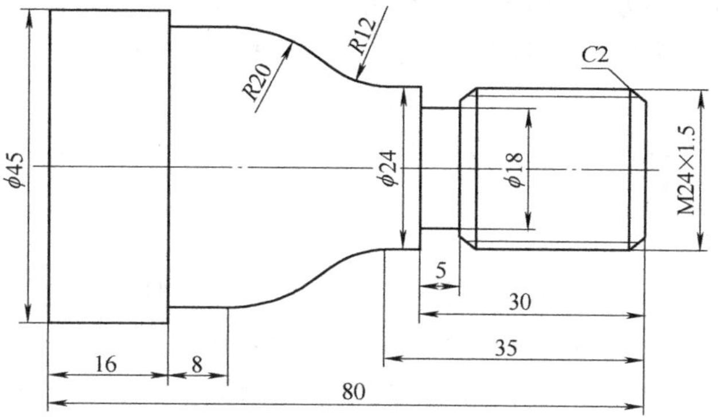

图 6-11　螺纹类零件 4

表 6-20　数控加工程序

程　序	说　明
O1002;	程序名
N10 G99 G21 G40 G97;	定义米制输入、每转进给方式编程，取消刀具半径补偿
N20 M03 S600 F0.2;	主轴正转，转速 n=600r/min
N30 T0101;	换 1 号外螺纹车刀，并调用 1 号刀补
N40 G00 X30.0 Z2.0;	进刀至起始点
N50 G92 X23.2 Z-33.0 F1.5;	利用 G92 螺纹加工循环指令，第一次进刀背吃刀量为 0.8mm
N60 X22.6;	第二次进刀背吃刀量为 0.6mm
N70 X22.2;	第三次进刀背吃刀量为 0.4mm
N80 X22.04;	第四次进刀背吃刀量为 0.16mm
N90 X22.04;	光整螺纹
N100 G00 X100;	X 轴返回
N110 Z100;	Z 轴返回
N120 M05;	主轴停止
N130 M30;	程序结束

五、孔类零件的加工编程

1. 孔类零件 1

孔类零件 1 如图 6-12 所示，试编写数控加工程序。

（1）工艺分析　装夹时使用自定心卡盘夹紧定位。将工件零点设在毛坯右端面回转中心。由于钻内孔的麻花钻直径是 ϕ20mm，因此，内轮廓的加工起点设在（X18，Z2）处；

外轮廓的加工起点设在毛坯端面处且离工件毛坯外轮廓 2mm(X50，Z2）处；换刀点设在距工件零点 X 轴方向+80mm、Z 轴方向+100mm 处。该零件有外圆柱面、倒角、锥孔等加工表面，其中外圆柱面和锥孔加工尺寸和精度较高，分粗、精加工。加工内孔先使用 G71 指令粗加工，然后使用 G70 指令精加工。

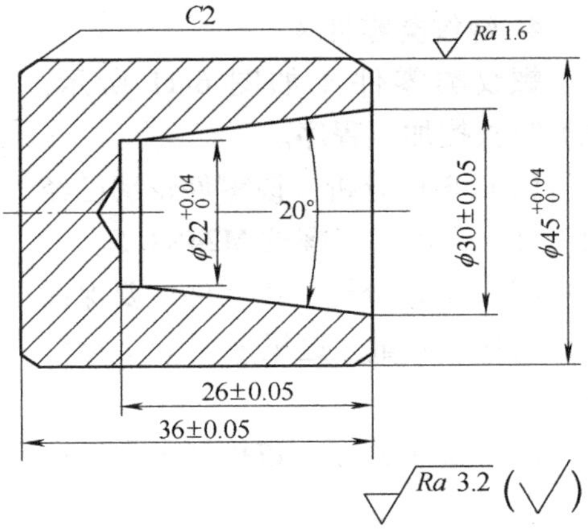

图 6-12　孔类零件 1

（2）加工工序

1）用外圆车刀平右端面，用试切法对刀。

2）手动用 ϕ4mm 中心钻钻中心孔。

3）手动用 ϕ20mm 麻花钻钻内孔。

4）粗镗内孔。

5）精镗内孔。

6）粗、精车外圆。

7）手动倒角，切断。

8）调头装夹，手动倒角。

（3）加工程序　数控加工程序见表 6-21。

刀具：T01 为内孔镗刀；T02 为外圆车刀；T03 为切槽刀，刀宽为 4mm。

表 6-21　数控加工程序

程　序	说　明
O0001;	程序名
N10 G99 G97 G40;	设定进给速度的单位为 mm/r，取消恒速度，取消刀补
N20 T0101;	使用 1 号内孔镗刀，并使用 1 号刀补
N30 M03 S1000 F0. 2;	主轴正转，转速 n=1000r/min
N40 G00 X18. 0 Z2. 0 M08;	快速定位到起刀点，并开启切削液
N50 G71 U1 R0. 5;	外径粗加工循环
N60 G71 P70 Q110 U-0. 5 W0. 1 F0. 25;	外径粗加工循环
N70 G00 X30. 0;	精车路线
N80 G01 Z0;	
N90 X22. 02 Z-22. 69;	
N100 Z-26. 0;	
N110 X18. 0;	
N120 G00 Z100. 0;	退刀
N130 X80 M09;	切削液关
N140 M00;	程序暂停
N150 T0101;	使用 1 号内孔镗刀，并使用 1 号刀补
N160 M03 S1500;	主轴正转，n=1500r/min
N170 G00 X182. 0;	快速点定位

（续）

程　序	说　明
N180 G70 P70 Q110;	使用 G70 循环指令进行精车内孔
N190 G00 Z100.0;	退刀
N200 X80.0;	退刀
N210 M00;	程序暂停
N220 T0202;	使用 2 号外圆车刀，并使用 2 号刀补
N230 M03 S1000;	主轴正转，$n=1000\text{r/min}$
N240 G00 X50.0 Z2.0 M08;	快速定位到起刀点，并开启切削液
N250 G71 U2 R0.5;	外径粗加工循环
N260 G71 P270 Q320 U0.5 W0.1 F0.25;	外径粗加工循环
N270 G00 X28.0;	精车路线
N280 G01 Z70.0;	
N290 X41.0;	
N300 X45 Z-2.0;	
N310 Z-36.0;	
N320 X50.0;	
N330 G00 X80.0 Z100 M09;	退刀，切削液关
N340 M00;	程序暂停
N350 T0202;	使用 2 号外圆车刀，并使用 2 号刀补
N360 M03 S1500;	主轴正转，$n=1500\text{r/min}$
N370 G00 X50 Z2.0;	快速点定位
N380 G70 P270 Q320;	使用 G70 循环指令进行精车外圆
N390 G00 X80.0;	退刀
N400 Z100.0;	退刀
N410 M00;	程序暂停
N420 T0303;	使用 3 号 4mm 宽切槽刀，并使用 3 号刀补
N430 M03 S800;	主轴正转，$n=800\text{r/min}$
N440 G00 X48 Z-40 M08;	切削液开
N450 G01 X-1 F0.1;	切断
N460 M09;	切削液关
N470 G00 X80 Z100.0;	返回换刀点
N480 M05;	主轴停止
N490 M30;	程序结束

2. 孔类零件 2

孔类零件 2 如图 6-13 所示，试编写数控加工程序。

（1）工艺分析　装夹时使用自定心卡盘夹紧定位。将工件零点设在毛坯右端面的圆心。由于钻内孔的麻花钻直径是 ϕ20mm，因此，内轮廓的加工起点设在（X18，Z2）处；外轮廓的加工起点设在毛坯端面处且离工件毛坯外轮 2mm（X50，Z2）处；换刀点设在距工件零点 X 轴方向+80mm、Z 轴方向+100m 处。该零件有外圆柱面、倒角、内沟槽和内螺纹等加工表面，其中外圆和内孔加工尺寸和精度较高，分粗、精加工。加工内孔和外表面都先使用 G71 指令进行粗加工，然后使用 G70 进行精加工。内螺纹为管螺纹，使用 G92 指令进行加工。内螺纹小径：$D_1 = D - 2 \times 0.65P =$（27−2×0.65×2）mm=24.4mm。

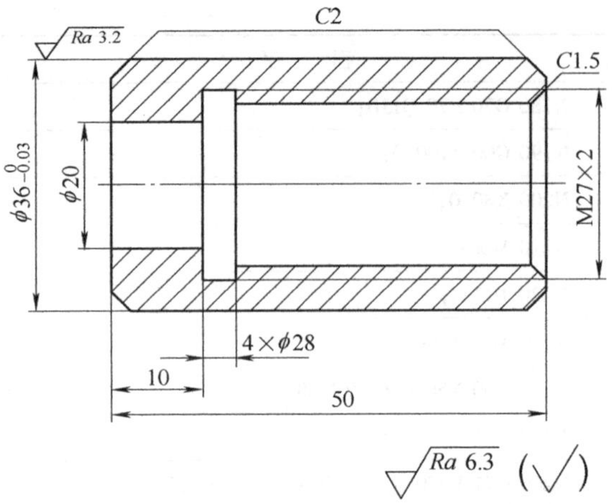

图 6-13　孔类零件 2

（2）加工工序

1）用外圆车刀平右端面，用试切法对刀。

2）手动用 ϕ4mm 中心钻钻中心孔。

3）手动用 ϕ20mm 麻花钻钻内孔。

4）粗镗内孔。

5）精镗内孔。

6）车内沟槽。

7）车内螺纹。

8）粗车外圆。

9）精车外圆。

10）手动倒角和切断（切断刀刀宽为 4mm）。

11）调头装夹，手动倒角。

（3）加工程序　数控加工程序见表 6-22。

刀具：T01 为内孔镗刀；T02 为内沟槽车刀；T03 为内螺纹车刀；T04 为外圆车刀。

表 6-22　数控加工程序

程　序	说　明
O0001；	程序名
N10 G99 G97 G40；	设定进给速度的单位为 mm/r，取消恒速度，取消刀补
N20 T0101；	使用 1 号内孔镗刀，并使用 1 号刀补
N30 M03 S1000 F0.2；	主轴正转，n=1000r/min
N40 G00 X18 Z2 M08；	快速定位到起刀点，并开启切削液
N50 G71 U1 R0.5；	外径粗加工循环
N60 G71 P70 Q110 U−0.5 W0.1 F0.25；	外径粗加工循环
N70 G00 X28.0；	精车路线
N80 G01 Z0；	
N90 X24.4 Z−1.5；	
N100 Z−40；	
N110 X18.0；	

（续）

程　　序	说　　明
N120 G00 X80.0;	退刀
N130 Z100 M09;	切削液关
N140 M00;	程序暂停
N150 T0101;	使用 1 号内孔镗刀，并使用 1 号刀补
N160 M03 S1500;	主轴正转，n=1500r/min
N170 G00 X18.0 Z2.0;	快速点定位
N180 G70 P70 Q110;	使用 G70 循环指令进行精镗内孔
N190 G00 X80.0;	退刀
N200 Z100.0;	退刀
N210 M00;	程序暂停
N220 T0202;	使用 2 号内沟槽车刀，并使用 2 号刀补
N230 M03 S800;	主轴正转，n=800r/min
N240 M08;	切削液开
N250 G00 X18.0 Z4.0;	快速点定位
N260 Z-40;	
N270 G01 X28.0;	
N280 X18.0	
N290 G00 Z4.0;	退刀
N300 X80.0 Z100.0;	快速返回换刀点
N310 M09;	切削液关
N320 M00;	程序暂停
N330 T0303;	使用 3 号内螺纹车刀，并使用 3 号刀补
N340 M03 S1000;	主轴正转，n=1000r/min
N350 G00 X22.0 Z4.0 M08;	退刀，切削液开
N360 G92 X24.4 Z-38.0 F2.0;	螺纹车削第一刀
N370 X25.3;	螺纹车削第二刀
N380 X25.9;	螺纹车削第三刀
N390 X26.5;	螺纹车削第四刀
N400 X26.9;	螺纹车削第五刀
N410 X27.0;	螺纹车削第六刀
N420 X27.0;	光整螺纹
N430 G00 Z100.0;	退刀
N440 X80.0;	退刀
N450 M09;	切削液关
N460 M00;	程序暂停
N470 T0404;	使用 4 号外圆车刀，并使用 4 号刀补

（续）

程　序	说　明
N480 M03 S1000;	主轴正转，n=1000r/min
N490 G00 X40.0 Z2.0 M08;	切削液开
N500 G71 U2 R0.5;	外径粗加工循环
N510 G71 P520 Q570 U0.5 W0.1 F0.25;	外径粗加工循环
N520 G00 X25.0;	精车路线
N530 G01 Z0.0;	
N540 X32.0;	
N550 X36.0 Z-2.0;	
N560 Z-50.0;	
N570 X40.0;	
N580 G00 X80 Z100 M09;	退刀，切削液关
N590 M00;	程序暂停
N600 T0404;	使用4号外圆车刀，并使用4号刀补
N610 M03 S1500;	主轴正转，n=1500r/min
N620 G00 X40.0 Z2.0;	快速点定位
N630 G70 P520 Q570;	使用G70循环指令精车外圆
N640 G00 X80 Z100.0;	返回换刀点
N650 M05;	主轴停止
N660 M30;	程序结束

3. 孔类零件3

孔类零件3如图6-14所示，试编写数控加工程序。

（1）工艺分析　装夹时使用自定心卡盘夹紧定位。将工件零点设在毛坯右端面的圆心。由于钻内孔的麻花钻直径是ϕ20mm，因此，内轮廓的加工起点设在（X18，Z2）处；外轮廓的加工起点设在毛坯端面处且离工件毛坯外轮廓2mm（X67，Z2）处；换刀点设在距工件零点X轴方向+80mm、Z轴方向+100mm处。

该零件有外圆柱面、倒角、内阶梯孔等加工表面，各表面全部分粗、精加工，镗内阶梯孔时，先使用G71指令进行粗加工，然后使用G70指令进行精加工，车外圆使用G90指令进行加工。

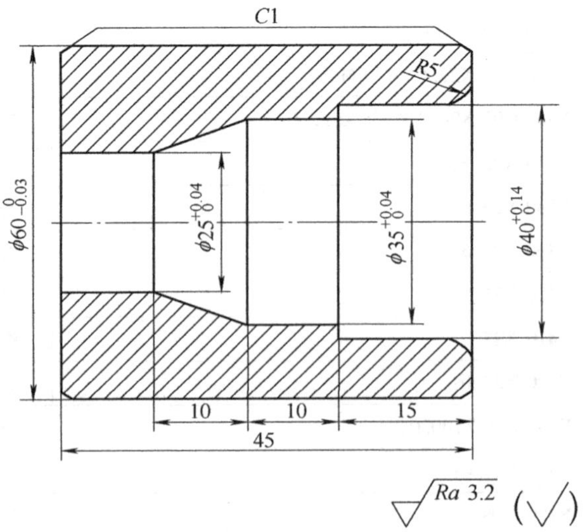

图6-14　孔类零件3

（2）加工工序

1）手动车端面。

2）手动用 ϕ4mm 中心钻钻中心孔。
3）手动用 ϕ20mm 麻花钻钻孔。
4）粗镗内孔。
5）精镗内孔。
6）粗车外圆。
7）精车外圆。
8）手动倒角，切断。
9）调头装夹，手动倒角。

（3）加工程序　数控加工程序见表 6-23。

刀具：T01 为内孔镗刀；T02 为外圆车刀；T03 为切槽刀，刀宽为 4mm。

表 6-23　数控加工程序

程　序	说　明
O0001；	程序名
N10 G99 G97 G40；	设定进给速度的单位为 mm/r，取消恒速度，取消刀补
N20 T0101；	使用 1 号内孔镗刀，并使用 1 号刀补
N30 M03 S1000 F0.2；	主轴正转，转速 n=1000r/min
N40 G00 X18 Z2 M08；	快速定位到起刀点，并开启切削液
N50 G71 U1 R0.5；	外径粗加工循环
N60 G71 P70 Q160 U-0.5 W0.1 R0.25；	外径粗加工循环
N70 G00 X67.0；	精车路线
N80 G01 Z0；	
N90 X50.0；	
N100 G02 X40 Z-5.0 R5.0；	
N110 G01 Z-15.0；	
N120 X35.0；	
N130 Z25.0；	
N140 X25 Z-35.0；	
N150 Z-46.0；	
N160 X18.0；	
N170 G00 X80.0；	退刀
N180 Z100 M09；	切削液关闭
N190 M00；	程序暂停
N200 T0101；	使用 1 号内孔镗刀，并使用 1 号刀补
N210 M03 S1500；	主轴正转，n=1500r/min
N220 G00 X18 Z2.0；	快速点定位
N230 G70 P70 Q160；	使用 G70 循环指令精镗内孔
N240 G00 X80.0；	退刀
N250 Z100.0；	退刀

（续）

程　　序	说　　明
N260 M00；	程序暂停
N270 T0202；	使用 2 号外圆车刀，并使用 2 号刀补
N280 M03 S1000；	主轴正转，n=1000r/min
N290 G00 X62.0 Z94.0 M08；	快速点定位，切削液开
N300 G01 X65.0；	
N310 G90 X64.0 Z-45.0 F0.25；	使用 G90 循环指令车外圆
N320 X62.0；	
N330 X60.2；	
N340 X60.0；	精车一刀
N350 G00 X80.0 Z100.0；	退刀
N360 M09；	切削液关
N370 M00；	程序暂停
N380 T0303；	使用 3 号 4mm 宽切槽刀，并使用 3 号刀补
N390 M03 S800；	主轴正转，n=800r/min
N400 G00 X62.0 Z-49.0 M08；	快速点定位，切削液开
N410 G01 X-1.0 F0.1；	切断
N420 M09；	切削液关闭
N430 G00 X80 Z100.0；	返回换刀点
N440 M05；	主轴停止
N450 M30；	程序结束

六、内/外轮廓加工循环编程

1. 轮廓类零件 1

轮廓类零件 1 如图 6-15 所示，试编写数控加工程序。

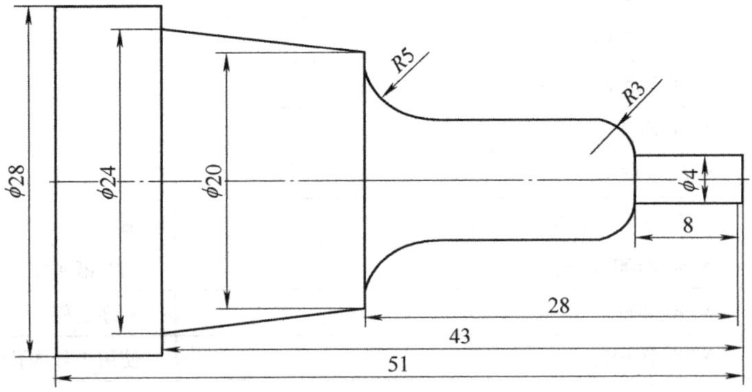

图 6-15　轮廓类零件 1

（1）零件分析　该零件最大直径为 ϕ28mm，毛坯可以采用 ϕ30mm 的棒料，装夹时应注意控制毛坯外伸量，以提高装夹刚性。

（2）工艺分析

1）用外圆端面车刀平右端面，并用试切法对刀。

2）从右至左粗加工外圆轮廓，留 0.3mm 精加工余量。

3）精加工外圆轮廓至图样要求尺寸。

4）切断，并保证总长尺寸要求。

5）去毛刺，检测工件各项尺寸要求。

（3）加工程序　数控加工程序见表6-24。

1）工件坐标系原点：工件右端面回转中心。

2）刀具：T01为外圆车刀（粗车）；T02为外圆车刀（精车）；T03为切断刀，刀宽为4mm。

表6-24　数控加工程序

程　　序	说　　明
O0001；	程序名
N10 G98 G21 G40；	程序初始化
N20 M03 S600 F0.2；	主轴正转，转速 n=600r/min
N30 T0101；	换1号外圆车刀，并调用1号刀补
N40 G00 X32 Z5.0 M08；	快速点定位，切削液开
N50 G71 U2 R1；	外径粗加工循环
N60 G71 P7 Q150 U0.3 W0.1 F150；	外径粗加工循环
N70 G42 G00 X0；	精车路线
N80 G01 Z0 F80；	
N90 G03 X8 Z-4 R4；	
N100 G01 X16 Z-20.0；	
N110 Z-30.0；	
N120 G02 X24 Z-34 R4；	
N130 G01 Z-39.0；	
N140 X28.0；	
N150 Z-47.0；	
N160 G00 X100 Z100.0；	快速返回到换刀点
N170 T0202；	换2号外圆车刀，并调用2号刀补
N180 G00 X32.0 Z5.0；	快速点定位
N190 G70 P70 Q150；	用G70循环指令进行精加工
N200 G00 X100.0；	退刀
N210 Z100.0；	退刀
N220 T0303；	换3号切槽刀，并调用3号刀补
N230 M03 S500；	主轴正转，n=500r/min
N240 G00 X30.0 Z-47.0；	快速定位到切断起始位置
N250 G01 X-1.0 F100；	切断
N260 G00 X32.0；	退刀
N270 G00 X100.0 Z100.0；	快速返回到换刀点
N280 M05；	主轴停止
N290 M30；	程序结束返回到程序头

2. 轮廓类零件 2

轮廓类零件 2 如图 6-16 所示，试编写数控加工程序。

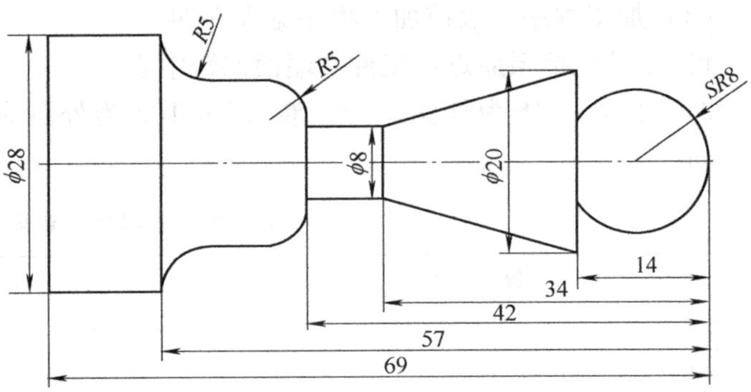

图 6-16 轮廓类零件 2

（1）零件分析 该零件最大直径为 ϕ28mm，毛坯采用 ϕ30mm 的棒料。

（2）工艺分析

1）用外圆端面车刀平右端面，并用试切法对刀。

2）从右至左粗加工外圆轮廓，留 0.3mm 精加工余量。

3）精加工外圆轮廓至图样要求尺寸。

4）切断，并保证总长尺寸要求。

5）去毛刺，检测工件各项尺寸要求。

（3）加工程序 数控加工程序见表 6-25。

1）工件坐标系原点：工件右端面回转中心。

2）刀具：T01 为外圆车刀（粗车）；T02 为外圆车刀（精车）；T03 为切断刀，刀宽为 4mm。

表 6-25 数控加工程序

程　序	说　明
O0001;	程序名
N10 G99 G21 G40;	程序初始化
N20 M03 S600 F0. 2;	主轴正转，转速 n=600r/min
N30 T0101;	换 1 号外圆车刀，并调用 1 号刀补
N40 G00 X32. 0 Z5. 0 M08;	切削液开
N50 G73 U15 R12;	外轮廓粗加工循环
N60 G73 P70 Q160 U0. 3 W0;	外轮廓粗加工循环
N70 G42 G00 X0;	精车路线
N80 G01 Z0;	
N90 G03 X10. 583 Z-14. 0 R8;	
N100 G01 X20. 0;	
N110 X8 Z-34. 0;	
N120 Z-42. 0;	
N130 G03 X18 Z-47. 0 R5;	
N140 G01 Z-52;	
N150 G02 X28 Z-57 R5;	
N160 G01 Z-69. 0;	

（续）

程　序	说　明
N170 G00 X100.0 Z100.0;	快速返回到换刀点
N180 T0202;	换2号外圆车刀，并调用2号刀补
N190 G00 X32.0 Z5.0;	快速点定位
N200 G70 P70 Q160;	用G70循环指令进行精加工
N210 G00 X100.0;	退刀
N220 Z100.0;	退刀
N230 T0303;	换3号切断刀，并调用3号刀补
N240 M03 S500;	主轴正转，$n=500$r/min
N250 G00 X30.0 Z-73.0;	快速定位到切断起始位置
N260 G01 X-1.0 F100;	切断
N270 G00 X32;	退刀
N280 G00 X100. Z100.0;	快速返回到换刀点
N290 M05;	主轴停止
N300 M30;	程序结束

3. 轮廓类零件3

轮廓类零件3如图6-17所示，试编写数控加工程序。

（1）零件分析　该零件为内轮廓零件，其成品最大直径为ϕ76mm，毛坯采用ϕ80mm的棒料。

（2）工艺分析

1）用外圆端面车刀车右端面，用试切法对刀。

2）手动用ϕ5mm中心钻钻中心孔。

3）手动用ϕ26mm麻花钻钻内孔。

4）从右至左加工外圆轮廓。

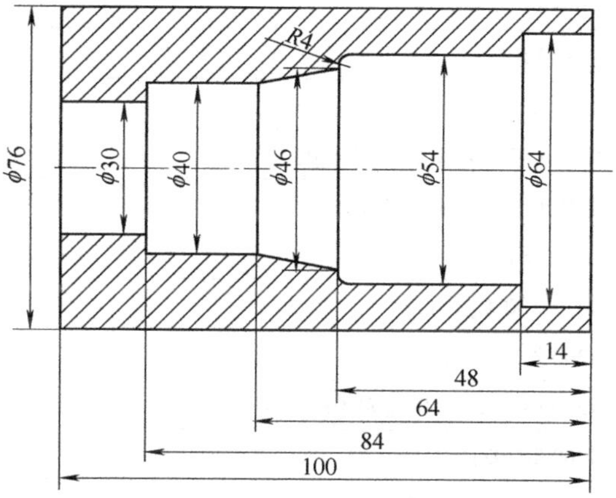

图6-17　轮廓类零件3

5）用镗刀镗内孔，粗加工内轮廓，留0.3mm精加工余量。

6）精加工内圆轮廓至图样要求尺寸。

7）手动用切断刀切断，并保证长度尺寸要求。

8）去毛刺，检测工件各项尺寸要求。

（3）加工程序　数控加工程序见表6-26。

1）工件坐标系原点：工件右端面回转中心。

2）刀具：T01为外圆车刀；T02为内孔镗刀（精车）；T03为内孔镗刀（粗车）。

表 6-26 数控加工程序

程　序	说　明
O0001;	程序名
N10 G98 G21 G40;	程序初始化
N20 M03 S800 F0.2;	主轴正转，n=800r/min
N30 T0101;	换 1 号外圆车刀，并调用 1 号刀补
N40 G00 X14 Z5.0 M08;	车外轮廓，切削液开
N50 G42 G01 Z0 F80;	建立刀补
N60 X76.0;	
N70 Z-60.0;	
N80 G00 X100.0;	退刀
N90 Z100.0;	退刀
N100 T0303;	换 3 号内孔镗刀粗车，并调用 3 号刀补
N110 G00 X18.0;	快速点定位
N120 Z5.0;	快速点定位
N130 G71 U2 R1.0;	外径粗加工循环
N140 G71 P150 Q240 U-0.3 W0.2 F80;	外径粗加工循环
N150 G41 G01 Z0;	精车路线
N160 X64.0;	
N170 Z-14.0;	
N180 X54.0;	
N190 Z-48.0;	
N200 G02 X46.0 Z-52 R4.0;	
N210 G01 X40.0 Z-64.0;	
N220 Z84.0;	
N230 X30.0;	
N240 Z-100.0;	
N250 G00 X100.0 Z100.0;	退刀
N260 T0202;	换 2 号内孔镗刀精车，并调用 2 号刀补
N270 G70 P150 Q240;	用 G70 循环指令进行精加工
N280 G00 X15.0;	退刀
N290 Z100.0;	退刀
N300 M05;	主轴停止
N310 M30;	程序结束

4. 轮廓类零件 4

轮廓类零件 4 如图 6-18 所示，试编写数控加工程序。

（1）零件分析　该零件最大直径为 ϕ48mm，故毛坯采用 ϕ50mm 的棒料。

（2）工艺分析

1）用外圆端面车刀平右端面，并用试切法对刀。

2）手动用 ϕ5mm 中心钻钻中心孔。

3）手动用 ϕ12mm 麻花钻钻内孔。

4）从右端至左端加工外圆轮廓。

5）用内孔镗刀粗加工内轮廓，留 0.3mm 精加工余量。

6）精加工外圆轮廓至图样要求尺寸。

7）切断，并保证总长尺寸要求。

8）去毛刺，检测工件各项尺寸要求。

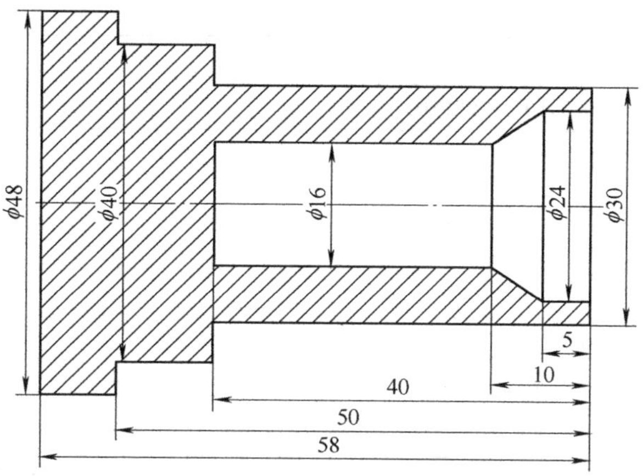

图 6-18　轮廓类零件 4

（3）加工程序　数控加工程序见表 6-27。

1）工件坐标系原点：工件右端面回转中心。

2）刀具：T01 为外圆车刀；T02 为内孔镗刀（精车）；T03 为内孔镗刀（粗车）；T04 为外切槽刀，刀宽为 4mm。

表 6-27　数控加工程序

程　序	说　明
O0001;	程序名
N10 G98 G21 G40;	程序初始化
N20 M03 S800;	主轴正转，转速 n=800r/min
N30 T0101;	换 1 号外圆车刀，并调用 1 号刀补
N40 G00 X14. 0 Z5. 0 M08;	车外轮廓，切削液开
N50 G42 G01 Z0 F80;	建立刀补
N60 X30. 0;	
N70 Z-40. 0;	
N80 X40. 0;	
N90 Z-50. 0;	
N100 X48. 0;	
N110 Z-58. 0;	
N120 G00 X100. 0;	退刀
N130 Z100. 0;	退刀
N140 T0303;	换 3 号内孔镗刀粗车，并调用 3 号刀补
N150 G00 X15. 0;	快速点定位
N160 Z5. 0;	
N170 G71 U2 R1;	外径粗加工循环
N180 G71 P190 Q240 U-0. 3 W0. 2 F150;	外径粗加工循环

（续）

程 序	说 明
N190 G41 G01 Z0 F80；	精车路线
N200 X24.0；	
N210 Z-5.0；	
N220 X16.0 Z-10；	
N230 Z-40.0；	
N240 X15.0；	
N250 G00 Z100.0；	退刀
N260 T0202；	换 2 号内孔镗刀精车，并调用 2 号刀补
N270 G70 P190 Q240；	用 G70 循环指令进行精加工
N280 G00 X15.0；	退刀
N290 Z100.0；	退刀
N300 M00；	程序暂停
N310 T0404；	换 4 号外切槽刀，并调用 4 号刀补
N320 M03 S500；	主轴正转，n=500r/min
N330 G00 X50.0 Z-58.0；	快速点定位
N340 G01 X-1 F100；	切断
N350 G00 X50.0；	退刀
N360 X100.0；	退刀
N370 Z100.0；	退刀
N380 M05；	主轴停止
N390 M30；	程序结束

项目七　数控车床常见故障诊断

【背景导入】

随着自动化生产的日益成熟，数控车床的应用也日益广泛，随着数控车床数量的增多，出现各种故障的概率也随之增大，所以机床的日常保养及简单的维修也成为必要掌握的技能之一。良好的职业素养是成为一名合格的技术技能型人才的前提，做好机床维修和保养是保证正常生产的前提。

【课程重点】

1）学会数控车床的日常维护保养。

2）了解数控车床简单故障的维修方法。

【建议学时】

课堂学时：2 学时。

任务十　数控车床常见故障诊断与维修

一、数控车床的日常维护

1. 数控系统的维护

1）严格遵守操作规程和日常维护制度。

2）防止灰尘进入数控装置内，漂浮的灰尘和金属粉末容易引起元器件间绝缘电阻下降，从而出现故障甚至损坏元器件。

3）定时清扫数控柜的散热通风系统。

4）经常监视数控系统的电网电压，电网电压范围应为额定值的 85%~110%。

5）定期更换存储器用电池。

6）数控系统长期不用时，应经常给数控系统通电或使数控机床运行温机程序。

7）定期进行备用电路板的维护。

2. 机械部件的维护

（1）刀库及换刀机械手的维护

1）用手动方式往刀库上装刀时，要保证装到位，检查刀座上的锁紧是否可靠。

2）严禁把超重、超长的刀具装入刀库，防止机械手换刀时掉刀或刀具与工件、夹具等发生碰撞。

3）采用顺序选刀方式须注意刀具放置在刀库上的顺序是否正确。其他选刀方式也要注意所换刀具号是否与所需刀具一致，防止换错刀具导致事故发生。

4）注意保持刀具刀柄和刀套的清洁。

5）经常检查刀库的回零位置是否正确，检查机床主轴回换刀点位置是否到位，并及时调整，否则不能完成换刀动作。

6）开机时，应先使刀库和机械手空运行，检查各部分工作是否正常，特别是各行程开关和电磁阀能否正常动作。

（2）滚珠丝杠副的维护

1）定期检查、调整丝杠副的轴向间隙，保证反向传动精度和轴向刚度。

2）定期检查丝杠支承与床身的连接是否松动以及支承轴承是否损坏。若有以上问题要及时紧固松动部位，更换支承轴承。

3）采用润滑脂润滑的滚珠丝杠，每半年清洗一次丝杠上的旧油脂，更换新油脂。用润滑油润滑的滚珠丝杠，每天机床工作前加油一次。

4）注意避免硬质灰尘或切屑进入丝杠防护罩和工作过程中碰击防护罩，防护装置若有损坏要及时更换。

（3）主传动链的维护

1）定期调整主轴驱动带的松紧程度。

2）防止各种杂质进入油箱。每年更换一次润滑油。

3）保持主轴与刀柄连接部位的清洁。需及时调整液压缸和活塞的位移量。

4）要及时调整配重。

（4）液压系统的维护

1）定期过滤或更换油液。

2）控制液压系统中油液的温度。

3）防止液压系统泄漏。

4）定期检查清洗油箱和管路。

5）执行日常点检查制度。

（5）气动系统的维护

1）清除压缩空气的杂质和水分。

2）检查系统中油雾器的供油量。

3）保持系统的密封性。

4）注意调节工作压力。

5）清洗或更换气动元件、滤芯。

二、数控车床故障诊断与维修概述

1. 数控车床故障诊断与维修的概念

数控车床综合应用了计算机、自动控制、精密测量、现代机械制造和数据通信等多种技术，是机加工领域典型的机电一体化设备。

要充分发挥数控车床的效率，就要求机床的开动率高，这就给数控车床提出了可靠性的要求。衡量可靠性的主要指标是平均无故障工作时间（MBTF）。

MBTF = 总工作时间/总故障次数

由于一些用户对数控车床的故障不能及时做出正确的判断和排除，目前国内各行业中数控车床的开动率平均仅为20%~30%。

数控车床的故障诊断与维修是数控车床使用过程中重要的组成部分，也是目前制约数控车床发挥作用的因素之一，因此数控车床的使用单位培养掌握数控车床的故障诊断与维修的技术人员，有利于提高数控车床的使用率。

2. 数控车床的故障类型与特点

（1）数控车床的故障类型 数控车床故障是指数控车床失去了规定的功能。按照数控车床故障频率的高低，车床使用期可以分为三个阶段，即初始运行期、相对稳定运行期和衰老期。数控车床从整机安装调试后至运行一年左右的时间称为车床的初始运行期。在这段时间内，机械处于磨合状态，部分电子元器件在电气干扰中经受不了初期的考验而损坏，所以数控车床在这一阶段的故障比较多。数控车床在经过了初始运行期就进入了相对稳定运行期，车床在该阶段仍然会产生故障，但是故障频率相对减少，数控车床的相对稳定运行期一般为 7~10 年。数控车床经过相对稳定运行期之后就进入了衰老期，由于机械的磨损和电气元件的品质因数下降，数控车床的故障率又开始增大。数控车床的故障率示意图如图 7-1 所示。

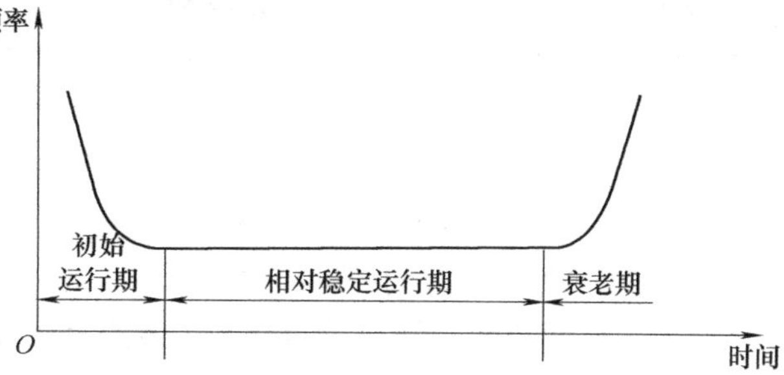

图 7-1 数控车床的故障率示意图

数控车床的故障种类很多，可分为以下几类：

1）数控车床的故障按照起因，分为关联性故障和非关联性故障。所谓非关联性故障是由于运输、安装等原因造成的故障。关联性故障可分为系统性故障和随机故障。系统性故障是指数控车床在一定条件下必然会出现的故障。随机故障是指偶然出现的故障，是由于机械结构局部松动、系统控制软件不完善、硬件工作特性曲线下降、电气元件品质因数降低等原因造成的。

2）数控车床的故障按有无显示，分为有诊断显示故障和无诊断显示故障。有诊断显示故障一般与控制部分有关，故障发生后可以根据故障报警信号找到故障的原因。无诊断显示故障往往表现为工作台停留在某一位置不能运动，依靠手动操作也无法使工作台动作，这类故障的排除相对有诊断显示故障的排除难度要大。

3）数控车床的故障按照性质，分为破坏性故障和非破坏性故障。对于短路和因伺服系统失控造成“飞车”等故障称为破坏性故障，在维修和排除这些故障时不允许故障重复出现，因此维修有一定难度。对于非破坏性故障，可以经过多次试验和重演故障来分析故障原因，故障的排除相对容易一些。

4）数控车床的故障按发生部位，分为电气故障和机械故障。电气故障一般发生在系统装置、伺服驱动单元和车床电气等控制部位。电气故障一般是因为电气元器件的品质因数下降、元器件焊接松动、接插件接触不良或损坏等因素引起的，这些故障表现为时有时无。例如某电子元器件的漏电流较大，工作一段时间后，其漏电流随环境温度的升高而增大，导致元器件工作不正常，影响了相应电路的正常工作。当环境温度降低以后，故障又消失了。这类故障靠目测是很难查找的，一般要借助测量工具检查工作电压、电流或测量波形进行分析。

机械故障一般发生在机械运动部位。机械故障可分为功能型故障、动作型故障、结构型故障和使用型故障。功能型故障主要指工件加工精度方面的故障，这些故障是可以发现的，如加工精度不稳定、误差大等。动作型故障是指车床的各种动作故障，可以表现为主轴不转、工件夹不紧、刀架定位精度低、液压变速不灵活等。结构型故障表现为主轴发热、主轴箱噪声大、机械传动有异常、产生切削振动等。使用型故障主要是指操作和使用不当引起的故障，例如过载引起机件损坏等。机械故障一般可以通过维护保养和精心调整来预防。

5）自诊断故障。数控系统有自诊断故障报警系统，它随时监测数控系统的硬件、软件和伺服系统等的工作情况。当这些部分出现异常时，一般会在监视器上显示报警信息或用指示灯报警显示故障号，这些故障可称为自诊断故障。自诊断故障系统可以协助维修人员查找故障，是故障检查和维修工作中十分重要的依据。对出现的报警信息要进行仔细分析，因为可能有多种故障因素引起同一种报警信息。

6）人为故障和软（硬）故障。人为故障是指操作员、维护人员对数控车床还不熟悉或没有按照使用手册要求，在操作和调整时处理不当而造成的故障。硬故障是指由于车床的硬件损坏造成的故障。软故障是指由于数控加工程序中出现语法错误、逻辑错误或非法数据；数控车床的参数设定或调整出现错误；保持 RAM 存储器的锂电池短路、断路或接触不良，RAM 芯片得不到保持数据所需电压，使得参数或加工程序丢失。

（2）数控车床故障的特点　数控车床本身的复杂性使其故障具有复杂性和特殊性。引起数控车床故障的因素是多方面的，有些故障的现象是机械方面的，但是引起故障的原因却是电气方面的；有些故障的现象是电气方面的，然而引起故障的原因却是机械方面的；有些故障是由电气方面和机械方面共同引起的。

3. 数控机床故障诊断及处理的基本原则

数控机床的大部分故障都以综合故障形式出现，其判断与处理原则如下：

（1）调查故障现场　机床故障发生后，维修人员首先要向操作者了解机床在什么情况下出现故障，故障现象如何，操作者采取了什么措施；再仔细观察数控装置的工作寄存器中尚存的工作内容，了解已执行的程序内容及自诊断显示的报警内容，然后按数控系统的复位键，观察系统经清除复位后故障报警是否消失，如果消失，多属于软件故障，否则是硬件故障。对于非破坏性故障，有条件时可再现故障，观察现象，以验证分析是否正确。

（2）分析可能造成故障的因素　数控机床出现的同一故障现象，其原因是多种多样的，有可能是由于机械、电气及控制系统等造成的。要准确地判断故障出现的环节和造成故障的原因，必须罗列所有相关的因素。

例如，行程开关工作不正常时，其影响因素可能有以下几个方面：①机械运动不到位，开关未压下；②机械结构不合理，开关松动或挡块太短；③开关自身质量有问题；④开关选型不当；⑤防护措施不好，开关内进了杂物，使动作失常。

（3）确定产生故障的原因　由于造成故障的因素很多，因此维修人员必须利用该机床的技术档案，凭借现场操作经验、判断能力和掌握的机、电、液等综合专业技术知识，通过必要的测试手段，最后判别可能产生故障的原因，最后通过必要的试验，逐一寻找、确定故障源。

4. 数控车床故障诊断与维修的一般方法

数控车床故障诊断一般包括三个步骤：第一个步骤是故障检测，即对数控车床进行测试，检查是否存在故障；第二个步骤是故障判断与隔离，即判断故障的性质，以缩小产生故障的范围，分离出故障的部件或模块；第三个步骤是故障定位，即将故障定位到产生故障的模块或元器件，及时排除故障或更换元器件。数控车床故障诊断一般采用追踪法、自诊断功能、参数检查、替换法和测量法。

（1）追踪法　追踪法是指在故障诊断和维修之前，维修人员先要对故障发生的时间、周围环境、车床的运行状态和故障的详细类型进行了解，然后寻找产生故障的部位。其大致步骤如下：

1）了解故障发生的时间和周围环境：故障发生的时间和次数；故障的重复性；故障是否在接通电源时出现；环境温度如何；是否有雷击，车床附近有无振动源或干扰。

2）了解车床的运行状态：故障发生时车床的运行方式；进给坐标轴的速度情况；主轴的速度情况；刀具轨迹是否正常；辅助设备运行是否正常；车床是否运行了新编的程序；故障是否发生在运行 M、S、T 代码时；故障是否与螺纹加工有关；车床在运行时是否改变了工作方式；方式选择开关设定是否正确；速度倍率开关是否设置为零；车床是否处于锁定状态。

3）了解故障类型：监视器画面是否正常；监视器是否显示报警及相应的报警号；故障发生之前是否出现过同样的故障；故障发生之前是否维修或调整过机床，以及是否调整过系统参数。

接下来可以进行停电检查。利用视觉、嗅觉、听觉和触觉寻找产生故障的部位。例如仔细检查加工零件表面的情况，机械有无碰撞的痕迹，电气柜是否打开，有无切屑进入电气柜，元器件有无烧焦，印制电路板阻焊层有无因元器件过流或过热而烧黄或烧黑，元器件有无松动，电气柜和元器件有无焦糊味，部件或元器件是否发热，熔丝是否熔断，电缆是否破裂和损伤，气动系统或液压系统的管路与接头有无泄漏，电源线和信号线是否分开安装或分开走线，屏蔽线接线是否正确等。

停电检查之后可以进行通电检查，检查系统参数和刀具补偿是否正确，加工程序编制是否有误，机械传动部分有无异常声响，系统的输入电压是否在正常范围内，电气柜的轴流风扇是否正常，电气装置内有无打火现象。如果出现打火，应该立即关断电源。以免扩大故障范围。

追踪法是一种基本的检查故障的方法，发现故障后要查找引起故障的根源，并采取合理的方法排除。

（2）自诊断功能　自诊断功能是数控系统的自诊断报警系统功能，它可以帮助维修人员查找故障，是数控车床故障诊断和维修的十分重要的手段。自诊断功能按时间的先后可以分为启动诊断、在线诊断和离线诊断。

1）启动诊断是指数控系统从通电开始到进入正常运行准备为止，系统内部诊断程序自动执行的诊断。启动诊断主要是针对数控装置中最关键的硬件和系统控制软件进行诊断，例如 CPU、存储器、软驱、手动数据输入（MDI）单元、总线和 I/O 单元等。如果检测到故障，数控装置通过监视器显示故障内容。自动诊断过程没有结束时，数控车床不能运行。

2）在线诊断是指数控系统在工作状态下，通过系统内部的诊断程序，对数控车床运行的正确性进行的诊断。在线诊断按显示可分为状态显示和故障信息显示两部分。状态显示包括接口状态显示和内部状态显示。接口状态是以二进制的“0”和“1”表示信号的有无，在监视器上显示数控装置与 PLC、PLC 与车床之间的接口信息传递是否正常。内部状态显示涉及车床较多的部分，例如复位状态显示，由外部原因造成的不执行指令的状态显示等。故障信息的显示涉及很多故障内容，数控系统对每一条故障内容赋予一个故障编号（报警号)。当发生故障时，数控装置对出现的故障按其紧迫性进行判断，在监视器上显示出最紧急的故障报警号和相应的故障内容说明。

数控车床的伺服驱动单元、变频器、电源、I/O 接口等单元通常有数码管指示和报警指示灯。当这些装置和部件出现故障时，除了在显示器上显示故障报警信息外，它们的报警指示灯变亮。

3）离线诊断是数控车床出现故障时，数控系统停止运行系统程序的停机诊断。离线诊断是把专用的诊断程序通过通信接口输入数控装置内部，用专用诊断程序替代系统程序来诊断系统故障，这是一种专业性的诊断。

（3）参数检查　数控车床的参数是否合理直接关系车床能否正常工作。这些参数有位置环增益、速度环增益、反向间隙补偿值、参考点坐标、快速点定位速度、加速度、系统分辨率等数值，通常这些参数不允许修改。如果参数设置不正确或因干扰使得参数丢失，车床就不能正常运行，因此参数检查是一项重要的诊断。

（4）替换法　利用备用模块或电路板替换有故障点的模块或电路板，观察故障的转移情况，这是常用而且简便的故障检测方法。

（5）测量法　利用万用表、钳形电流表、相序表、示波器、频谱分析仪对故障疑点进行电流、电压和波形测量，将测量值与正常值进行比较，分析故障所在位置。

5. 数控车床常见故障的诊断

（1）主要机械部件的故障诊断

1）主轴部件。数控车床的主轴部件是影响车床加工精度的主要部件，它的回转精度影响工件的精度，它的功率大小与回转速度影响加工效率。

主轴部件出现的故障有主轴运转时发出异常声音、自动变速出现故障等。主轴部件的故障诊断见表 7-1。

表 7-1　主轴部件的故障诊断

序号	故障现象	故障原因	排除方法
1	加工精度达不到要求	车床在运输过程中受到冲击	检查对车床精度有影响的各部位，特别是导轨，并按出厂精度要求重新调整或修复
2	切削振动大	主轴箱和床身连接螺钉松动	紧固连接螺钉
		轴承预紧力不够，间隙过大	重新调整轴承游隙，但预紧力不宜过大，以免损坏轴承
3	切削振动大	轴承拉毛或损坏	更换轴承
		转塔刀架运动部位松动	调整修理
4	主轴箱噪声大	主轴部件动平衡不好	重做动平衡
		轴承损坏或传动轴弯曲	更换轴承，校直传动轴
		润滑不良	调整润滑油量，保持主轴清洁
5	主轴不转动	主轴转动指令是否输出	由电器人员检查处理
6	主轴发热	主轴轴承预紧力过大	调整预紧力
		轴承研伤或损坏	更换轴承
		润滑油脏或有杂质	清洗主轴箱，更换润滑油

2）滚珠丝杠副。滚珠丝杠副大部分故障是由运动质量下降、反向间隙过大、润滑不良、轴承噪声大等原因造成的。滚珠丝杠副的故障诊断见表 7-2。

表 7-2　滚珠丝杠副的故障诊断

序号	故障现象	故障原因	排除方法
1	加工工件表面粗糙度值大	导轨的润滑不足，致使溜板爬行	加润滑油，排除润滑故障
		丝杠轴承损坏，运动不平稳	更换损坏轴承
2	滚珠丝杠副噪声大	滚珠丝杠润滑不良	检查分油器和油路，使润滑油充足
		滚珠有破损	更换滚珠
		电动机与丝杠联轴器连接松动	拧紧联轴器锁紧螺钉

（2）数控系统故障诊断

1）报警故障。当数控车床断电时，为保存好车床控制系统的车床参数及加工程序，需靠后备电池予以支持，这些电池到了使用寿命，即电压低于允许值时，就会出现电池故障报警。此时应及时予以更换，否则车床参数就容易丢失，因此应该在车床通电时更换，以保证系统能正常工作。

2）键盘故障。在用键盘输入程序时，如果发现字符不能输入、不能复位或显示屏的界面不能更换等故障，首先应该考虑键盘是否接触不好，此时应予以修复或更换。若不见成效或者所有按键都不起作用，可进一步检查该部分接口电路和电缆连接。

3）熔丝故障。控制系统内熔丝烧断，多出现在对数控系统进行了误操作，或由于车床发生了撞车等意外事故。

4）参数修改。对每台数控车床参数的含义都要充分了解并掌握，它除了能帮助人们很好地了解车床的性能外，还有利于提高车床的工作效率或排除故障。

6. 数控车床避免碰撞的主要方法

数控车床价格昂贵，如果编程、操作不慎，万一发生碰撞，后果是非常严重的。为此，操作数控车床时，必须严密细致。

1）程序中出现了超越三爪尺寸的数值，如图 7-2 所示。

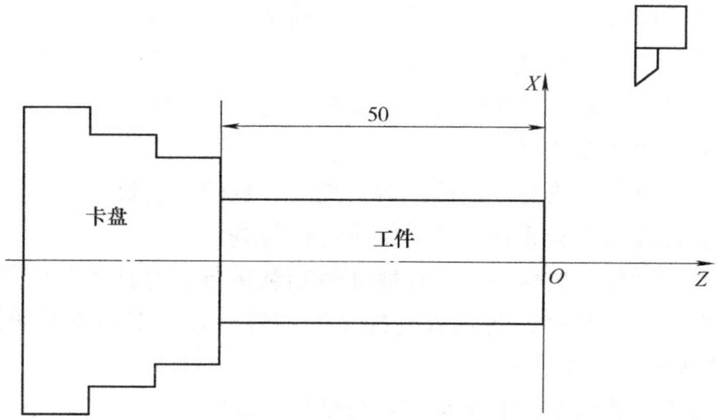

图 7-2　零件示意图

图 7-2 中的工件原点至卡爪端面尺寸为 50。如果加工程序中出现 Z 向负值超过 50，如 $Z=-51.0$，车刀就要与三爪碰撞。因此，当编程结束后，要仔细检查所有轴向尺寸是否超过 50。

2）因工件为特殊形状，编程不当，产生碰撞。

图 7-3 中的工件，已完成槽的车削，需要快速退回至 X80. Z50. 处，如果用“G01 X80. Z50.”编程，由于车刀斜线走刀会与工件台阶发生碰撞。

正确的程序是：

```
G00 X80. ;
Z50. ;
```

即先将车刀径向退出，然后再轴向移动。

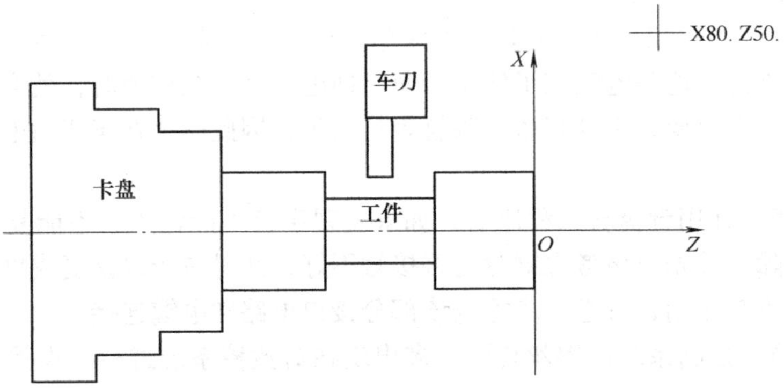

图 7-3　加工示意图

3）检查程序中 G00 坐标值是否存在车刀与工件碰撞的可能性。

程序中 G00 是快速定位，车刀以机床最快速度移动。如果编程不当，车刀与工件碰撞，后果极为严重。为此，对 G00 后的坐标值要反复校对，确定车刀与工件或卡盘不会发生干涉。

7. 数控车床的安全操作规程

1）开机前应对机床进行全面、细致的检查，确认无误后方可操作。

2）机床通电后，检查各开关、按钮和按键是否正常、灵活，机床有无异常现象。

3）检查电压、油压，有手动润滑的部位要先进行手动润滑。

4）各个坐标轴手动回参考点。

5）程序输入后，应仔细核对，包括代码、地址、数值、正负号和小数点等。

6）正确测量和计算工件坐标系，并对结果进行检查。

7）未装工件前空运行一次程序，看程序能否顺利运行，刀具和夹具安装是否合理。

8）无论是首次加工的零件，还是重复加工的零件，首件都必须对照图样、工艺规程、加工程序和刀具调整卡进行试切。

9）试切时快速进给的倍率开关必须打在较低的档位。

10）每把刀首次使用时，必须验证它的实际长度与所给刀补值是否相符。

11）试切进刀时，在刀具运行至离工件表面 30~50mm 处，必须在进给保持的状态下，

验证 Z 轴和 X 轴坐标值与加工程序是否相符。

12）试切和加工过程中，刃磨或更换刀具后，要重新测量刀具位置，并修改刀补值和刀补号。

13）程序修改后，对修改部分要仔细核对。

14）在手动连续进给时，必须检查各种开关所选择的位置是否正确、运动方向是否正确，然后再进行操作。

15）必须在确认工件已经夹紧后才能起动机床，严禁工件转动时测量和触摸工件。

16）操作中出现工件跳动、打抖、异常声音、夹具松动等异常情况时必须立即停机处理。

参 考 文 献

[1] 陈乃峰，孙梅，张彤. 数控车削技术［M］. 北京：清华大学出版社，2010.
[2] 任国兴. 数控车床加工工艺与编程操作［M］. 2 版. 北京：机械工业出版社，2014.
[3] 余英良. 数控车削加工实训及案例解析［M］. 北京：化学工业出版社，2007.
[4] 吴志强. 数控编程技术与实例［M］. 北京：北京邮电大学出版社，2012.
[5] 唐利平. 数控车削加工技术［M］. 北京：机械工业出版社，2011.
[6] 周晓宏. FANUC 系统数控车加工工艺与技能训练［M］. 北京：人民邮电出版社，2009.